JN440907

주기율표

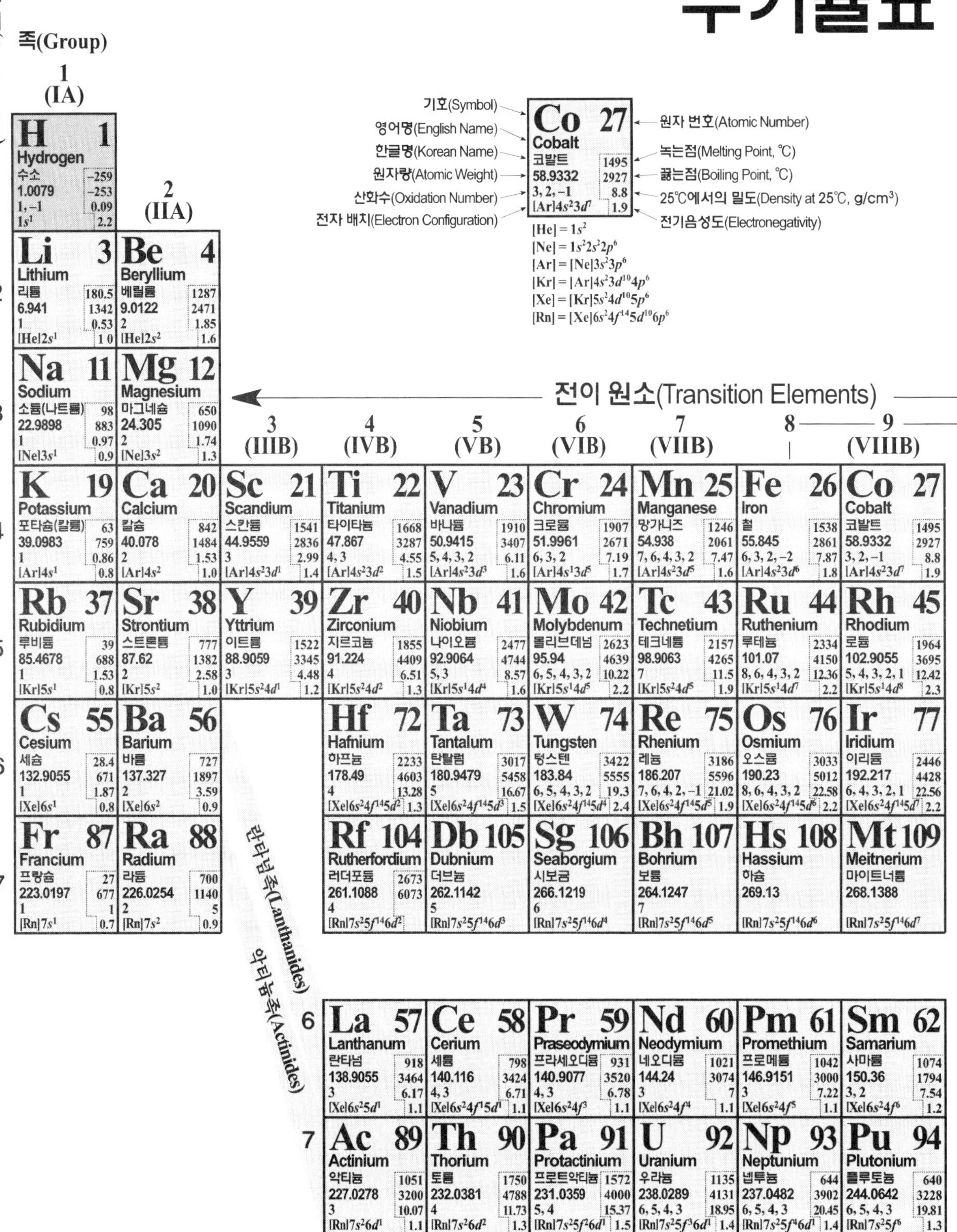

기호(Symbol), 영어명(English Name), 한글명(Korean Name), 원자량(Atomic Weight), 산화수(Oxidation Number), 전자 배치(Electron Configuration), 원자 번호(Atomic Number), 녹는점(Melting Point, ℃), 끓는점(Boiling Point, ℃), 25℃에서의 밀도(Density at 25℃, g/cm³), 전기음성도(Electronegativity)

Co 27 Cobalt 코발트 58.9332 3, 2, −1 $[Ar]4s^23d^7$ 1495 2927 8.8 1.9

$[He] = 1s^2$
$[Ne] = 1s^22s^22p^6$
$[Ar] = [Ne]3s^23p^6$
$[Kr] = [Ar]4s^23d^{10}4p^6$
$[Xe] = [Kr]5s^24d^{10}5p^6$
$[Rn] = [Xe]6s^24f^{14}5d^{10}6p^6$

주기(Period) 족(Group)

전이 원소(Transition Elements)

란타넘족(Lanthanides) 악티늄족(Actinides)

주기(Period)	족(Group)	기호	원자 번호	English Name	한글명	원자량	산화수	전자 배치	녹는점	끓는점	밀도	전기음성도
1	1 (IA)	H	1	Hydrogen	수소	1.0079	1, −1	$1s^1$	−259	−253	0.09	2.2
2	1 (IA)	Li	3	Lithium	리튬	6.941	1	$[He]2s^1$	180.5	1342	0.53	1.0
2	2 (IIA)	Be	4	Beryllium	베릴륨	9.0122	2	$[He]2s^2$	1287	2471	1.85	1.6
3	1 (IA)	Na	11	Sodium	소듐(나트륨)	22.9898	1	$[Ne]3s^1$	98	883	0.97	0.9
3	2 (IIA)	Mg	12	Magnesium	마그네슘	24.305	2	$[Ne]3s^2$	650	1090	1.74	1.3
4	1 (IA)	K	19	Potassium	포타슘(칼륨)	39.0983	1	$[Ar]4s^1$	63	759	0.86	0.8
4	2 (IIA)	Ca	20	Calcium	칼슘	40.078	2	$[Ar]4s^2$	842	1484	1.53	1.0
4	3 (IIIB)	Sc	21	Scandium	스칸듐	44.9559	3	$[Ar]4s^23d^1$	1541	2836	2.99	1.4
4	4 (IVB)	Ti	22	Titanium	타이타늄	47.867	4, 3	$[Ar]4s^23d^2$	1668	3287	4.55	1.5
4	5 (VB)	V	23	Vanadium	바나듐	50.9415	5, 4, 3, 2	$[Ar]4s^23d^3$	1910	3407	6.11	1.6
4	6 (VIB)	Cr	24	Chromium	크로뮴	51.9961	6, 3, 2	$[Ar]4s^13d^5$	1907	2671	7.19	1.7
4	7 (VIIB)	Mn	25	Manganese	망가니즈	54.938	7, 6, 4, 3, 2	$[Ar]4s^23d^5$	1246	2061	7.47	1.6
4	8	Fe	26	Iron	철	55.845	6, 3, 2, −2	$[Ar]4s^23d^6$	1538	2861	7.87	1.8
4	9 (VIIIB)	Co	27	Cobalt	코발트	58.9332	3, 2, −1	$[Ar]4s^23d^7$	1495	2927	8.8	1.9
5	1 (IA)	Rb	37	Rubidium	루비듐	85.4678	1	$[Kr]5s^1$	39	688	1.53	0.8
5	2 (IIA)	Sr	38	Strontium	스트론튬	87.62	2	$[Kr]5s^2$	777	1382	2.58	1.0
5	3 (IIIB)	Y	39	Yttrium	이트륨	88.9059	3	$[Kr]5s^24d^1$	1522	3345	4.48	1.2
5	4 (IVB)	Zr	40	Zirconium	지르코늄	91.224	4	$[Kr]5s^24d^2$	1855	4409	6.51	1.3
5	5 (VB)	Nb	41	Niobium	나이오븀	92.9064	5, 3	$[Kr]5s^14d^4$	2477	4744	8.57	1.6
5	6 (VIB)	Mo	42	Molybdenum	몰리브데넘	95.94	6, 5, 4, 3, 2	$[Kr]5s^14d^5$	2623	4639	10.22	2.2
5	7 (VIIB)	Tc	43	Technetium	테크네튬	98.9063	7	$[Kr]5s^24d^5$	2157	4265	11.5	1.9
5	8	Ru	44	Ruthenium	루테늄	101.07	8, 6, 4, 3, 2	$[Kr]5s^14d^7$	2334	4150	12.36	2.2
5	9 (VIIIB)	Rh	45	Rhodium	로듐	102.9055	5, 4, 3, 2, 1	$[Kr]5s^14d^8$	1964	3695	12.42	2.3
6	1 (IA)	Cs	55	Cesium	세슘	132.9055	1	$[Xe]6s^1$	28.4	671	1.87	0.8
6	2 (IIA)	Ba	56	Barium	바륨	137.327	2	$[Xe]6s^2$	727	1897	3.59	0.9
6	4 (IVB)	Hf	72	Hafnium	하프늄	178.49	4	$[Xe]6s^24f^{14}5d^2$	2233	4603	13.28	1.3
6	5 (VB)	Ta	73	Tantalum	탄탈럼	180.9479	5	$[Xe]6s^24f^{14}5d^3$	3017	5458	16.67	1.5
6	6 (VIB)	W	74	Tungsten	텅스텐	183.84	6, 5, 4, 3, 2	$[Xe]6s^24f^{14}5d^4$	3422	5555	19.3	2.4
6	7 (VIIB)	Re	75	Rhenium	레늄	186.207	7, 6, 4, 2, −1	$[Xe]6s^24f^{14}5d^5$	3186	5596	21.02	1.9
6	8	Os	76	Osmium	오스뮴	190.23	8, 6, 4, 3, 2	$[Xe]6s^24f^{14}5d^6$	3033	5012	22.58	2.2
6	9 (VIIIB)	Ir	77	Iridium	이리듐	192.217	6, 4, 3, 2, 1	$[Xe]6s^24f^{14}5d^7$	2446	4428	22.56	2.2
7	1 (IA)	Fr	87	Francium	프랑슘	223.0197	1	$[Rn]7s^1$	27	677	1	0.7
7	2 (IIA)	Ra	88	Radium	라듐	226.0254	2	$[Rn]7s^2$	700	1140	5	0.9
7	4 (IVB)	Rf	104	Rutherfordium	러더포듐	261.1088	4	$[Rn]7s^25f^{14}6d^2$	2673	6073		
7	5 (VB)	Db	105	Dubnium	더브늄	262.1142	5	$[Rn]7s^25f^{14}6d^3$				
7	6 (VIB)	Sg	106	Seaborgium	시보귬	266.1219	6	$[Rn]7s^25f^{14}6d^4$				
7	7 (VIIB)	Bh	107	Bohrium	보륨	264.1247	7	$[Rn]7s^25f^{14}6d^5$				
7	8	Hs	108	Hassium	하슘	269.13		$[Rn]7s^25f^{14}6d^6$				
7	9 (VIIIB)	Mt	109	Meitnerium	마이트너륨	268.1388		$[Rn]7s^25f^{14}6d^7$				
6	란타넘족(Lanthanides)	La	57	Lanthanum	란타넘	138.9055	3	$[Xe]6s^25d^1$	918	3464	6.17	1.1
6	란타넘족(Lanthanides)	Ce	58	Cerium	세륨	140.116	4, 3	$[Xe]6s^24f^15d^1$	798	3424	6.71	1.1
6	란타넘족(Lanthanides)	Pr	59	Praseodymium	프라세오디뮴	140.9077	4, 3	$[Xe]6s^24f^3$	931	3520	6.78	1.1
6	란타넘족(Lanthanides)	Nd	60	Neodymium	네오디뮴	144.24	3	$[Xe]6s^24f^4$	1021	3074	7	1.1
6	란타넘족(Lanthanides)	Pm	61	Promethium	프로메튬	146.9151	3	$[Xe]6s^24f^5$	1042	3000	7.22	1.1
6	란타넘족(Lanthanides)	Sm	62	Samarium	사마륨	150.36	3, 2	$[Xe]6s^24f^6$	1074	1794	7.54	1.2
7	악티늄족(Actinides)	Ac	89	Actinium	악티늄	227.0278	3	$[Rn]7s^26d^1$	1051	3200	10.07	1.1
7	악티늄족(Actinides)	Th	90	Thorium	토륨	232.0381	4	$[Rn]7s^26d^2$	1750	4788	11.73	1.3
7	악티늄족(Actinides)	Pa	91	Protactinium	프로트악티늄	231.0359	5, 4	$[Rn]7s^25f^26d^1$	1572	4000	15.37	1.5
7	악티늄족(Actinides)	U	92	Uranium	우라늄	238.0289	6, 5, 4, 3	$[Rn]7s^25f^36d^1$	1135	4131	18.95	1.4
7	악티늄족(Actinides)	Np	93	Neptunium	넵투늄	237.0482	6, 5, 4, 3	$[Rn]7s^25f^46d^1$	644	3902	20.45	1.4
7	악티늄족(Actinides)	Pu	94	Plutonium	플루토늄	244.0642	6, 5, 4, 3	$[Rn]7s^25f^6$	640	3228	19.81	1.3

Periodic Table of the Elements

▢	금속 (Metal)
▢	준금속 (Semimetal)
▢	비금속 (Nonmetal)

10	11 (IB)	12 (IIB)	13 (IIIA)	14 (IVA)	15 (VA)	16 (VIA)	17 (VIIA)	18 (VIIIA)
								He 2 Helium 헬륨 −272 4.0026 −269 0.18 $1s^2$
			B 5 Boron 붕소 2075 10.811 4000 3 2.47 $[He]2s^22p^1$ 2.0	**C** 6 Carbon 탄소 3825 12.011 4, 2, −4 2.27 $[He]2s^22p^2$ 2.6	**N** 7 Nitrogen 질소 −210 14.0067 −196 5, 4, 3, 2, −3 1.25 $[He]2s^22p^3$ 3.0	**O** 8 Oxygen 산소 −218 15.9994 −183 −2, −1 1.43 $[He]2s^22p^4$ 3.4	**F** 9 Fluorine 플루오린 −220 18.9984 −188 −1 1.7 $[He]2s^22p^5$ 4.0	**Ne** 10 Neon 네온 −249 20.1797 −246 0.9 $[He]2s^22p^6$
			Al 13 Aluminium 알루미늄 660 26.9815 2519 3 2.7 $[Ne]3s^23p^1$ 1.6	**Si** 14 Silicon 규소 1414 28.0855 3265 4, −4 2.33 $[Ne]3s^23p^2$ 1.9	**P** 15 Phosphorus 인 44 30.9738 281 5, 4, 3, −3 1.82 $[Ne]3s^23p^3$ 2.2	**S** 16 Sulfur 황 115 32.0650 445 6, 4, 2, −2 2.09 $[Ne]3s^23p^4$ 2.6	**Cl** 17 Chlorine 염소 −101 35.4533 −34 7, 5, 3, 1, −1 3.21 $[Ne]3s^23p^5$ 3.2	**Ar** 18 Argon 아르곤 −189 39.948 −186 1.78 $[Ne]3s^23p^6$
Ni 28 Nickel 니켈 1455 58.6934 2913 3, 2 8.91 $[Ar]4s^23d^8$ 1.9	**Cu** 29 Copper 구리 1084 63.546 2562 2, 1 8.93 $[Ar]4s^13d^{10}$ 1.9	**Zn** 30 Zinc 아연 420 65.409 907 2 7.14 $[Ar]4s^23d^{10}$ 1.7	**Ga** 31 Gallium 갈륨 30 69.723 2204 3 5.91 $[Ar]4s^23d^{10}4p^1$ 1.8	**Ge** 32 Germanium 저마늄 938 72.64 2833 4 5.32 $[Ar]4s^23d^{10}4p^2$ 2.0	**As** 33 Arsenic 비소 613 74.9216 5, 3, −3 5.78 $[Ar]4s^23d^{10}4p^3$ 2.2	**Se** 34 Selenium 셀레늄 221 78.96 685 6, 4, −2 4.81 $[Ar]4s^23d^{10}4p^4$ 2.6	**Br** 35 Bromine 브로민 −7 79.904 59 7, 5, 3, 1, −1 3.12 $[Ar]4s^23d^{10}4p^5$ 3.0	**Kr** 36 Krypton 크립톤 −157 83.798 −153 2 3.73 $[Ar]4s^23d^{10}4p^6$
Pd 46 Palladium 팔라듐 1555 106.42 2963 4, 2 12 $[Kr]4d^{10}$ 2.2	**Ag** 47 Silver 은 962 107.8682 2162 2, 1 10.5 $[Kr]5s^14d^{10}$ 1.9	**Cd** 48 Cadmium 카드뮴 321 112.411 767 2 8.65 $[Kr]5s^24d^{10}$ 1.7	**In** 49 Indium 인듐 157 114.818 2072 3 7.29 $[Kr]5s^24d^{10}5p^1$ 1.8	**Sn** 50 Tin 주석 232 118.71 2602 4, 2 729 $[Kr]5s^24d^{10}5p^2$ 2.0	**Sb** 51 Antimony 안티모니 631 121.76 1587 5, 3, −3 6.69 $[Kr]5s^24d^{10}5p^3$ 2.1	**Te** 52 Tellurium 텔루륨 450 127.6 988 6, 4, −2 6.25 $[Kr]5s^24d^{10}5p^4$ 2.1	**I** 53 Iodine 아이오딘 114 126.9045 184 7, 5, 1, −1 4.95 $[Kr]5s^24d^{10}5p^5$ 2.7	**Xe** 54 Xenon 제논 −112 131.293 −108 8, 6, 4, 2 5.9 $[Kr]5s^24d^{10}5p^6$
Pt 78 Platinum 백금 1768 195.078 3825 4, 2 21.45 $[Xe]6s^14f^{14}5d^9$ 2.3	**Au** 79 Gold 금 1064 196.9666 2856 3, 1 19.28 $[Xe]6s^14f^{14}5d^{10}$ 2.5	**Hg** 80 Mercury 수은 −39 200.59 357 2, 1 13.55 $[Xe]6s^24f^{14}5d^{10}$ 2.0	**Tl** 81 Thallium 탈륨 304 204.3833 1473 3, 1 11.87 $[Xe]6s^24f^{14}5d^{10}6p^1$ 2.0	**Pb** 82 Lead 납 327.5 207.2 1749 4, 2 11.34 $[Xe]6s^24f^{14}5d^{10}6p^2$ 2.3	**Bi** 83 Bismuth 비스무트 271 208.9804 1564 5, 3 8.9 $[Xe]6s^24f^{14}5d^{10}6p^3$ 2.0	**Po** 84 Polonium 폴로늄 254 208.9824 962 6, 4, 2 9.4 $[Xe]6s^24f^{14}5d^{10}6p^4$ 2.0	**At** 85 Astatine 아스타틴 302 209.9871 337 7, 5, 3, 1, −1 $[Xe]6s^24f^{14}5d^{10}6p^5$ 2.2	**Rn** 86 Radon 라돈 −71 222.0176 −62 2 9.73 $[Xe]6s^24f^{14}5d^{10}6p^6$
Ds 110 Darmstadtium 다름슈타튬 271.15 $[Rn]7s^25f^{14}6d^8$	**Rg** 111 Roentgenuim 뢴트게늄 272.1535 $[Rn]7s^25f^{14}6d^9$	**Cn** 112 Copernicium 코페르니슘 (277) $[Rn]7s^25f^{14}6d^{10}$	**Uut** 113 Ununtrium 우눈트륨 (284)	**Uuq** 114 Ununquadium 우눈쿼듐 (289)	**Uup** 115 Ununpentium 우눈펜튬 (288)	**Uuh** 116 Ununhexium 우눈헥슘 (292)	**Uus** 117 Ununseptium 우눈셉튬	**Uuo** 118 Ununoctium 우눈옥튬 (294)

내부 전이 원소(Inner Transition Elements)

Eu 63 Europium 유로퓸 822 151.964 1529 3, 2 5.25 $[Xe]6s^24f^7$ 1.2	**Gd** 64 Gadolinium 가돌리늄 1313 157.25 3273 3 7.87 $[Xe]6s^24f^75d^1$ 1.2	**Tb** 65 Terbium 터븀 1356 22.9898 3230 4, 3 8.27 $[Xe]6s^24f^9$ 1.2	**Dy** 66 Dysprosium 디스프로슘 1412 162.5 2567 3 8.53 $[Xe]6s^24f^{10}$ 1.2	**Ho** 67 Holmium 홀뮴 1474 164.93 2700 3 8.8 $[Xe]6s^24f^{11}$ 1.2	**Er** 68 Erbium 어븀 1529 167.259 2868 3 9.04 $[Xe]6s^24f^{12}$ 1.2	**Tm** 69 Thulium 툴륨 1545 168.9342 1950 3, 2 9.33 $[Xe]6s^24f^{13}$ 1.3	**Yb** 70 Ytterbium 이터븀 819 173.04 1196 3, 2 6.97 $[Xe]6s^24f^{14}$ 1.1	**Lu** 71 Lutetium 루테튬 1663 174.967 3402 3 9.84 $[Xe]6s^24f^{14}5d^1$ 1.3
Am 95 Americium 아메리슘 1176 243.0614 2011 6, 5, 4, 3 13.67 $[Rn]7s^25f^7$ 1.3	**Cm** 96 Curium 퀴륨 1345 247.0703 4, 3 13.3 $[Rn]7s^25f^76d^1$ 1.3	**Bk** 97 Berkelium 버클륨 1050 247.0703 4, 3 14.79 $[Rn]7s^25f^9$ 1.3	**Cf** 98 Californium 캘리포늄 900 251.0796 4, 3 $[Rn]7s^25f^{10}$ 1.3	**Es** 99 Einsteinium 아인슈타이늄 860 252.083 3 $[Rn]7s^25f^{11}$ 1.3	**Fm** 100 Fermium 페르뮴 1527 257.0951 3 $[Rn]7s^25f^{12}$ 1.3	**Md** 101 Mendelevium 멘델레븀 827 258.0984 3 $[Rn]7s^25f^{13}$ 1.3	**No** 102 Nobelium 노벨륨 −259 259.101 −253 3, 2 0.09 $[Rn]7s^25f^{14}$ 1.3	**Lr** 103 Lawrencium 로렌슘 262.1097 3 $[Rn]7s^25f^{14}6d^1$

일반화학실험

김희준 저

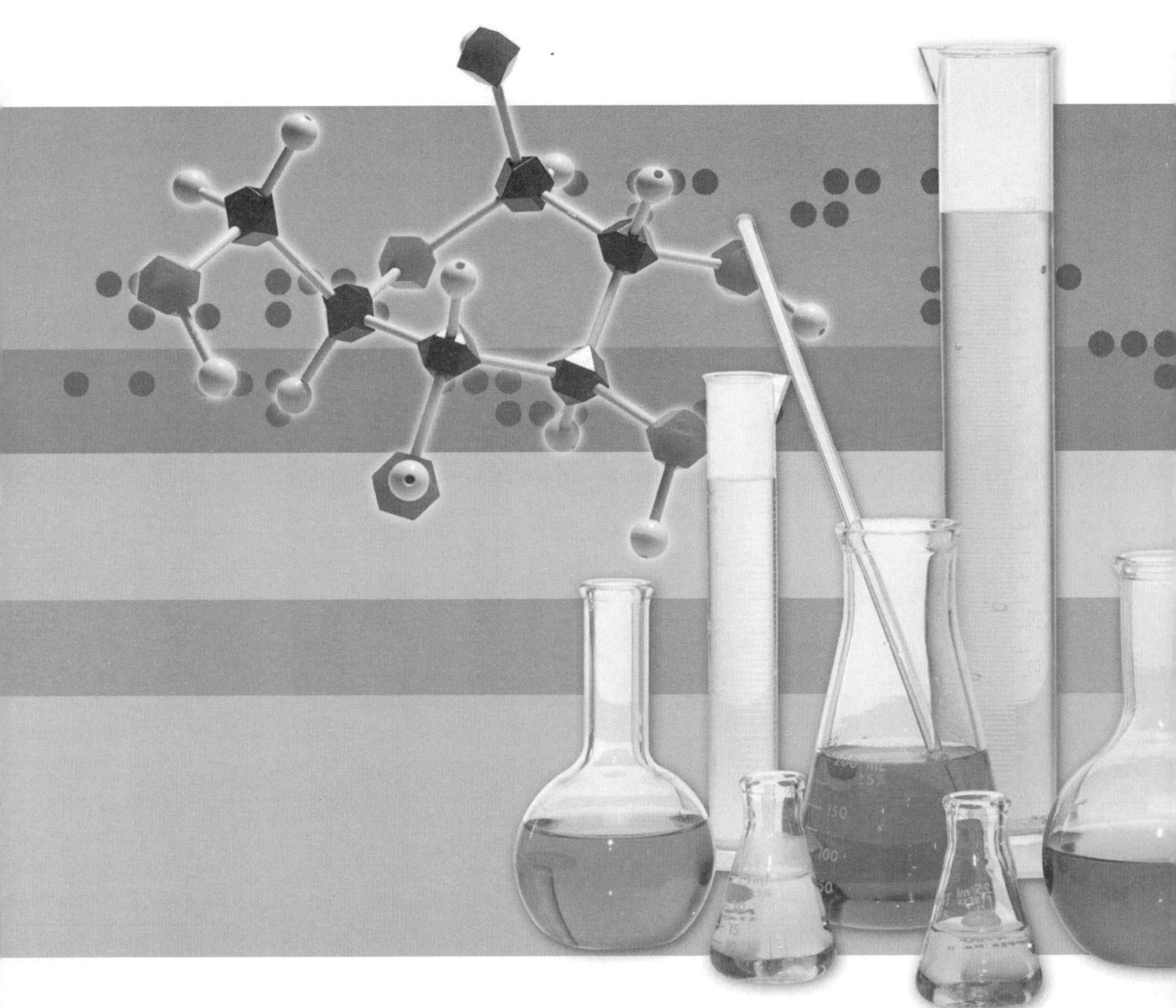

자유아카데미

머리말

화학은 기본적으로 실험 과학이다. 중세기의 연금술사들은 원자의 실재를 모르고도 납으로 금을 만들려는 무모한 실험에 끊임없이 도전했다. 그 과정에서 산, 알코올, 인 등 중요한 물질들이 발견되었고, 화학의 기반이 마련되었다. 19세기의 화학자들도 전자와 화학 결합의 원리를 모르면서 다양한 유기 화합물을 합성했다. 21세기의 대학생들은 20세기 과학의 성과 덕분에 화학을 체계적으로 이해하면서 공부할 수 있게 되었다. 그러나 물질 변화의 원리에 입각해서 새롭고 유용한 물질을 창조하는 화학의 본질은 달라지지 않았다. 그래서 화학 교육에서 실험 교육은 필수적이다.

이 실험서는 약 10년에 걸쳐 서울대학교 일반화학실험을 개선하는 노력의 결과로 태어났다. 그동안 여러 기존의 실험들을 테스트하고 새로운 실험을 도입하면서 약 20가지의 대학 일반화학 수준의 실험이 선정되었고, 실제로 학부 실험 수업을 통해 검증되었다. 이제 그 결과를 정리하여 교재로 출간함으로써 학생들의 실험 수업에 편의를 제공함과 동시에 정리된 실험 내용을 전국의 다른 대학에도 제공하고자 한다. 수준 높은 화학을 공부하려는 중고등학생들에게도 도움이 되리라 기대한다.

그동안 서울대학교 일반화학실험을 운영하는 데 노력을 기울인 여러 조교들과, 이 교재를 출간하도록 격려하고 애쓰신 자유아카데미의 주정희 사장님, 임철석 부사장님과 여러 편집자들에게 감사의 마음을 전한다.

2010년 7월

김희준
서울대학교 화학부 교수

차 례

실험

부록

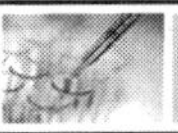

실험실에서의 주의 사항

모든 화학실험은 위험을 최소로 하는 것을 전제로 하여 계획되고 있지만, 아무리 주의를 해도 사고가 종종 일어나곤 한다. 만약 오늘 실험할 것이 무엇이며, 어떻게 실험할 것이며, 이 실험에 대한 안전수칙을 미리 알고 있었다면, 사고는 미리 방지될 수 있을 것이고, 부득이 사고가 나더라도 쉽게 빨리 응급처치를 할 수 있을 것이다.

다음의 사항을 잘 알아두어 사고가 일어나지 않도록 해야 할 것이다.

1. 실험 내용의 예습을 철저히 하고 실험실에서는 반드시 가운을 입고 조용히 하며 정숙한 태도로 실험에 임해야 한다.
2. 실험실에서 담배를 피우거나, 술을 마시거나, 음식물을 절대로 먹지 않도록 한다.
3. 실험에 필요한 책 이외의 책, 가방 등은 지정된 장소에 놓아 두어야 한다. 특히 실험대 위에는 절대로 올려 놓아서는 안 된다.
4. 실험실에서는 항상 신발을 신어야 하며, 슬리퍼나 샌들을 신거나 맨발로 실험실을 출입해서는 절대로 안 된다.
5. 실험실에서는 절대로 혼자서 실험하면 안 된다. 교수나 조교가 있을 경우에만 하도록 한다.
6. 실험실에서는 허가되지 않은 실험은 절대로 하여서는 안 된다.
7. 실험실을 나가기 전에 실험대 위를 닦고, 비누와 물로 손을 꼭 씻는다.
8. 만일 실험실에서 사고가 났다면, 즉시 교수에게 보고한다.
9. 유독하거나 몸에 해로운 증기를 발하는 화학 물질을 사용하거나 만드는 실험인 경우 반드시 후드(fume hood) 내에서 실험해야 한다.
10. 시험관을 사용하여 가열하거나 반응을 일으킬 때는 시험관의 입구를 주위에 있는 다른 학생이나 자신을 향하게 하여서는 안 된다.
11. 시약은 시약명을 재확인하고 오염되지 않도록 사용되어야 하며, 특별한 지시가 없는 한 어떠한 시약도 맛보아서는 안 된다. 또 냄새를 맡고자 할 때는 자신의 얼굴을 향하여 손으로 부채질하여 냄새를 맡아야 한다.
12. 유리 용기는 뜨거운 것인지 차가운 것인지를 구별하기 어렵기 때문에 유리 용기를 가열한 후 식힐 경우 즉시 손으로 잡으면 손이 델 염려가

있으므로 조심해야 한다. 특히 다른 사람이 만지지 않도록 주의한다.

13. 유리관, 유리 막대, 온도계 등을 고무마개 등에 삽입할 때, 장갑이나 수건으로 이것들을 싸서 잡고 넣으면 손을 보호할 수 있다. 특히 물이나 글리세린 등을 이용하면 도움이 된다.
14. 산을 묽힐 때 물을 산에 첨가하는 것이 아니라 항상 산을 물에 첨가하여야 한다.
15. 대부분의 유기 용매는 불이 붙기 쉽다. 이 액체들은 불에 가까이 놓아서는 안 된다.
16. 유기 용매를 실험실 싱크대에 함부로 버려서는 안 된다. 꼭 조교 또는 교수의 지시를 따라야만 한다.
17. 액체 시약이나 용액을 싱크대에 버릴 경우, 많은 물을 흘려 보내 씻겨 내려가도록 한다.
18. 성냥, 종이 또는 고체 시약 등을 싱크대에 버리지 말아야 한다.
19. 깨어진 유리 용기를 쓰레기통에 버리지 말고 지정된 장소에 버린다.
20. 만약 유해한 화학 시약이 피부에 묻었을 경우, 많은 양의 물로 씻어주고 지도교수의 도움을 받아야 한다.
21. 만약 고체 시약 또는 액체 시약을 엎지렀을 경우, 다른 학생들이 해를 받지 않도록 깨끗이 씻어야 한다.
22. 실험이 끝나면 기구를 닦아 시약병과 함께 제자리에 놓는다.
23. 버너 등 가열 장치를 사용하지 않을 경우는 항상 꺼 놓아야 한다.

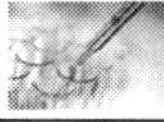

화학 물질의 오염 방지

실험을 성공적으로 잘 하려면 사용되는 시약이 오염되지 않도록 하는 것이 매우 중요하다.

오염이 생길 가능성을 최소로 하기 위하여 다음과 같이 하여야 한다.

1. 유리 용기를 씻은 후, 최종적으로는 항상 증류수로 씻어야 한다.
2. 동시에 하나 이상의 시약을 다루지 말아야 한다. 이렇게 하면 그들의 마개가 실수로 바뀌는 일이 없어진다.

3. 시약병을 선택할 때, 필요로 하는 화학 물질인지를 두 번 이상 다시 확인한다.
4. 실험대 위에 시약병의 뚜껑이나 마개를 함부로 놓아두지 않도록 한다.
5. 다른 고체 시약을 취할 경우 각각 다른 시약주걱(spatula)을 이용한다.
6. 스포이드나 피펫을 이용하여 직접 시약병으로부터 액체 시약을 취하면 안 된다. 깨끗하고, 잘 말린 비커에 이 액체 시약을 적은 양 따르고 여기서 스포이드나 피펫을 이용하여 액체 시약을 취한다.
7. 원래 시약이 담겨져 있던 병으로부터 일정량의 시약을 취하고 난 후 이 시약이 고체이든 액체이든 나머지 시약을 원래의 병 속에 다시 넣어서는 안된다.
8. 저울접시 위에 시약을 놓고 질량을 달아서는 안 된다. 미리 알아 놓은 무게 다는 종이를 이용해야 한다.
9. 어떤 화학 물질은 용기의 마개와 반응하기도 한다. 만약 원래의 시약병 이외의 다른 용기에 화학 물질 또는 용액을 보관하려고 한다면 이 물질과 반응하지 않는 적당한 마개를 선택해야 한다.
10. 모든 시약병은 꼭 뚜껑을 닫아 놓아야 한다.

 실험실 사고에 대한 응급처치 요령

1. 화상을 입었을 경우: 즉시 찬물로 닦아 화기를 빼고 바셀린이나 아연화 연고를 바르고 세균의 감염을 막도록 한다.
2. 의복에 불이 붙었을 경우: 모포나 실험복으로 싸서 끄던지 소화기나 물로서 끈다.
3. 유리 등에 의하여 상처를 입었을 경우: 옥시풀 또는 소독용 알코올로 소독하고, 유리 파편이 들어 있지 않은 것을 확인한 후, 페니실린 연고를 바른 후 붕대로 감는다.
4. 산이 피부에 묻었을 경우: 즉시 다량의 물로 씻은 후, 묽은 탄산수소 소듐 용액으로 씻는다.
5. 알칼리가 피부에 묻었을 경우: 즉시 다량의 물로 씻은 후 아주 묽은 아세트산 용액으로 씻는다.

6. 브로민 수가 피부에 묻었을 경우: 글리세린을 많이 바르고 문질러서 브로민과 반응시킨 후 닦아 내고 아연화 연고를 바른다.
7. 눈에 시약이 들어 갔을 경우: 즉시 물로 충분히 씻은 후 의사의 검진을 받아야 한다.
8. 염소, 브로민 또는 황화 수소를 들이마셨을 경우: 깊게 심호흡을 한다. 할로젠을 들이마셨을 때는 알코올로 적신 솜 뭉치로부터 증기를 마시면 기분이 좋아진다. 상당량의 증기를 들이마셨을 때는 인공호흡과 산소의 흡입이 필요하며, 지체없이 의사의 검진을 받아야 한다.

조심스럽게 취급해야 할 화학 물질

1. 소듐(나트륨, Na), 포타슘(칼륨, Ka) 등은 물과 반응하여 수소 기체를 내는데, 이때 반응열로 인하여 수소 기체를 태우며 불이 난다.
2. 알코올, 에터, 아세톤, 벤젠, 톨루엔 같은 유기 화합물은 인화성이 굉장히 크므로 불을 가까이 하지 않도록 한다.
3. 흰 인(P_4), 백금(Pt) 등은 공기 중에서 자발적으로 불이 나므로 공기 속에 방치하지 말고, 흰 인은 물속에 보관한다.
4. 염소산 포타슘($KClO_3$), 과산화 소듐(Na_2O_2) 등은 과량의 산소를 가지고 있으므로 갑자기 센 충격이나 고온으로 가열하면 폭발하므로 주의하여야 한다.
5. 나이트로 화합물은 폭발성이 강하므로 센 충격을 주거나 가열하지 말아야 한다.
6. 할로젠과 진한 암모니아수를 같이 두면 할로젠화 질소가 생긴다.
7. KCN, NaCN, $HgCi_2$, HgO, As_2O_3, $PbHAsO_4$ 등은 인체에 해로운 독약이므로 보이지 않는 곳에 보관한다.
8. CCl_4를 마시면 간에 손상을 주므로 조심하여야 한다.

실험실에서 쓰이는 기본 기구

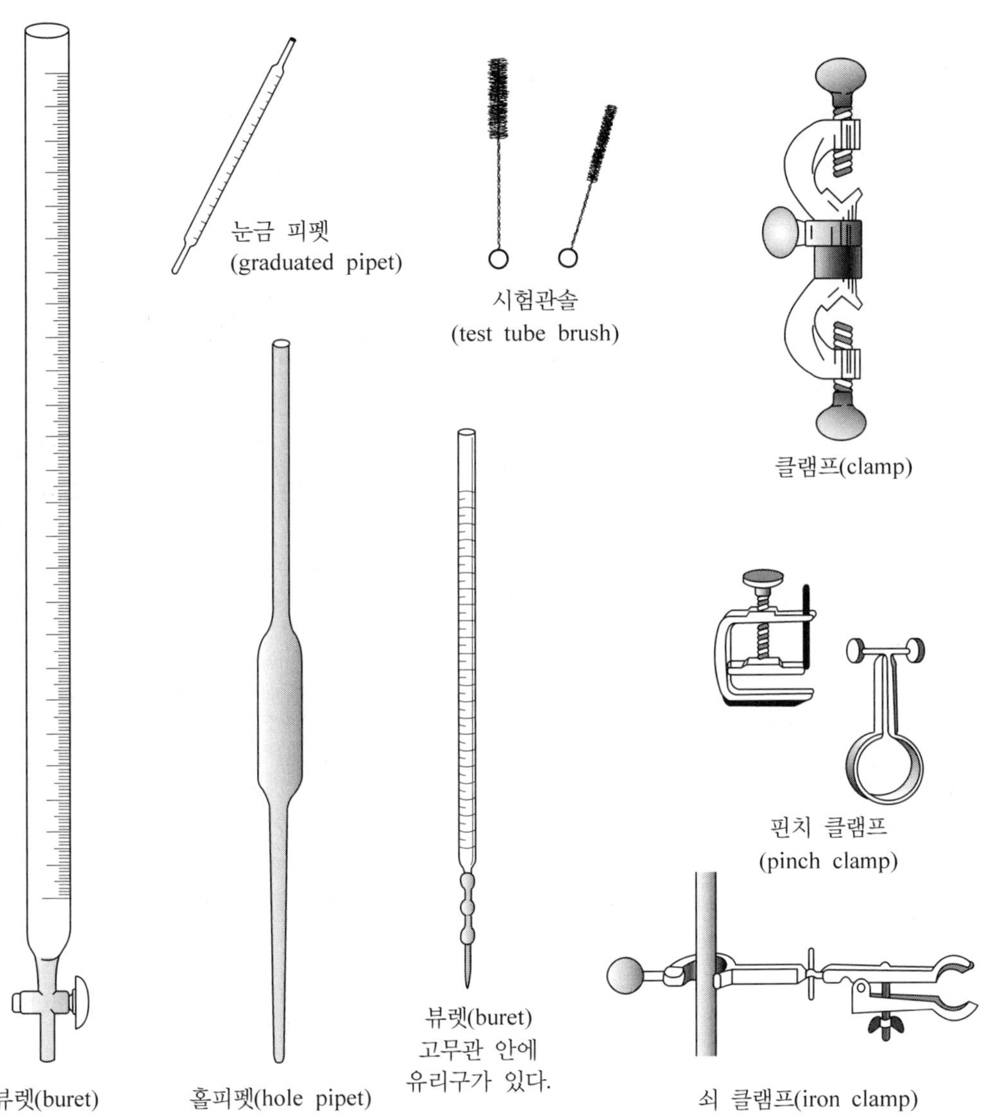

비커(beaker)
시험관
(test tube)
시험관 집게
(test tube holder)
깔때기
(funnel)
삼각 플라스크
(erlenmeyer flask)
감압 플라스크
(suction flask)
뷰흐너 깔때기
(Büchner funnel)
데시케이터
(desiccator)
스포이드
핀셋(forceps)
넓적 바닥 플라스크
(flat bottom flask)
둥근 바닥 플라스크
(round bottom flask)
분별깔때기
(separatory funnel)
시약주걱
(spatula)
100cc
용량 플라스크
(volumetric flask)
원심분리관
(centrifuge tube)

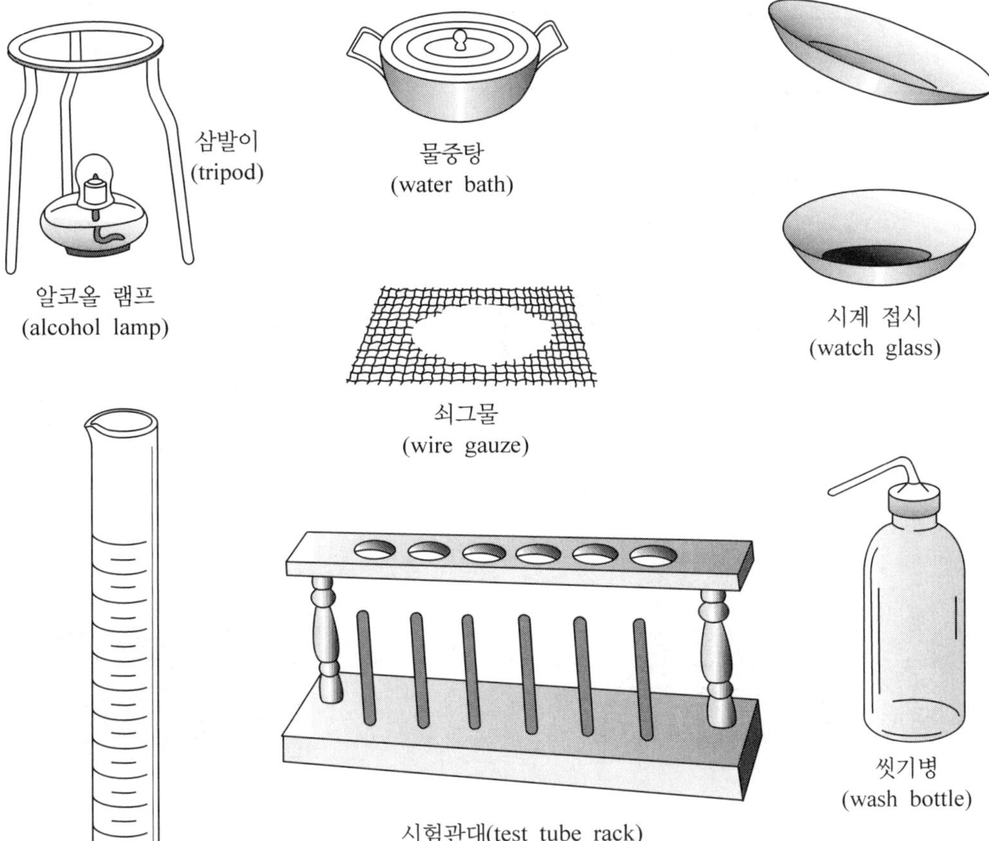

삼발이
(tripod)

물중탕
(water bath)

알코올 램프
(alcohol lamp)

쇠그물
(wire gauze)

시계 접시
(watch glass)

씻기병
(wash bottle)

시험관대(test tube rack)

눈금 실린더
(graduated cylinder)

막대기 스탠드
(funnel stand)

초시계
(stopwatch)

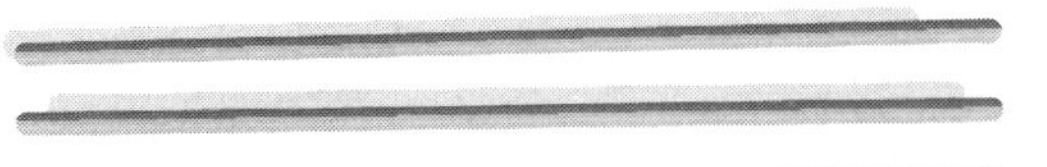

유리 막대
(glass rod)

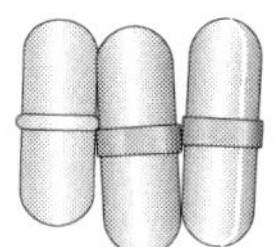

마그네틱바
(magnetic bar)

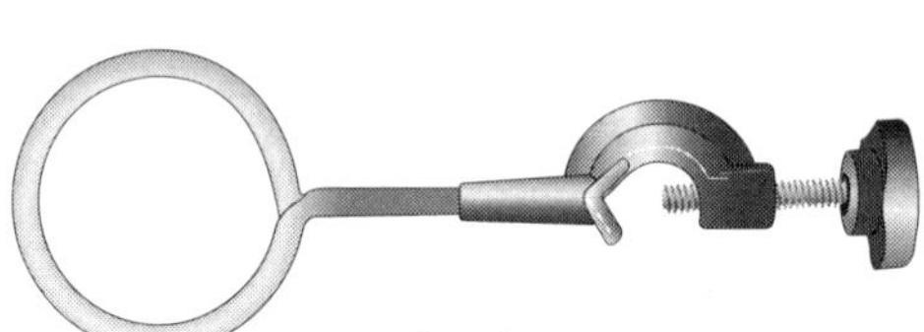

링클램프
(ring clamp)

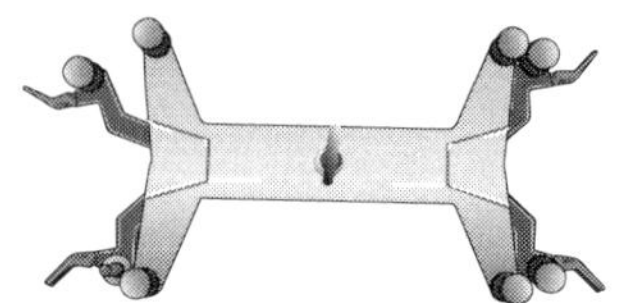

뷰렛 클램프
(buret clamp)

전자 저울
(electronic balance)

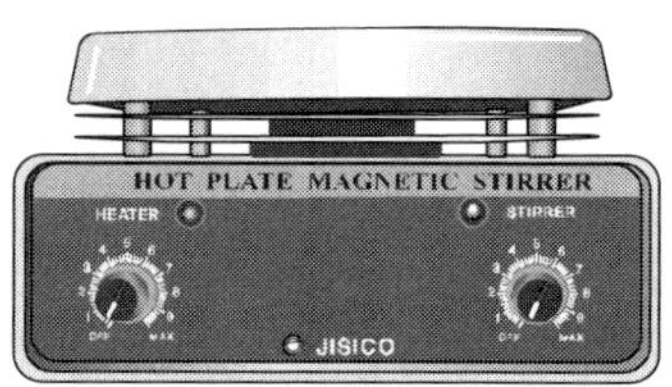

가열식 자석 교반기
(hot plate magnetic stirrer)

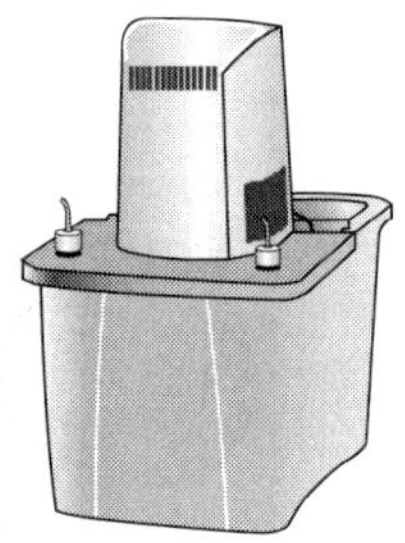

아스피레이터
(aspirator)

분무기
(sprayer)

01

일반화학실험

바륨의 원자량

핵심 내용

- 원자론, 원자량, 원자가, 당량, 침전 평형
- 무게 분석(gravimetric analysis)
- 염화 바륨에 들어 있는 염소를 염화 은으로 침전, 은과 염소의 원자량으로부터 염화 은의 염소의 양 결정, 염소의 양으로부터 바륨의 원자량 결정
- 퀴리의 라듐 발견, 리처즈의 노벨상 수상과 관련된 실험

관련 자료

Principles of Modern Chemistry, 6th Ed.(Oxtoby 외)

Ch 2. Chemical Formulas, Chemical Equations, and Reaction Yields

Ch 16. Solubility and Precipitation Equilibria

생명의 화학, 삶의 화학(김희준 외)

3장. 원자론, 분자론

9장. 평형 반응

실험 목표

염화 은(AgCl) 침전 방법으로, 마리 퀴리가 정제한 라듐의 원자량을 결정한 실험과 동일한 과정을 거쳐 바륨의 원자량 값을 결정해보고 관련 내용을 확인한다.

배경

물질 세계는 원자의 세계이다. 그리고 원자의 세계에서 원소들을 구별해 주는 원자량은 원소의 기본적인 양이다. 원소가 다르면 원자량이 다르다. 그리고 어느 한 원소의 원자량은 시간과 장소를 초월해서 일정한 값을 나타낸다. 물론 원자 번호로 나타내는 원자의 양성자수가 어떤 의미에서는 원자량보다 더 기본적이다. 빅뱅 우주에서나 별들의 내부에서 원소들이 만들어질 때 양성자수가 다른 새로운 입자가 생기는 것은 바로 새로운 원소의 원자핵이 생기는 것을 의미한다. 중성자는 반발하는 양성자들을 붙잡아 주는 역할을 한다. 따라서 같은 원소에서 중성자 수는 다를 수 있다. 그래서 동위원소가 있다. 전자의 수가 바뀌면 이온이 되지만 원소의 종류가 바뀌지는 않는다. 그러나 원자의 깊은 곳에 자리잡은 원자핵 속의 양성자수가 바뀌면 전혀 새로운 원소가 된다.

137억 년 전, 빅뱅 우주에서 생긴 수소와 별의 내부에서 높은 에너지 장벽을 극복하고 생긴 무거운 원소들이 초신성 폭발을 통해 우주 공간으로 퍼져 나가고 다시 모여 태양계를 만들고, 지구에서 생명을 만들어낸다. 특히 생명의 핵심 화합물인 DNA의 수소 결합을 보면 모든 생명체는 137억 년의 역사를 가지고 있다고 볼 수 있다. 이러한 과정에서 동위원소들은 골고루 혼합되어, 어떤 원소의 원자량은 동위원소 질량의 가중 평균(weighted average of isotopic masses)이 되는 것이다.

물론 원자량은 양성자, 중성자, 전자가 발견되기 전에, 그리고 모즐리가 원자핵의 양전하 값을 측정하기 전에 비교적 정확하게 알려졌다. 그렇기 때문에 멘델레예프는 원자량에 따라 원소들을 배열하여 주기율표를 만들 수 있었던 것이다.

19세기의 과학자들이 원자량을 결정하는 데는 두 가지 방법이 중요하게 사용되었다. 우선은 1811년에 제안된 아보가드로의 원리가 핵심적인 역할을 했다. 아보가드로의 원리를 통해서 기체 밀도로부터 여러 가지 기체 화합물의 분자량을 측정하면 결합 양식으로부터 원자량을 계산할 수 있게 되며, 이와 관련해서 분자의 개념이 발전하게 된다. 칸니자로(Cannizzaro)는 수소의 분자량을 2로 정의하고 수소와 상대적인 양으로 원소의 원자량을 결정하였다.

기체 화합물을 만들지 않는 대부분의 원소에 대해서는 아보가드로의 원리를 적용할 수 없다. 이러한 경우에는 뒬롱(Dulong)과 프띠(Petit)가 발견한 경험적 사실이 중요한 역할을 하였다. 1819년에 뒬롱과 프띠는 녹는점이 실온보다 높은 대부분의 원소에서는 일정 부피 하에서의 몰비열(constant volume molar heat capacity, C_v)이 대략 아래와 같은 값을 가지는 것을 경험적으로 보여주었다.

$$dE/dT \fallingdotseq 25\ \mathrm{J \cdot mol^{-1} \cdot K^{-1}}$$

그러나 이로부터는 원자량 값을 정확히 결정하기 어렵다.

오늘 실험에서는 리처즈에 의해 확립된 AgCl 침전 방법으로 그가 정확히 측정한 바륨의 원자량 값을 결정해본다. 그리고 아직 과학의 중심이 독일과 영국 등 유럽에 있을 때 그가 열악한 하버드 실험실에서 오늘날과 같은 전자 저울도 없이 정밀한 무게 분석(gravimetric analysis) 방법으로 하나 하나 원소의 원자량을 유효 숫자 다섯 자리까지 측정한 과정은 어떠했는지 그가 극복해야 했던 실험 오차는 어떤 것들이었겠는지 생각해보기로 한다.

라듐과 폴로늄을 분리하고 원자량을 측정한 마리 퀴리(Marie Curie, 1867–1934, 1903년 노벨 물리학상, 1911년 노벨 화학상)와 피에르 퀴리(Pierre Curie, 1859–1906, 1903년 노벨 물리학상)

흥미롭게도 여러분이 하는 실험은 바로 퀴리 부처가 정제한 라듐의 원자량을 결정한 실험과 동일한 것이다. 1902년 4월에 퀴리 부처는 1톤 정도의 피치블렌드에서 120 mg 정도의 라듐을 분리해내고 7월에는 라듐의 원자량을 발표했다. 그 과정에서, 2족에서 라듐의 바로 위에 있는 과량의 바륨은 계속 라듐을 따라 다니며 퀴리 부처를 괴롭혔다. 바륨과 라듐의 최종적인 분리는 염화 바륨과 염화 라듐의 분별 결정(fractional crystallization)에 의해 이루어졌다. 그리고 라듐의 원자량은 일정한 무게의 $RaCl_2$로부터 염소 이온을 AgCl로 침전시키고 그 무게를 측정하여 결정하였다. 물론 라듐 원자량의 정확도는 계산에 사용한 염소의 원자량의 정확도에 영향을 받는다.

$RaCl_2$으로부터 라듐의 원자량을 결정하는 과정에 있어서 퀴리의 공책에 0.10925그램의 $RaCl_2$, 0.10647그램의 AgCl, Ra/Cl = 3.154라는 기록이 있고, 최종적으로 결정된 라듐의 원자량은 223.3으로 나와 있다.

Ra/Cl = 3.154라는 기록에 대해 생각해보자. 0.10925그램의 $RaCl_2$에 들어 있는 염소의 질량을 AgCl에 들어 있는 염소의 질량으로부터 얻고, 0.10925그램과의 차이로부터 라듐의 질량을 얻었을 것이다. 이렇게 얻은 라듐과 염소의 질량비가 3.154라고 한다면, 0.10925그램의 $RaCl_2$에 들어 있는 라듐과 염소의 질량은 각각 얼마인 셈인가?

라듐: $0.10925 \times (3.154)/(4.154) = 0.08295$

염소: $0.10925 \times (1)/(4.154) = 0.02630$

퀴리 부처는 위의 결과에 입각하여 라듐의 원자량을 223.3으로 결정하였다. 퀴리 부처가 사용한 염소의 원자량은 얼마일까?

$$0.08295/(223.3/2) = 0.02630/x \qquad x = 35.40$$

위에서 구한 염소의 질량은 0.10647그램의 AgCl에 들어 있는 염소의 질량과 같을 것이다. 그런데 질량을 측정한 물질은 AgCl이므로 위의 염소의 질량은 계산에 사용한 염소와 은의 원자량에 의하여 결정되었을 것이다. 퀴리 부처가 사용한 은의 원자량은 얼마일까?

$$0.02630/35.40 = (0.10647 - 0.02630)/Y \qquad Y = 107.91$$

오늘 실험에서는 이러한 무게 분석법을 사용해서 바륨의 원자량을 측정하고 관련 원리들을 배운다. 관계된 반응식은 다음과 같다.

$$Ag^{+} + Cl^{-} \rightarrow AgCl(s)$$

오늘 사용하는 시료에서 바륨을 제외한 원자들의 원자량을 알고 있다고 가정해 보자. 또한 Ba의 원자가도 알고 있다. 그 다음, $BaCl_2$와 $AgNO_3$의 무게를 정확하게 측정해서 용액을 만들어 반응시키면 AgCl의 침전이 형성될 것이고, 이 침전물의 무게로부터 원래 $BaCl_2$에 들어 있던 Cl의 무게를 알 수 있을 것이다. 또한 이 Cl의 무게와 처음에 측정한 $BaCl_2$의 무게, 그리고 Cl의 원자량으로부터 Ba의 원자량을 결정할 수 있다.

실험 기구 및 시약

오븐, 100 mL 비커 두 개, 10 mL 홀피펫과 눈금 피펫, 피펫 채우개, 유리 막대, 거름종이, 뷰흐너 깔때기, 뷰흐너 플라스크, 진공 펌프, 핀셋, 시약주걱, $BaCl_2 \cdot 2H_2O$ 용액(실험 시작시 한 조가 준비, 약 3 g의 $BaCl_2 \cdot 2H_2O$를 0.001 g까지 정확히 무게를 측정하고, 250 mL 용량 플라스크를 사용하여 증류수에 녹임), $AgNO_3$ 용액(169.87 g/mol, 7 g을 250 mL 용량 플라스크를 사용하여 증류수에 녹임)

오븐

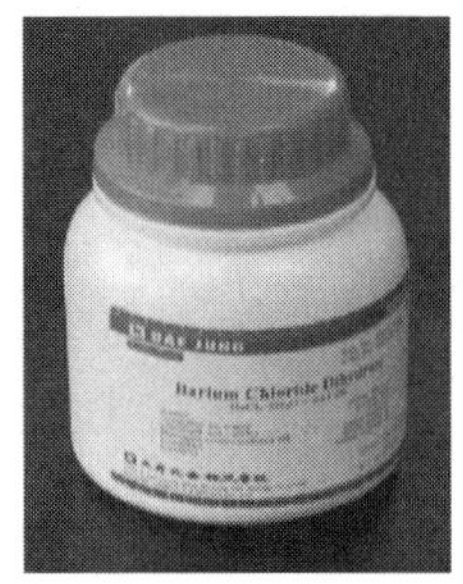

염화 바륨

감압 플라스크

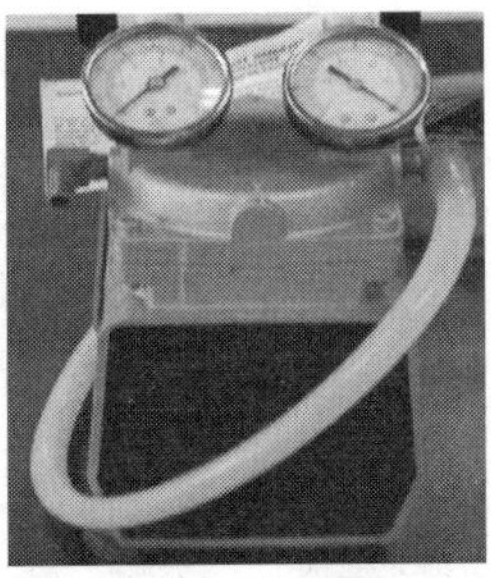
진공 펌프

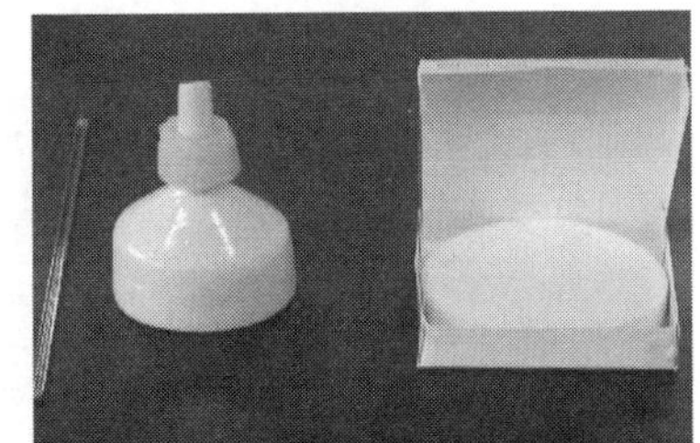
뷰흐너 깔때기 거름종이

실험 과정

Ba 원자량 측정

(1) 실험 전 거름종이에 조 번호를 연필로 표시하고 120°C 오븐에서 10분 이상 건조시킨 후 무게를 0.001 g 단위까지 잰다.

(2) 피펫으로 $BaCl_2 \cdot 2H_2O$ 용액 10.0 mL를 취하여 100 mL 비커에 담는다.

(3) 피펫으로 $AgNO_3$ 용액 10 mL를 취한다.

(4) $AgNO_3$는 빛에 반응하므로 지체하지 말고 $AgNO_3$ 용액 전체를 바륨 용액에 유리 막대로 저어주면서 천천히 가하고 변화를 관찰한다.

(5) 10분 이상 반응 용액을 저어준 후, 뷰흐너 깔때기, 감압 플라스크, 진공 펌프를 설치한다.

(6) 거름종이를 뷰흐너 깔때기에 놓는다. 이때 증류수로 적시고 진공 펌프를 작동해서 거름종이를 뷰흐너 깔때기에 밀착시킨다.

(7) 용액을 뷰흐너 깔때기에 천천히 부어주면서 거른다. 침전이 깔때기의 벽에 묻지 않도록 조심하고, 비커에 남아있는 침전은 시약주걱으로 긁어내고 증류수로 헹구어 깔때기에 최대한 모두 옮긴다.

(8) 거른 후 감압 플라스크에 모인 용액에 침전이 섞인 경우, 거르는 과정을 반복한다.

(9) 증류수로 침전을 여러 번 씻어준다. 침전이 뷰흐너 깔때기 벽에 묻거나 유실되지 않도록 주의해야 한다.

(10) 거름종이와 침전물을 120°C 오븐에서 15분 이상 건조시킨 후, 무게를 기록하고 건조된 거름종이의 무게로부터 AgCl의 무게를 계산한다.

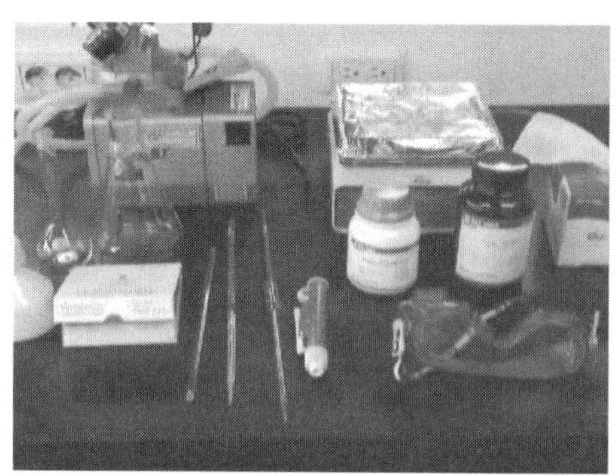
실험 기구와 시약

말린 AgCl 무게 측정

주의 사항

(1) 질산은 용액이 피부와 옷에 묻지 않도록 각별히 주의한다.

(2) 거름종이를 옮길 때는 손으로 잡지 말고, 핀셋을 사용한다.

실험 보고서

학과 ____________ 학번 ____________ 이름 ____________ 일자 ____________ 실험조 ____________

(1) 측정된 AgCl의 무게로부터 원래 $BaCl_2$ 용액 속에 들어 있던 Cl의 몰수와 질량을 계산하라.

(2) 처음에 측정한 $BaCl_2$의 무게에서 Ba와 Cl에 해당하는 무게는 각각 얼마인지 계산하고, 이들의 무게비를 구하라.

(3) 이들의 비로부터 Ba의 원자량을 계산하라.

(4) 실험에서 측정한 값과 알려진 Ba의 원자량과 비교하라.

참고 사항

무게 분석에서는 재없는 거름종이(ashless filter paper)를 사용하는 것이 원칙이지만, 일반화학실험에서는 보통의 여과지를 사용하고 여과지의 수분 함량을 보정하면(4.0%) 비교적 정확하게 바륨의 원자량을 결정할 수 있다. 거름종이를 120°C로 5분에서 30분까지 가열했을 때 초기 무게의 감소 비율은 다음과 같다.

가열 시간(분)	5	10	15	25	30
무게 감소(%)	3.9	4.0	4.0	4.0	4.0

한편 가열 후 실온에서 수분을 흡수하여 무게가 다시 증가하는 비율은 1분 후에 0.7%, 2분 후에 1.0%였다. 따라서 거름종이와 침전을 말린 후 2분 이내에 무게를 측정하면 거름종이의 수분 때문에 생기는 오차는 1% 이내로 줄일 수 있다.

참고 자료

1. 원자량 측정으로 노벨 화학상을 수상한 리처즈

리처즈(Theodore Richards, 1868–1928) 하버드대 교수. 원자량의 정확한 측정으로 1914년 노벨 화학상 수상.

돌턴의 원자설로 막을 올린 19세기 근대화학의 큰 흐름은 새로운 원소들의 발견과 원자량을 통한 원소 세계의 통일화, 즉 주기율의 발견이라고 볼 수 있다. 반면 20세기로 넘어오면서 모든 원소의 원자량은 수소 원자량의 정수 배이며, 모든 원소는 수소 원자로 이루어졌다는 프라우트의 가설이 양성자의 발견으로 새롭게 조명되고 원자 번호가 주기율의 기본 원리로 인식된다. 한편 중성자의 발견으로 원자량이 그런 값을 가지는지도 이해할 수 있게 되었다. 이 사이에서 미국 하버드 대학의 리처즈가 교량적 역할을 하였다.

물론 원자에서 원자량은 기본적인 값이다. 원자들이 결합하여 분자를 만들면 분자량은 원자량으로부터 결정된다. 이처럼 기본적인 원자량 값은 대부분 무게 분석 방법을 사용하여 결정되었다. 여기서는 원자량의 정확한 측정으로 노벨 화학상을 받은 리처즈의 업적을 통해 원자량의 중요성을 재고해보자.

14세 나이에 헤이버포드 대학 2학년에 입학한 리처즈는 졸업 후 다시 하버드 대학 입학을 위해 6주 동안 어머니에게서 그리스어를 배워 시험을 통과하고 하버드 대학에 최연소 4학년생으로 편입했다. 18세에 최우등으로 두 번째 학사 학위를 받은 그는 2년 후 20세의 나이에 쿡(Cooke) 교수 밑에서 수소와 산소의 정확한 원자량 비율 결정으로 박사 학위를 받았다.

1842년에 듀마(Jean-Baptiste Dumas)가 발표한 수소와 산소의 원자량 비율은 1 : 15.96이었다. 이로 보아서는 프라우트의 가설이 맞는 듯 하였으나 이에 회의적이었던 쿡은 리처즈에게 이 비율을 다시 측정해 보도록 하였다. 리처즈는 엄밀하게 측정한 양의 수소를 연소시키고 생성된 물의 질량을 정확하고 정밀하게 측정하여 15.96보다 더 정수에서 벗어나는 15.869를 얻었다. 프라우트의 가설이 맞다면 수소와 산소의 원자량 비율은 정확히 1 : 16이어야 하는데 아무래도 그의 가설에는 문제가 있는 듯 보였다.

1년 동안 유럽 각국의 분석화학 연구실을 돌아본 후 1889년에 하버드에 돌아온 리처즈는 정량분석화학 강의를 맡았다. 1894년에 쿡 교수가 죽자 그가 가르치던 물리화학 강의를 맡게 된 리처즈는 1년 동안 유럽에서 오스트발트(Ostwald, 1909

년 노벨 화학상)와 네른스트(Nernst, 1920년 노벨 화학상) 등 물리화학의 창시자들과 공부하고 돌아와서 죽기까지 하버드에서 물리화학 강의를 계속했다. 그의 물리화학 강의의 특징은 화학의 원리를 수학을 최대한 쓰지 않고 설명하는 것과 역사적 관점에서 이해하도록 하는 데 있었다. 그는 많은 우수한 학생들을 하버드로 끌어들였는데, 미국 화학의 대부 격인 루이스(G. N. Lewis)도 1899년에 그의 지도로 박사 학위를 받았다.

하버드 학부생으로 발표한 리처즈의 논문은 수용성 염화물(chloride) 염의 용액에 질산 은 용액을 가하여 염화 은(AgCl)을 침전시키는 반응에 관한 것이었는데, 이 반응은 그가 후일 무게 분석으로 여러 원소의 원자량을 결정하는 데 기초가 되었다. 그는 특히 구리의 원자량에 대해 철저히 조사했다. 황산 구리(copper sulfate, $CuSO_4$)를 황산 바륨(barium sulfate, $BaSO_4$)으로 침전시키는 방법이 많이 사용되었는데 바륨의 원자량이 문제가 되었다. 18가지 원소의 원자량이 바륨의 원자량과 연결되어 있었기 때문에 리처즈는 최대한의 주의와 노력을 기울여서 바륨의 원자량을 정확히 측정했다. 그의 실험실에서는 25가지 원소의 원자량이 엄밀하게 측정되었고, 그 밖의 30가지 원소의 원자량이 그의 제자들의 실험실에서 결정되었다. 이러한 과정에서 연구된 여러 방법을 검토한 리처즈는 가장 정밀한 분석 방법은 염화 은이나 은의 다른 불용성 염으로 침전시키는 것이라고 결론지었다. 이 방법은 그가 하버드 학부 4학년생으로 연구한 반응에 기초한 것이다.

1914년에 리처즈는 정확한 원자량 값을 결정한 공으로 노벨 화학상을 수상했다. 중성자가 발견되기 거의 20년 전이다. 아직 과학의 중심이 독일, 프랑스, 영국 등 유럽에 있을 때 그는 열악한 하버드 실험실에서 오늘날과 같은 정밀한 저울도 없이 무게 분석 방법으로 하나 하나 원소의 원자량을 유효 숫자 다섯 자리까지 측정했던 것이다. 원자량 결정에 일생을 바친 이유에 대해 그는 자신이 그 방법을 터득했기 때문일 뿐 아니라 "원자량은 우주의 가장 기본적인 신비의 하나인 듯하다. 원자량은 시간과 장소에 상관없이 일정하며, 초기 우주의 말 없는 증인이다"라고 말했다. 흥미롭게도 슈피리어호에서 가져온 구리와 독일에서 가져온 구리의 원자량이 실험 오차 한계 이내에서 같다는 것을 증명한 그는 나중에 납의 원자량은 납을 어디에서 가져왔는가에 따라 약간씩 다르다는 것을 보여주었다. 러더포드(Rutherford)가 알파 붕괴를 연구하고 소디(Soddy)가 동위원소라는 말을 만들어내던 동시대에서 방사능에 따른 원자핵 변환의 결과를 질량 차이로 관찰한 것이다.

2. 원자량을 결정하는 몇 가지 방법

■ 기체 밀도

원자량, 분자량은 초기에는 혼동이 많았을 법한 개념이다. 더구나 분자가 존재하는지에 대해서도 의견이 분분했던 19세기 전반에는 원자량이나 화합물의 구조를 결정하기가 쉽지 않았을 것이다. 원자와 분자의 정의, 원자량 등 당시 화학의 혼란을 해결하기 위해 1860년에 독일 칼스루헤(Karlsruhe)에서 최초의 국제 화학 학술대회가 열렸다. 많은 논란 끝에 결론을 내리지 못하고 일단 각자 귀국하여 앞으로의 방향을 생각해 보기로 하였는데, 헤어지기 전에 이탈리아의 칸니자로(Cannizzaro)가 아보가드로의 원리를 받아들이면 많은 혼란이 정리된다는 자신의 생각을 담은 팜플렛을 나누어 주었다. 이것을 가지고 가서 읽어본 많은 화학자들은 그의 생각에 동의하였고, 이를 계기로 원자, 분자, 원자량, 분자량, 화학식에 대한 혼란이 가라앉게 되었다.

칸니자로가 산소의 원자량 결정에 사용한 자료를 살펴보자. 아래와 같이 여덟 종류의 산소를 포함하는 물질이 있다. 이미 수소는 분자로 존재한다는 것이 알려져서 칸니자로는 수소의 분자량을 2로 정의하고 기체 밀도의 비로부터 다른 분자들의 상대적 분자량을 측정했다. 여기서 아보가드로의 원리가 사용되는 것을 볼 수 있다.

칸니자로(Cannizzaro, 1826–1910).
아보가드로의 원리에 입각하여 원자, 분자에 관한 혼란 정리.

	수소의 분자량을 2로 했을 때의 상대적 분자량	1그램 분자량에 포함된 산소의 질량
물 (H_2O)	18	16
일산화 질소 (NO)	30	16
산화 이질소 (N_2O)	44	16
이산화 질소 (NO_2)	46	32
아황산 가스 (SO_2)	64	32
이산화 탄소 (CO_2)	44	32
산소 (O_2)	32	32
오존 (O_3)	48	48

이렇게 구한 1그램 분자량에 포함된 산소의 질량이 모두 16의 정수배이고, 24

나 40같은 값을 가지는 화합물은 전혀 발견되지 않는 것으로부터 산소의 원자량을 16으로 확정지을 수 있었다.

■ 뒬롱-프띠의 법칙

기체가 아닌 원소의 원자량을 결정하는 방법을 생각해보자. 기체 화합물을 만들지 않는 대부분의 원소에 대해서는 아보가드로의 원리를 적용할 수 없다. 이러한 경우에는 뒬롱과 프띠가 발견한 경험적 사실이 중요한 역할을 하였다. 1819년에 뒬롱과 프띠는 녹는점이 실온보다 높은 대부분의 원소에서는 그램 원자량당 일정 부피 하에서의 비열(정적 비열, 定積比熱, constant volume heat capacity, C_v)이 대략 25 J/deg 값을 가지는 것을 경험적으로 보여주었다. 원자들이 용수철로 삼차원적으로 서로 연결된 고체 모형에서 운동 에너지와 위치 에너지의 합은 3RT로 주어지는 것으로부터 비열은 3R(24.9 J/mol · K)임을 알 수 있는데, 뒬롱과 프띠는 아보가드로 수, 볼츠만 상수, 절대 온도 등이 알려지기 전에 경험적으로 위의 같은 관계를 알아내어 대략적인 원자량의 결정을 가능하게 했다. 뒬롱과 프띠가 없었다면 멘델레예프도 없었을 것이다.

예제 1.1

어떤 미지 원소의 정적 비열이 0.39 J/deg · g으로 측정되었다. 이 원소는 무엇이라고 생각되는가?

■ 무게 분석

주기율표에 있는 원소들의 정확한 원자량 값은 대부분 무게 분석(重量分析, gravimetric analysis) 방법을 사용하여 결정되었다. 무게 분석은 생성물의 침전을 순수하게 분리하고 질량을 측정하는 방법이다. 역사적으로 중요한 무게 분석에는 퀴리 부처에 의한 라듐의 원자량 결정이 있다. 퀴리 부처는 정제한 라듐의 원자량을 염화 은 침전 방법으로 결정하고 라듐이 새로운 원소인 것을 증명했다. 1902년에 퀴리 부처는 120 mg 정도의 라듐을 분리해내고 원자량을 결정했다. 라듐의 원자량은 일정한 무게의 염화 라듐으로부터 염화 이온을 염화 은으로 침전시키고 그 무게를 측정하여 결정하였다. 물론 라듐 원자량의 정확도는 계산에 사용한 염소 원자량의 정확도에 영향을 받는다.

일반화학실험

이산화 탄소의 분자량

핵심 내용

- 분자, 분자량, 상변화, 승화, 기체 밀도, 아보가드로의 원리, 이상 기체 방정식

관련 자료

Principles of Modern Chemistry, 6th Ed.(Oxtoby 외)

Ch 1. The Atom in Modern Chemistry

Ch 2. Chemical Formulas, Chemical Equations, and Reaction Yields

Ch 9. The Gaseous State

생명의 화학, 삶의 화학(김희준 외)

3장. 원자론, 분자론

7장. 물질의 상태와 성질

실험 목표

드라이 아이스를 사용해서 플라스크를 1기압의 이산화 탄소 기체로 채우고, 이산화 탄소의 질량과 플라스크의 부피로부터 이산화 탄소의 분자량을 결정한다. 이때 이상 기체 방정식, $PV = (W/M)RT$를 써서 분자량을 구해보고, 또 공기의 밀도와 비교하여 이산화 탄소의 분자량을 결정해서 비교해본다. 이런 과정을 통하여 이상 기체 방정식, 아보가드로의 원리 등 핵심 개념을 체험적으로 학습한다. 또한 타이곤 튜브에 드라이 아이스를 넣고 드라이 아이스가 고압에서 액화하는 현상을 관찰한다.

드라이 아이스

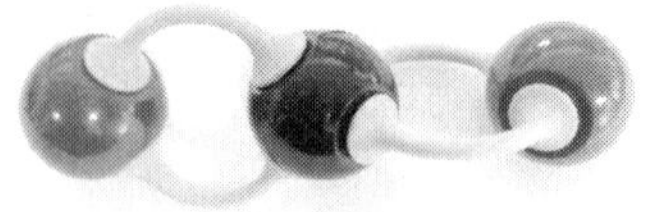

이산화 탄소 모형

배경

실험 1에서는 원자론을 다루었는데, 이번 실험에서는 분자론을 다룬다. 호프만(Roald Hoffmann, 1981년 노벨 화학상)의 말대로 원자는 근사하고 근본적이기는 하지만, 원자는 화학이 아니다. 화학은 원자들이 잠시 동안 일정한 규칙을 가지고 결합했다가 다시 갈라서는 분자에 관한 것이다(Atoms are nice, atoms are fundamental, but they are not chemistry. Chemistry is about molecules, the fixed but transformable way in which atoms get together for a while). 따라서 원자들이 모여 분자를 이루는 화학 결합의 원리와 그에 따라 생긴 분자의 성질을 이해하는 것은 화학의 핵심적인 내용이다.

다시 말해서 우리 주위의 세계는 엄밀히 이야기하면 원자의 세계라기보다는 분자의 세계이다. 원자들은 분자들을 구성하는 단위이기는 하지만 우리 주위에는 헬륨, 아르곤처럼 화학 결합을 이루지 않는 비활성 기체나 금이나 황처럼 원소 상태로 존재하는 약간의 물질을 제외하고 대부분의 물질은 원자들이 결합한 상태로 존재한다. 따라서 원자량 못지 않게 분자량을 아는 일이 아주 중요해진다. 분자량을 알면 그 분자는 원자들이 몇 개 정도 모인 어느 정도 큰 분자인지 알 수 있기 때문이다. 그리고 분자량은 분자 내에 어떤 원자들이 어떤 비율로 들어 있는지를 조사하는 데에도 중요하다.

그렇다면 분자량은 어떻게 알 수 있을까? 이 실험에서는 기체 분자의 분자량만을 다룬다. 분자설이 등장하는 데 중요한 역할을 한 아보가드로의 원리에 따르면 같은 온도에서 같은 부피의 기체에는 같은 개수의 분자가 들어 있다. 따라서 기체의 밀도를 측정하면 분자량을 측정할 수 있게 된다. 그런데 실험실에서 밀도로부터 분자량을 측정하기 위해서는 공기보다 밀도가 높은 순수한 기체가 유리하다. 다행히 드라이 아이스를 사용하면 쉽게 1기압 상태의 순수한 이산화 탄소를 얻을 수 있다. 드라이 아이스가 승화해서 얻어진 이산화 탄소는 공기보다 무거워서 공기와 뒤섞이지 않고 용기를 채우기 때문이다.

부피를 아는 용기를 채운 실온, 1기압 상태의 이산화 탄소의 질량을 측정하면 공기의 밀도와 비교해서 분자량을 구할 수도 있고, 이상 기체 방정식을 사용해서 구할 수도 있다.

한편 드라이 아이스를 사용하면 쉽게 액체 이산화 탄소를 관찰할 수 있다. 이산화 탄소는 그림과 같은 상평형을 나타낸다. 높은 압력을 견딜 수 있는 타이곤 튜브에 드라이 아이스를 넣고 양쪽을 철 조임새로 조이면 드라이 아이스가 승화하면서 이산화 탄소의 압력이 올라가고, 삼중점에 이르면 고체와 기체 사이의 평형에 액체의 평형이 이루어지면서 액체 이산화 탄소가 관찰된다. 조임새를 풀면 압력이 떨어지면서 고체와 기체 사이의 평형만이 일어나서, 액체는 사라지고 고체 드라이 아이스가 드러난다.

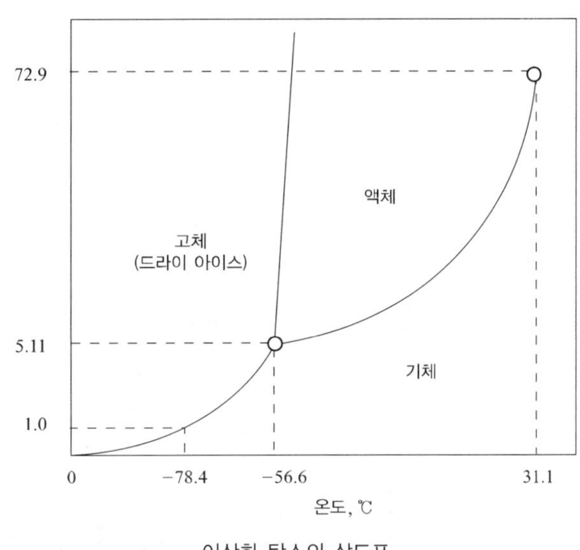

이산화 탄소의 상도표

실험 기구 및 시약

드라이 아이스, 전자저울, 타이곤 튜브, 50, 100, 250 mL 삼각 플라스크, 유리판, 약수저, 메스실린더, 온도계, 스탠드, 철 조임새 두 개, 니플, 망치, 십자 드라이버, 깔때기, 파라필름, 테플론 테이프, 목장갑

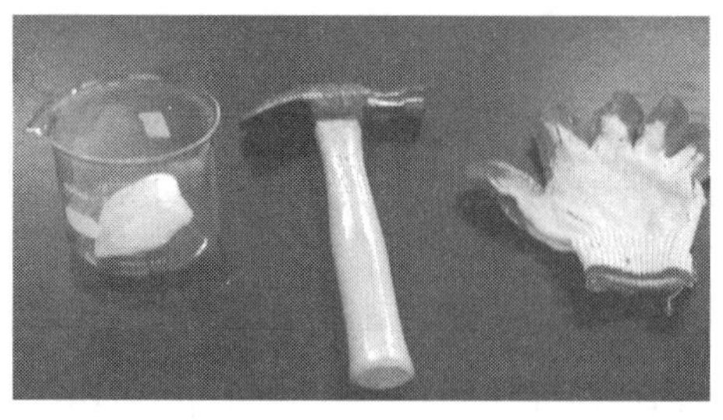

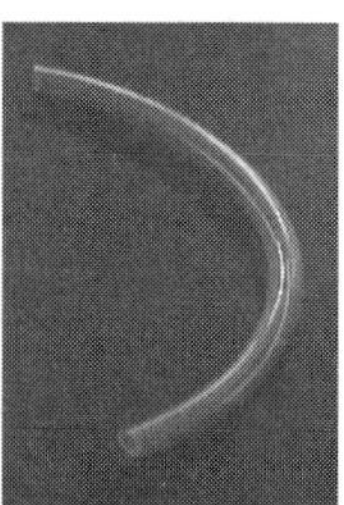

드라이 아이스　　망치　　목장갑　　니플　　타이곤 튜브

실험 과정

실험 1. 이산화 탄소의 분자량 측정

(1) 공기로 채워진 플라스크에 유리판을 올려놓고 무게를 측정한다.

(2) 플라스크에 곱게 갈은 드라이 아이스 한 스푼을 넣고 드라이 아이스 모두 사라지면 약 기다려서 플라스크 내부의 온도가 실온과 거의 같아지도록 한 후 유리판으로 덮고 다시 무게를 측정한다. 이때 플라스크 주변에 묻은 수분을 제거해 주어야 한다.

(3) 플라스크를 저울에 올려놓은 채로 유리판을 옮겨서 플라스크의 주둥이를 열고 10분 동안 20초 간격으로 저울의 눈금을 기록한다.

(4) 온도계로 플라스크 안(중간 부분)의 온도를 측정한다.

(5) 플라스크에 물을 채우고 물을 메스실린더에 따라서 정확한 부피를 측정한다.

(6) 위의 과정을 다른 사이즈의 플라스크에 대해서도 반복한다.

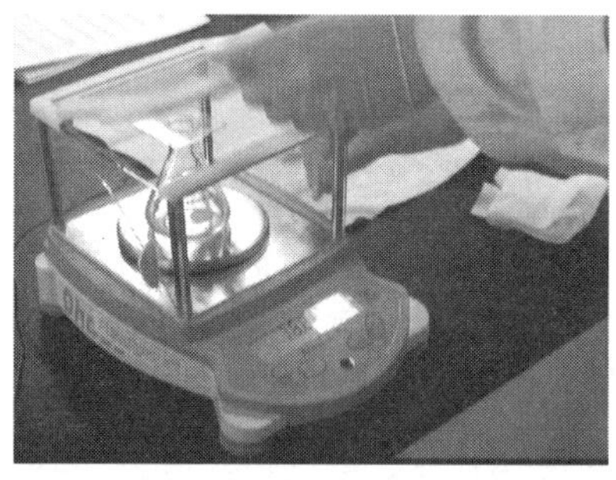

플라스크의 무게 측정

플라스크를 채운 물의 부피 측정

실험 2. 액체 이산화 탄소의 관찰

(1) 타이곤 튜브 양 끝에 조임새를 아주 꽉 끼운 후 한쪽 끝은 니플을 꽂아 막는다.

(2) 드라이 아이스를 대략 5 cm 정도 채워지도록 깔때기를 이용하여 타이곤 튜브에 넣는다.

(3) 튜브 한 쪽 끝도 마저 니플을 끼운 뒤 마찬가지로 조임새로 꽉 조인다. 튜브의 양끝이 서로 닿도록 밀어 넣고, 그 부위는 파라필름으로 단단히 감싸서 가스가 새지 않도록 한다.

(4) 드라이 아이스가 액화될 때까지 기다린다. 손으로 문지르면 더욱 좋다.

(5) 액화 현상을 관찰하면 한쪽 조임새를 살짝 풀어준 후 액화된 이산화 탄소가 어떻게 되는지 관찰한다.

주의 사항

(1) 드라이 아이스를 넣은 후 플라스크 외부에 생긴 물기를 잘 닦고 무게를 재야 한다.

(2) 조임새를 풀 때 압력이 커서 소리가 꽤 크므로 주의한다. 액화 이후, 온도가 올라가면서 압력도 높아지므로 액화를 관찰하면 즉시 압력을 풀어야 한다.

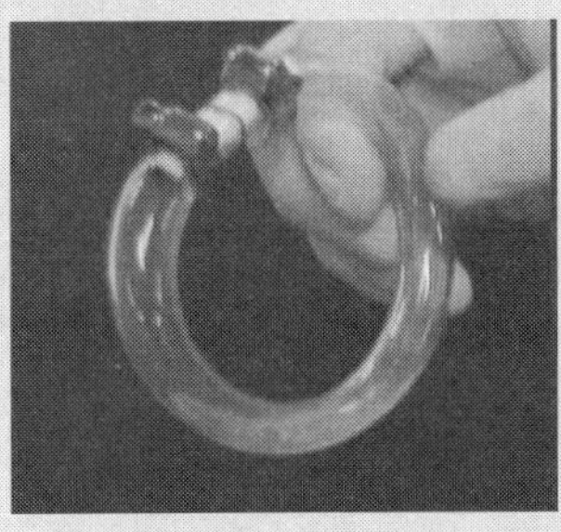

온도와 압력이 높아지면서 액체 이산화 탄소가 얻어진다.

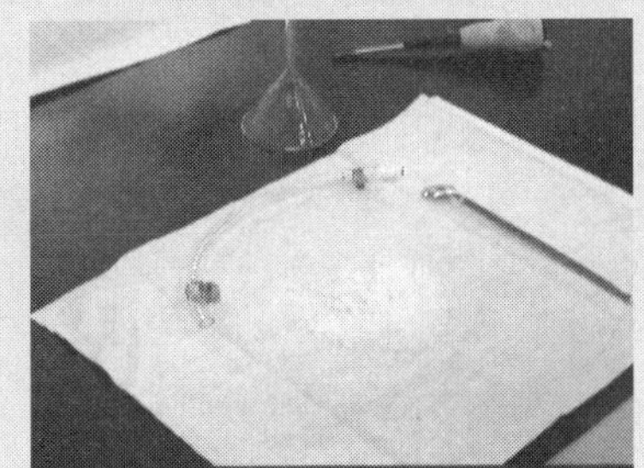

액체 이산화 탄소 관찰에 필요한 준비물

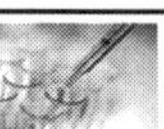

실험 보고서

학과 ______ 학번 ______ 이름 ______ 일자 ______ 실험조 ______

(1) 공기에 의한 부력을 보정하기 위하여 플라스크에 들어 있는 공기(78% 질소, 21% 산소, 1% 아르곤)의 무게를 계산하라.

(2) 실험 결과로부터 플라스크에 들어 있는 이산화 탄소의 무게를 계산하라.

(3) 플라스크 부피의 이산화 탄소 무게와 공기 무게의 비로부터 이산화 탄소의 분자량을 계산하라.

(4) 실험 결과를 이상 기체 방정식, $PV = (W/M)RT$에 대입하여 이산화 탄소의 분자량을 계산하라. 실내 압력은 1.0 기압으로 가정한다(R = 0.082 L · atm/mol · K).

(5) 유리판을 옮겼을 때 이산화 탄소가 공기로 확산되어 나가면서 플라스크에 들어 있는 혼합 기체의 가상적인 분자량이 어떻게 변하는지 설명하라.

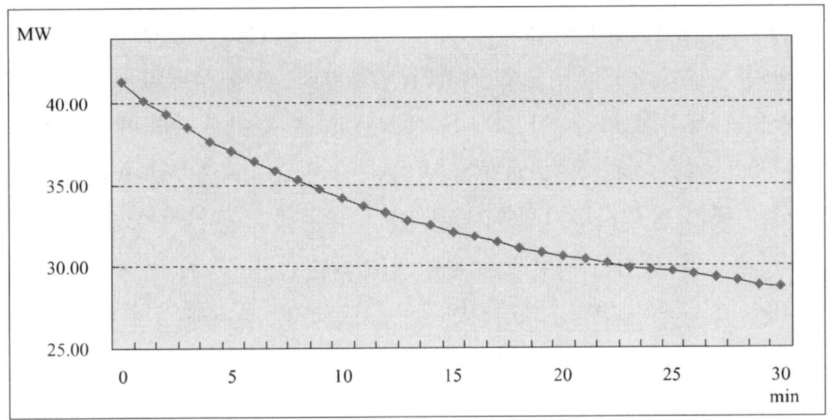

참고 자료

1. 아보가드로의 원리와 기체의 분자량

원자론이 발전하는 데는 질량 불변의 법칙, 일정 성분비의 법칙, 배수 비례의 법칙과 같이 질량이 중요한 요소로 작용했지만, 분자에 대한 이해가 이루어지는 데는 부피가 중요한 요소가 된다.

초기에 중요한 기체 실험을 한 사람 중에 게이뤼삭이 있다. 1802년에 그는 압력이 일정할 때 일정한 양의 기체의 부피는 온도에 비례해서 증가한다는 법칙을 발견했고, 1804년에는 비오(Biot)와 함께 기구를 타고 6.4킬로미터 상공으로 올라가는 데 성공했으며, 이듬 해에는 훔볼트(Humboldt)와 함께 고공으로 올라가서 압력이 낮아져도 대기의 조성은 일정한 것을 알아냈다. 그들은 또한 물은 두 부피의 수소와 한 부피의 산소가 반응해서 만들어지는 것도 발견했다.

게이뤼삭(Gay-Lussac, 1778-1850)
붕소와 아이오딘을 발견했고, 피펫, 뷰렛이라는 이름을 짓기도 했다.

1809년에 발표된 게이뤼삭의 기체 반응의 법칙에 따르면 기체들이 반응해서 다른 기체를 만드는 경우, 반응하는 기체들과 생성된 기체 반응에 관련된 모든 기체의 부피에는 간단한 정수비가 성립한다. 실은 기체 반응에서 각각 기체의 부피를 측정하기란 쉬운 일이 아니었을 것이다. 수소 기체와 산소 기체가 반응해서 기체 상태의 물, 즉 수증기가 생기는 반응을 생각해 보자. 이 경우에 생성된 물은 주어진 온도에서 포화 증기압(실온에서 0.03기압 정도)을 초과하는 만큼은 액체로 응축할 것이다. 포화 증기압 이하에서는 공기 등 다른 기체와 섞여 있기 때문에 수증기의 부피를 재기 어려울 것이다. 수소나 산소가 과량으로 들어 있었다면 반응 후에 어느 기체가 얼마나 남았는지를 조사해야 한다. 그러려면 수증기로부터 분리해야 한다. 게이뤼삭은 이러한 어려움들을 극복하고 여러 기체 반응에 대해서 기체 부피 사이의 정수비 관계를 확립했다.

이러한 정수 관계가 어떻게 분자의 존재를 의미하는지 살펴보자. 수소와 산소가 반응해서 물이 되는 경우에는 수소 2부피와 산소 1부피가 반응하면 수증기 2부피를 얻는다. 이 관찰 사실을 수소와 산소가 각각 원자로 존재한다고 가정하고 설명하려고 한다면 다음 그림과 같이 산소 원자가 둘로 갈라져야 한다. 이것은 원자가 더 나눌 수 없는 입자라는 원자의 정의와 모순된다.

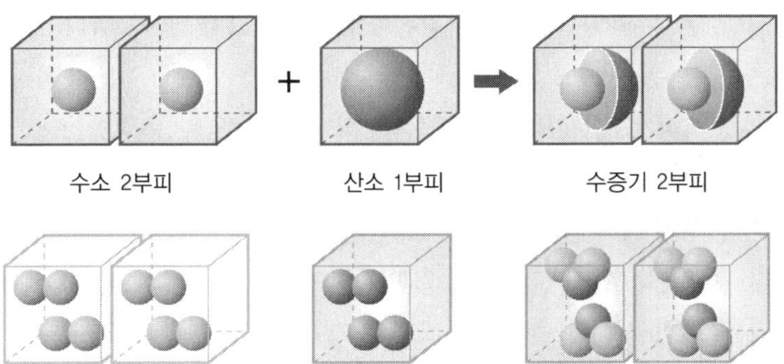

그러나 수소와 산소 모두 두 개의 원자가 결합한 이원자 분자(二原子 分子, diatomic molecule)라고 가정하면 원자를 나누지 않고도 2 : 1 : 2의 부피 비를 설명할 수 있다. 이때 중요한 사실은 모든 기체는 같은 온도와 압력 하에서는 같은 부피에 같은 개수의 분자가 들어 있다는 점이다. 이 아보가드로의 원리(Avogadro's principle)는 1811년에 아보가드로가 제안했다. 위 그림에서는 단위 부피에 수소 분자, 산소 분자, 물 분자 모두 두 개씩 들어 있는 것을 볼 수 있다. 이처럼 게이뤼삭의 기체반응 법칙과 아보가드로의 원리를 종합하여 1811년에 아보가드로는 원자들이 모여서 이루는 입자로서의 분자라는 개념을 제시했다. 즉, 아보가드로의 분자는 나눌 수 있는 입자인 것이다. 우리는 분자를 어떤 물질의 성질을 가지면서 더 나눌 수 없는 입자라고 생각하는 경향이 있다. 사실 물이나 설탕같은 화합물의 경우에 분자를 나누면 물이나 설탕의 성질이 사라진다. 그러나 분자라는 개념이 처음 등장할 때 핵심 포인트는 원자와 달리 분자는 문자 그대로 분해할 수 있는 입자라는 점이었다. 화학은 분자의 과학이다. 그러므로 아보가드로의 분자는 화학에서 가장 중요한 개념의 하나이다.

아보가드로 (Amadeo Avogadro, 1776–1856)

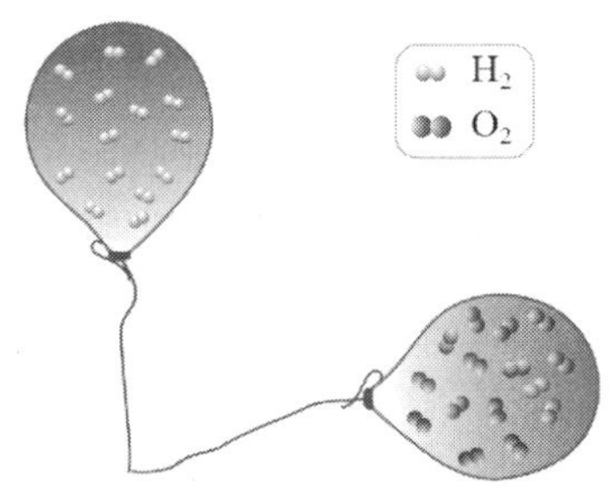

가벼운 수소, 무거운 산소

분자설이 등장하는 데 중요한 역할을 한 아보가드로의 원리에 따르면 같은 온도에서 같은 부피의 기체에는 같은 개수의 분자가 들어 있다. 그렇다면 그림에서 풍선에 들어 있는 수소와 산소의 질량비는 수소와 산소 분자 하나하나 질량의 비와 같다. 따라서 기체의 밀도를 측정하면 분자량을 측정할 수 있게 된다.

돌턴은 아보가드로의 원리를 받아들이지 않았다. 당시에 수소와 산소 기체가 반응해서 생긴 수증기의 밀도는 반응물인 산소의 밀도보다 낮다는 사실이 알려져 있었다. 돌턴은 수소 원자 한 개와 산소 원자 한 개가 결합해서 수소-산소 식의 물이라는 화합물이 만들어진다고 생각했다(H + O → HO). 만일 같은 부피에 같은 개수의 분자가 들어 있다면 위의 식에 따라 물의 밀도가 산소의 밀도보다 높아야 할 것이다. 물 하나는 산소 하나보다 수소 하나만큼 더 무겁기 때문이다. 그래서 돌턴은 물의 밀도가 낮은 것은 같은 부피에 들어 있는 물 입자의 수가 적기 때문이라고 생각했다. 이처럼 여러 개념들이 맞물려 있는 것을 보면 당시의 상황이 얼마나 혼란스러웠을지 짐작이 간다. 이래저래 아보가드로의 분자설은 거의 50년 동안 무시되었다.

19세기 초반에는 기체 밀도의 비로부터 분자량을 측정했다. 사실은 이렇게 구한 분자량의 값으로부터 원자량을 구하거나 이미 알려진 원자량을 확인하기도 했다. 예를 들어 밀도 측정으로부터 다음과 같은 기체의 분자량이 얻어졌다고 하자.

기체	분자량
수증기	18
산소	32
이산화 탄소	44

이로부터 물에는 원자량이 1인 수소 원자(H) 두 개와 원자량이 16인 산소 원자가 한 개가 들어 있고(H_2O), 산소는 산소 원자 두 개가 결합된 이원자 분자(O_2)인 것을 추측할 수 있다. 우리가 호흡하는 공기 중의 산소가 원자량이 32인 원자 한 개로 이루어졌다면 위의 표에서 말한 산소의 분자량이 사실은 원자량이 되겠지만, 수소와 산소를 포함하는 물의 분자량이 18이 될 수는 없을 것이다. 이산화 탄소(CO_2)에는 원자량이 12인 탄소 원자 한 개와 원자량이 16인 산소 원자 두 개가 들어 있기 때문에 분자량이 44이다. 여기에서 볼 수 있듯이 아보가드로의 원리에 입각한 분자량의 측정은 화학의 발전에서 대단히 중요한 의미를 가진다.

예제 2.1

탄성이 없는 가상적인 두 개의 풍선에 각각 수소(H_2, 분자량 2)와 헬륨(He, 원자량 4)을 채워서 크기가 같게 만들었다. 풍선 안에 들어 있는 기체의 압력은 바깥의 압력, 즉 대기압과 같다. 이 가상적 상황에서 아보가드로의 원리는 어느 것에 해당하는가?

1. 풍선에 들어 있는 수소와 헬륨의 질량은 같다.
2. 풍선에 들어 있는 수소와 헬륨의 원자수는 같다.
3. 풍선에 들어 있는 수소의 원자수는 헬륨 원자수의 두 배이다.
4. 위의 어느 것도 아니다.

2. 이산화 탄소의 여러 얼굴

화석 연료의 연소는 물론 체내 유기물의 산화 반응에서 생기는 이산화 탄소는 상온과 상압에서 무색, 무미, 무취의 기체이다. 쉽게 만들 수 있는 이산화 탄소는 산업적으로도 다양하게 활용될 뿐만 아니라 식품 첨가제로도 사용된다.

이산화 탄소가 가장 많이 첨가되는 식품으로는 콜라나 사이다와 같은 탄산 음료를 들 수 있다. 맥주와 샴페인에도 이산화 탄소가 들어 있다. 이산화 탄소는 음료수에 거품을 일으키고 쏘는 듯한 맛을 내며, 음료수가 상하는 것을 막아주는 다양한 역할을 한다. 탄산 음료가 의학적으로 효과가 있다는 직접적인 증거는 없지만 수술 직후에 다른 음식을 먹지 못해서 생기는 메스꺼움을 완화하고 수분을 제공하기 위해서 사용되기도 한다. 음료수에 이산화 탄소를 녹이기 위해서는 고체의 이산화 탄소인 드라이 아이스를 사용하거나 스테인레스로 만든 용기에 84 kg/cm^2 이상의 압력을 가해서 만든 액체 이산화 탄소를 이용한다. 탄산 음료에 더 많은 양의 이산화 탄소를 녹게 만들기 위해서는 압력을 높이고 온도를 낮추어야 한다. 빵을 만들 때 사용하는 효모에는 사카로마이세스 세레비시에라는 발효균이 있어서 밀가루의 글루코스, 프럭토스, 말토스, 슈크로스 등의 당을 발효시켜 이산화 탄소와 에탄올로 만들어 낸다. 이산화 탄소는 밀가루 반죽에 기포를 제공함으로써 빵 반죽이 부풀게 만들어 빵 특유의 특성이 나타나도록 만들어 준다.

뿐만 아니라 이산화 탄소는 바다에서 탄생한 생명체가 광합성을 할 수 있었던 이유도 된다. 지구상에 생명체가 나타나게 된 과정에 대해서는 여러 가지 이론이 제기되어 왔다. 지구상에 생명체가 처음 출현한 것은 35 ~ 39억 년 전이었던 것으로 알려져 있다. 화석 기록에 나타나는 가장 오래된 생물체는 박테리아나 남세균

(cyanobacteria)과 같이 세포벽이 없는 단세포 생물인 원핵생물이다. 25 ~ 28억 년 전까지도 지구의 대기는 대부분 이산화 탄소로 되어 있었다. 지구상에 나타나기 시작한 원핵생물들은 광합성 작용 등을 통해 대기 중의 이산화 탄소를 흡수해서 고정시키기 시작했다. 남조류는 지구 역사상 처음으로 물에서 전자와 수소를 공급받는 광합성 작용을 통해서 대기 중에 산소 기체를 배출했던 것으로 알려져 있다. 그 이후 20억 년 전부터 세포막으로 둘러싸이고 미토콘드리아와 세포핵을 가진 아메바 같은 단세포 진핵생물이 출현했으며, 진핵생물은 대기 중의 산소를 소비하면서 생명을 이어갔다. 이런 진핵생물은 선캄브리아의 후기(7 ~ 8억 년 전)까지 번성하였고, 그 이후부터 다양한 형태의 다세포 생물들이 출현하여 번성하기 시작하였다.

대기 중의 이산화 탄소를 고정시키는 생명체가 과도하게 번성하면서 지구의 온도를 유지시켜주는 역할(온실 효과)을 하던 이산화 탄소가 감소하게 되었고, 그 결과 지구에는 빙하기가 도래하게 되었다. 빙하기가 끝난 후에는 대기 중의 이산화 탄소를 고정시키는 녹색 식물과 대기 중으로 이산화 탄소를 방출하는 동물이 균형을 이루면서 지구 대기권의 온도가 일정하게 유지되어 왔다. 그러나 최근에 인간에 의한 산업 활동이 급격히 증가하면서 대기 중으로 이산화 탄소 배출량이 늘어나고, 이에 따라서 이산화 탄소에 의한 온실 효과가 너무 과도하게 되어 심각한 환경문제가 되고 있다.

예제 2.2

고체 상태의 얼음과 드라이 아이스에서 한 분자가 차지하는 평균 부피는 얼마인가? 또 한 분자에 일차원적으로 허용되는 평균 거리는 얼마인가? 얼음과 드라이 아이스의 밀도는 각각 0.92 g/cm^3, 1.56 g/cm^{3}이다.

일반화학실험

03 원소 분석 및 어는점 내림

핵심 내용

- 실험식, 분자량, 화학식, 용액의 속일적 성질
- 포도당과 설탕의 원소 분석, 기체 크로마토그래피
- 용액의 어는점 내림으로부터 분자량과 화학식 결정
- 19세기 화학의 발전 과정
- STM으로 원자 보기

관련 자료

Principles of Modern Chemistry, 6th Ed.(Oxtoby 외)

Ch 2. Chemical Formulas, Chemical Equations, and Reaction Yields

Ch 11. Solutions

생명의 화학, 삶의 화학(김희준 외)

1장. 서론

3장. 원자론, 분자론

7장. 물질의 상태와 성질

9장. 평형 반응

실험 목표

새로운 물질이 발견되거나 합성되었을 때에는 그 물질의 성질이나 기능을 알기 위해 화학 구조를 알아내는 것이 중요하다. 화합물의 구조를 알려면 일단 어떤 종류의 원자들이 어떤 비율로 들어 있는지 알아야 하고(원소 분석), 그 다음에는 그 원자들이 어떻게 결합해서 어떤 분자를 만들었는지가 문제가 될 것이다. 이때 분자량이 중요한 정보가 된다. 이 실험에서는 원소 분석을 통해 글루코스(포도당, 분자량 180.2)와 설탕(분자량 342.3)의 실험식을 구하고, 이어서 어는점 내림 실험으로 분자량을 구하여 19세기에 화학이 발전하는 과정을 학습한다. 아울러 1981년에 발명된 주사터널현미경으로 흑연 결정에서 탄소 원자를 관찰해본다.

배경

예를 들어, 순수하게 정제된 포도당의 성분 원소를 조사해서 탄소, 수소, 산소만을 포함한다는 사실을 알게 되었다고 하자. 이 화합물의 분자 구조와 분자량을 알려면 우선 탄소, 수소, 산소가 어떤 비율로 들어 있는지를 알아야 한다.

탄소와 수소는 모든 유기 화합물에 들어 있기 때문에 이들의 정확한 함량을 측정하는 것은 아주 중요한 문제였다. 1831년에 독일의 리비히(Liebig)는 어떤 화합물을 태웠을 때 생기는 이산화 탄소의 질량으로부터 탄소의 양을 결정하고, 물로부터 수소의 양을 결정하는 방법을 완성했는데, 이 방법은 그 이후 수많은 유기 화합물의 원소 성분을 조사하는 데 사용되었다. 물론 시료에 들어 있는 탄소를 모두 이산화 탄소로 연소시켜서 생긴 이산화 탄소는 모두 수산화 포타슘(KOH) 같은 이산화 탄소를 흡수하는 알칼리 용액에 수집해서 무게 변화를 재야만 한다. 수소에서 생긴 물도 마찬가지로 오산화 인(P_2O_5)과 같은 물을 완전히 흡수하는 물질에 통과시켜 무게의 증가를 측정한다. 탄소, 수소 모두 산소와 잘 반응하는 성질을 이용하는 것이다. 산소는 다른 원소를 다 분석하고 나서 전체로부터의 차이로 결정한다.

원소 분석을 통하여 실험식을 결정했다고 하더라도 분자량을 모르면 맞는 화학식과 분자 구조를 얻을 수 없다. 다행히 질량 분석이 발전하기 전 19세기 후반에 어는점 내림 같은 용액의 성질로부터 분자량의 대략적인 값을 구할 수 있었다.

예제 3.1

포도당과 설탕의 화학 구조를 그리고 각 원소의 무게 퍼센트를 구하라.

실험 기구 및 시약

시료 1, 2(글루코스, 설탕), NaCl, 유리 바이알 네 개, 증류수, 스티로폼 컵, 250 mL 비커, 얼음, 일반 소금, 온도 센서, 젓개, 스톱 워치, 스탠드, 시험관, 원소 분석기, STM

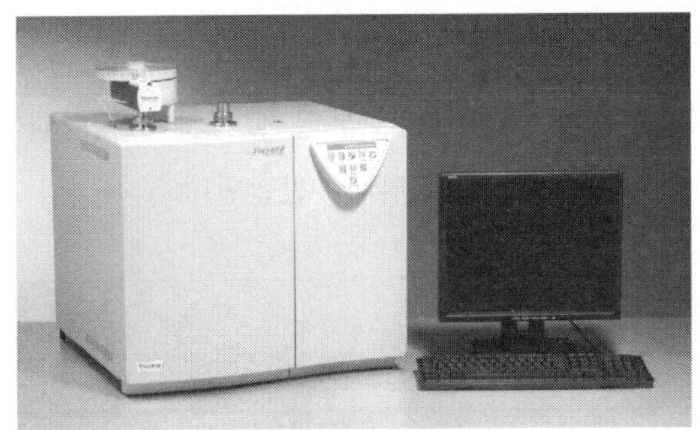

원소 분석기

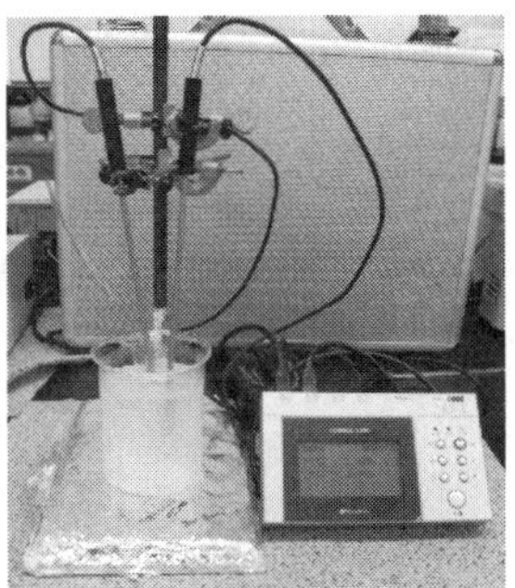

어는점 내림 실험 장치

실험 과정

실험 1. 원소 분석과 실험식

(1) 시료 1과 2(글루코스와 설탕)에 대해서는 조교의 시범을 보면서 몇 개의 조가 함께 원소 분석을 하고 데이터를 공유한다. 각 조는 어는점 내림 실험을 하면서 원소 분석기에서 성분들의 분리가 일어나고 크로마토그램이 얻어지는 과정을 관찰한다.

실험 2. 원소 분석과 실험식

(1) 시료 1, 2를 각각 받아서 바이알에 1.00 g씩 취한 다음 5.0 mL 증류수를 가하여 녹인다. 또 다른 바이알에 증류수 5.0 mL를 담는다.

(2) 스티로폼 컵에 250 mL 비커를 담고, 충분한 양의 얼음과 소금을 넣는다. 온도 센서를 비커에 넣어, 내부 온도가 실험 도중 충분히 낮게 유지되는지 수시로 확인한다.

(3) 시험관에 증류수 4.0 mL를 담고 젓개를 끼운 온도 센서를 시험관 안 용액에 충분히 잠기도록 장치한다.

(4) 온도가 내려가서 영하 2도가 된 다음부터 10초 간격으로 10분 동안 온도를 기록한다. 이때 과냉각을 최소화하기 위해 계속 젓개를 움직여 주어야 한다.

(5) 소금 용액과 시료 1, 2를 녹인 용액도 이와 같이 실험한다.

(6) 시간 대 온도 그래프를 그리고, 어는점 내림을 통해서 어떤 시료가 포도당이고 설탕인지 확인한다. 이때 증류수를 이용한 보정을 해주어야 한다.

실험 3. 원자 관찰

원자들이 규칙적으로 배열되어 있는 흑연 시료로부터 실험실에 세팅되어 있는 주사터널현미경(STM)을 사용하여 원자의 상을 직접 관찰한다.

주의 사항

(1) 얼음이 녹지 않도록 중간에 얼음을 갈아 주고, 온도를 일정하게 충분히 낮게 유지한다.

(2) 과냉각에 의하여 온도가 떨어졌다가 얼기 시작하면서 온도가 약간 올라간 다음 한 동안 그대로 유지된다. 이때 다시 올라간 온도를 어는점으로 취한다.

(3) 증류수나 소금 용액으로 여러 번 반복하여 익숙해진 후에 다음 실험을 진행한다.

실험 보고서

학과 ______ 학번 ______ 이름 ______ 일자 ______ 실험조 ______

실험 1. 원소 분석과 실험식

		무게 퍼센트	
		이론값	측정값
포도당	C		
	H		
	O(차이)		
설탕	C		
	H		
	O(차이)		

☞ 포도당의 실험식 :　　　　☞ 설탕의 실험식 :

실험 2. 어는점 내림과 분자식

어는점 내림 결과 예시

증류수의 어는점: (   ) °C

시료 1 용액의 어는점: (   ) °C   시료 1 용액의 어는점 내림: (   ) °C

시료 1의 분자량: (   )

시료 2 용액의 어는점: (   ) °C   시료 2 용액의 어는점 내림: (   ) °C

시료 2의 분자량: (   )

결론: 시료 1은 (포도당, 설탕)이고, 시료 2는 (포도당, 설탕)이다.

실험 3. 원자 관찰

STM상으로부터 탄소 원자 사이의 거리를 대략 계산하고, 알려진 탄소 원자의 지름, 1.5옹스트롬과 비교하라.

참고 자료

1. DNA의 원소 분석

DNA가 유전 물질이라는 사실이 알려지는 데도 원소 분석이 중요한 역할을 했다. 1944년에 에이버리(Oswald Avery)는 폐렴균의 유전 형질을 변화시키는 고분자 물질을 분리해 내고 원소 분석을 통하여 이 물질이 DNA의 소듐염이라는 것을 알아냈다. DNA의 구조로부터 탄소, 수소, 질소, 인의 무게 퍼센트의 이론값을 계산해 보자. 그리고 아래의 에이버리 논문에 나오는 값들과 비교해 보자.

표 1

DNA의 원소 분석 결과

시료 번호	C	H	N	P	N/P 비
	퍼센트	퍼센트	퍼센트	퍼센트	
37	34.27	3.89	14.21	8.57	1.66
38B	—	—	15.93	9.09	1.75
42	35.50	3.76	15.36	9.04	1.69
44	—	—	13.40	8.45	1.57
이론값	34.20	3.21	15.32	9.05	1.69

2. 포도당의 실험식

리비히의 방법으로 포도당에 들어 있는 탄소, 수소, 산소의 비율을 구해보자. 1.00 g의 포도당을 태웠더니 1.49 g의 이산화 탄소와 0.41 g의 물이 얻어졌다고 하자. 그리고 포도당에는 탄소, 수소, 산소만 들어 있는 것이 알려졌다고 하자. 수소, 탄소, 산소의 원자량은 각각 1.00, 12.0, 16.0이다.

우선 탄소의 연소에 관한 식을 써보자.

$$C + O_2 \rightarrow CO_2$$

이 식은 탄소 원자(C) 한 개와 두 개의 산소 원자(O)로 이루어진 산소 분자(O_2) 한 개가 결합하면 이산화 탄소 분자(CO_2) 한 개가 생긴다는 것을 의미한다. 그런데 1.49 g의 이산화 탄소가 얻어졌다는 사실로부터 어떻게 하면 1.00 g의 포도당에 들어 있는 탄소의 무게를 알아낼 수 있을까? 다행히도 우리는 탄소와 산소의 원자량을 이미 알고 있다. 위의 식을 반응하는 탄소와 산소의 무게비로 나타낸다면

$$12.0 + (16.0 \times 2) \rightarrow 44.0$$

라고 쓸 수 있을 것이다. 그리고 이것을 그램 원자량을 사용하면 "12그램의 탄소가 32그램의 산소와 반응하면 44그램의 이산화 탄소가 얻어진다"라고 표현할 수 있을 것이다. 그렇다면 반응하는 탄소의 무게는 생성된 이산화 탄소 무게의 12.0/44.0 = 3/11이라는 말이고, 따라서 1.49그램의 이산화 탄소는 14.9 × 3/11 = 4.06그램의 탄소로부터 얻어진 것이다.

분자식이 H_2O인 물의 분자량은 2 × 1.00 + 16.0 = 18.0이다. 따라서 물에서 수소는 전체 무게의 2.00/18.0 = 1/9을 차지한다. 따라서 4.1그램의 물에는 0.456그램의 수소가 들어 있는 셈이다.

산소의 무게는 나머지인 1.00 − 0.406 − 0.046 = 0.548그램일 것이다.

다음 문제는 탄소, 수소, 산소 원자의 개수 비율이다. 개수의 비율은 무게를 원자량으로 나눈 값의 비율이 될 것이다. 전체 무게가 같다면 두 배가 무거운 것의 숫자는 반 밖에 안될 테니까. 따라서

탄소 원자의 수 : 수소 원자의 수 : 산소 원자의 수

= (4.06 / 12.0) : (0.456 / 1.00) : (5.48 / 16.0)

= 0.338 : 0.456 : 0.343

비교적 간단한 화합물의 경우에 들어 있는 원자수의 비율은 간단한 정수비가 되어야 할 것이다. 원자들을 쪼개서 분자를 만드는 일은 없기 때문이다. 위의 비율은 자세히 들여다보면 1 : 2 : 1의 정수비로 나타낼 수 있음을 알 수 있다. 이와 같이 가장 간단한 정수비로 표시된 화학식을 실험식이라고 한다. 즉, 포도당의 실험식은 CH_2O이다. 그런데 실험식은 탄소, 수소, 산소 원자 개수의 비율만을 말해 줄뿐이지 실제로 한 분자 안에 탄소, 수소, 산소 원자가 몇 개씩 결합하고 있는지는 말해 주지 않는다.

19세기 후반에는 탄소, 수소, 산소의 결합 방식이 어느 정도 알려졌다. 탄소는 네 개의 수소와 결합하고, 산소는 두 개의 수소와 결합한다. 이로부터 예상할 수 있듯이 탄소는 두 개의 산소와 결합한다. 이러한 관찰들로부터 원소들의 결합 능력을 원자가(valency)라고 부르게 되었는데, 수소를 1로 했을 때 산소의 원자가는 2, 탄소의 원자가는 4라고 생각할 수 있다. 원자가는 아래와 같이 결합수(結合手)로 나타낼 수도 있다.

H−H　　　O=C=O　　　H−O−H

탄소, 수소, 산소의 원자가를 만족시키면서 포도당의 실험식 CH_2O를 만족시키는, 즉 탄소 한 개, 수소 두 개, 산소 한 개의 비율로 결합한 가능한 여러 개 화합물의 구조를 그려보자. 그리고 그러한 화합물이 안정할지 생각해보자. 원자들 사이의 각도가 너무 뒤틀리면 안정한 화합물을 만들지 못한다.

3. 포도당의 분자량

포도당의 실험식이 CH_2O라면 실제 포도당의 분자식은 이 실험식의 정수배가 될 것이다. 따라서 분자량을 알면 포도당이 CH_2O인지 $C_2H_4O_2$인지 $C_3H_6O_3$인지 아니면 그 이상의 배수인지를 구별할 수 있을 것이다. 상온에서 기체인 화합물에 대해서는 아보가드로의 원리를 이용해서 분자량을 잴 수 있지만 100년 전만 해도 상온에서 액체나 고체인 화합물의 분자량을 결정하는 것은 아주 어려운 일이었는데, 다행히 어는점 내림(freezing point depression)이라는 현상이 있어서 분자량을 결정할 수 있었다.

물은 섭씨 0도에서 얼고 녹는다. 그런데 기온이 0도 이하인 추운 겨울날 길에 염화 칼슘을 뿌리면 얼음이 녹는 것을 보아 알 수 있듯이 용액의 어는점은 순수한 물의 어는점보다 낮다. 그런데 이 어는점 내림의 정도는 일정한 양의 물에 설탕이나 염소 이온이나 칼슘 이온 등이 종류에 상관없이 몇 개의 입자가 녹아 있는지에 달려 있다(총괄성). 즉, $C_3H_4O_3$이라는 화합물이 있다고 할 때 이 화합물 8.8 g이 물 1 kg에 녹아 있는 용액은 영하 0.19도에서 언다. 즉 어는점 내림은 0.19이다. 그런데 $C_3H_4O_3$에 비해 분자량이 두 배인 $C_6H_8O_6$라는 화합물 17.6 g (8.8 g의 두 배)이 물 1 kg에 녹아 있는 용액의 어는점 내림도 같은 0.19이다. 이런 원리를 이용하면 일정한 용액에 녹아 있는 물질의 무게와 어는점 내림으로부터 분자량을 측정할 수 있게 된다. 물의 경우에는 물 1 kg에 어떤 화합물이 1그램 분자량 녹아 있으면 어는점이 1.86도 내려간다. 즉, 물의 어는점 내림 상수(K_f)는 1.86이다.

4. 원소 분석기의 내부 다이어그램

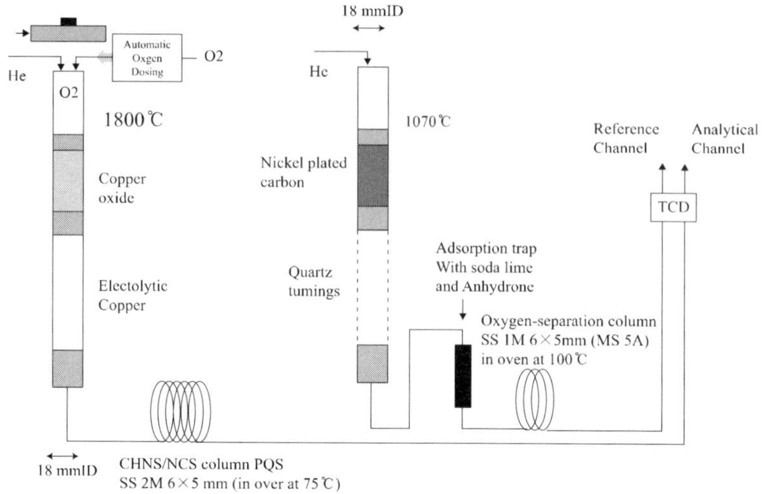

5. 질소, 탄소, 수소, 황의 분석 결과를 보여 주는 기체 크로마토그램

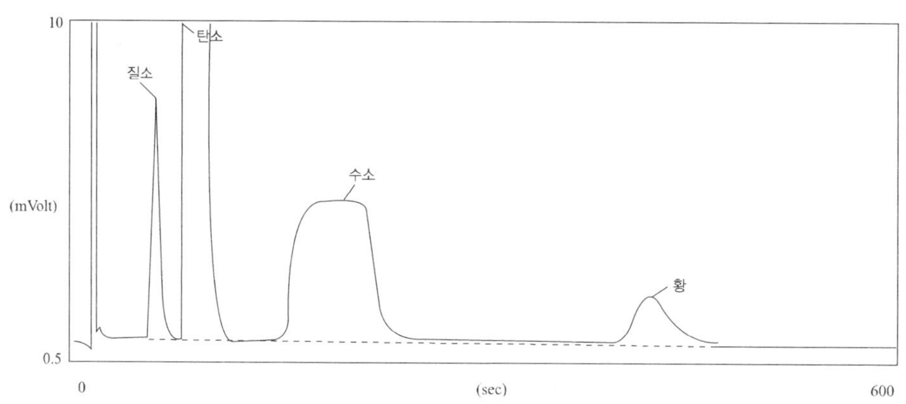

6. 천연물을 분석한 리비히

리비히(Justus von Liebig, 1803–1873)

우리 주위의 물질들을 생각하다 보면 천연물, 합성물, 가공물의 구분이 애매하다는 생각이 들 때가 있다. 합성물이라 할 때는 화학자가 실험실에서 시약과 기구를 가지고 합성한 화합물을 생각하게 된다. 그러나 생각해보면 장미의 아름다운 색깔을 나타내는 색소도 장미의 세포에서 합성된 것이다. 색소의 원료는 궁극적으로 잎이 공기로부터 받아들인 이산화 탄소, 뿌리가 흙으로부터 빨아들인 물과 무기 물질 등 장미의 색과는 전혀 다른 것들이다. 포도주의 에탄올은 효모(酵母, yeast)가 글루코스를 가공한 것이라 볼 수도 있다.

우리 몸의 단백질, DNA, 세포막, 신경전달 물질 등도 세포의 복잡한 생화학적 경로를 통해 우리가 음식으로 섭취한 물질들로부터 만들어진 합성물이다. 그리고 보면 생물과 무생물은 물질세계 전체의 일부로서 서로 밀접하게 연결되어 있는 것을 알 수 있다. 약 200년 전 근대 화학이 자리를 잡아가는 과정에서 생물과 무생물의 관계를 본격적으로 조사한 화학자에 리비히가 있었다.

리비히는 독일의 다름슈타트에서 태어났다. 어릴 때부터 화학에 매료된 리비히는 아버지가 운영하는 공장에서 가져온 화학물질로 화약을 만들어 학교에서 폭발시키는 바람에 초등학교에서 퇴학 당했다고 전해진다. 본(Bonn) 대학을 다닌 그는 지도교수를 따라 에를랑겐(Erlangen) 대학으로 옮겨 박사학위를 받았다. 1822년에는 1년 동안 파리에서 게이뤼삭과 연구를 하기도 했다. 1824년에 21세의 나이로 기센(Giessen) 대학 교수가 된 리비히는 그 곳에서 세계 최초의 본격적인 화학 분야의 학과를 만들고 실험 중심의 화학교육을 실천하여 후일 최고의 화학교육자로 불리게 된다. 1852년에는 뮌헨(München) 대학으로 옮겨 1873년에 죽을 때까지 뮌헨에 머물렀다.

리비히의 가장 중요한 업적 중 하나는 유기 화합물의 탄소와 수소의 분석 방법을 개발한 것이다. 리비히가 활동하던 19세기는 간단하지만 중요한 유기 화합물들을 분리하고 연구하던 시기였다. 예컨대 글루코스는 1747년에 건포도에서 처음 분리되었고, 1838년에 듀마(Jean Dumas)가 '달다'라는 뜻의 glycos로부터 glucose라고 명명했지만, 구조가 밝혀진 것은 19세기 말 피셔(Emil Fischer, 1902년 노벨 화학상)에 의해서였다. 한편 아미노산의 일종인 아스파라진(asparagine)은 1806년에 아스파라거스에서 발견되었고, 글루코스와 마찬가지로 달다는 말에서 유래된 글리신(glycine)은 1820년 경에 동물 단백질인 젤라틴에서 발견되었다. 핵산의 다섯 가지 염기 중 하나인 구아닌(guanine)은 1844년에 바다 새의 똥이 굳어진 것으로 천연 비료로 중요하게 사용되던 구아노(guano)에서 분리되었다.

이러한 물질을 조사하는 첫 단계는 탄소, 수소, 질소 등의 무게 퍼센트를 알아내는 것이다. 지금도 고등학교 교과서에 나오는 탄소와 수소의 원소 분석 방법은 리비히가 1830년대에 발전시킨 것이다. 시료를 연소하고 나오는 물은 오산화 인(P_2O_5)과 같은 흡수제에 흡수시키고, 이산화 탄소는 수산화 포타슘(KOH) 같은 알칼리 용액에 흡수한 후 무게의 증가를 측정한다. 예를 들어, 근육의 원소 조성을 조사하려면 우선 근육 시료를 바짝 말려서 물의 양을 측정하고, 마른 시료를 가지고 리비히의 방법을 사용하면 될 것이다. 이때 생성물로 얻어진 물과 이산화 탄소는 무생물계에서 찾아 볼 수 있는 물이나 이산화 탄소와 똑같다. 우리 몸의 탄수화물이나 단백질은 몸 밖의 물, 이산화 탄소 등 무기 물질로부터 만들어진 것이다.

리비히는 식물이 공기로부터 얻는 이산화 탄소와 뿌리로부터 얻는 질소 화합물과 광물질을 가지고 성장하는 것을 알아냈고, 그로부터 질소 비료를 개발하였다. 종전에는 식물의 성장에는 식물이 썩어 흙과 섞인 부식토(腐植土, humus)가 필수적이라고 생각했지만, 리비히는 비료의 필수 성분은 질소라는 것을 밝힌 것이다. 우리나라가 중화학공업을 통해 성장과 식량의 자급자족을 이루어낸 1960, 70년대에 비료 공장은 중요한 역할을 했다. 리비히는 식물 성장에서 질소의 역할을 밝혔지만 막상 대규모로 질소 비료를 생산하게 된 것은 하버가 공중 질소를 고정하는 방법을 개발하고 나서이다.

지금은 무기물로부터 유기물이 만들어지는 것이 당연시되지만, 19세기 전반에 가장 위대한 화학자 중 하나인 베르셀리우스는 유기물과 무기물은 엄격히 구분되어야 한다고 믿었다. 당시 널리 받아들여졌던 생기론(生氣論, vitalism)에 따라 유기물은 생체, 생명력과 관련된 특별한 물질로 생각되었던 것이다. 그러한 시기에 리비히는 이산화 탄소, 질소 화합물, 광물질 같은 무기물과 식물의 성장을 연관지어 농화학, 생리화학, 생화학, 유기화학의 기초를 놓았으며, 언젠가는 당, 아스피린, 모르핀 등 천연물을 합성할 수 있을 것이라고 확신했다. 1828년에 리비히의 절친한 친구였던 뵐러는 생체에서만 만들어진다고 생각되었던 요소(尿素, urea)를 무기물인 사이안산 암모늄(ammonium cyanate)을 가열하여 실험실에서 합성함으로써 유기물과 무기물의 관련성을 보여주었다.

$$NH_4^+CNO^- \xrightarrow{\text{가열}} O{=}C(NH_2)_2$$

사이안산 암모늄 → 요소 (H_2N–C(=O)–NH_2)

뵐러(Friedrich Wöhler, 1800–1882)

리비히의 다른 중요한 발명에는 리비히 컨덴서(Liebig condenser)와 은거울이 있다. 리비히 컨덴서는 기체로 증류되어 나오는 물질을 냉각시켜서 다시 액체로 수집하는 장치이다. 초중등학교에서도 쉽게 만들 수 있는 은거울은 유리용기 안에서 은 이온(Ag^+)을 펠링 용액(Fehling solution)과 같은 환원당(還元糖, reducing sugar) 용액을 사용하여 금속 은으로 환원시켜서 얻는다.

리비히의 제자 중에는 펠링(Fehling), 케큘레(Kekule), 호프만(Hoffmann), 에를렌마이어(Erlenmeyer) 등 유명한 유기화학자들이 있다.

04

일반화학실험

이산화 탄소의 헨리 상수

핵심 내용

- 기체의 용해 평형, 헨리의 법칙, 산해리 평형, 산-염기 적정

관련 자료

Principles of Modern Chemistry, 6th Ed.(Oxtoby 외)

Ch 2. Chemical Formulas, Chemical Equations, and Reaction Yields

Ch 16. Solubility and Precipitation Equilibria

생명의 화학, 삶의 화학(김희준 외)

7장. 물질의 상태와 성질

9장. 평형 반응

실험 목표

이 실험에서는 1기압의 이산화 탄소(CO_2)와 평형을 이룬 것으로 생각할 수 있는 탄산수를 만들고 NaOH 용액으로 적정하여 헨리 상수를 구한다. 그 과정에서 드라이 아이스의 승화, 기체의 용해, 약산의 산 적정 등을 체험적으로 학습한다.

배경

이산화 탄소의 용해도는 생명의 진화와 밀접한 관계가 있다. 약 30억 년 전 바다에서 사이아노박테리아 같은 광합성 생물이 등장하여 후일 지상 식물의 조상이 되었는데, 바다에서의 광합성은 이산화 탄소가 물에 상당히 녹기 때문에 가능한 것이다. 컵에 따라놓은 탄산 음료에 녹아 있는 이산화 탄소가 온도가 올라감에 따

라 기체 방울로 올라오는 것을 볼 수 있듯이 온도가 증가하면 기체의 용해도는 감소한다. 녹아 있는 기체는 용매에 비해 애초에 기체로 존재하려는 성질이 강한 물질이고 보니 온도가 올라가서 운동 에너지가 증가하면 용매와의 상호작용을 뿌리치고 기체로 빠져나오게 된다. 아래 그림은 여러 온도에서 1기압의 산소 기체 하에 있는 물에 대한 산소의 용해도를 보여준다.

한편 기체의 용해도는 압력에 비례해서 증가한다. 1801년에 경험적으로 발견된 이 법칙을 헨리의 법칙(Henry's law)이라고 한다.

$$M(\text{녹아 있는 기체의 농도}) = k_H(\text{헨리 상수}) \times P(\text{기체의 분압})$$

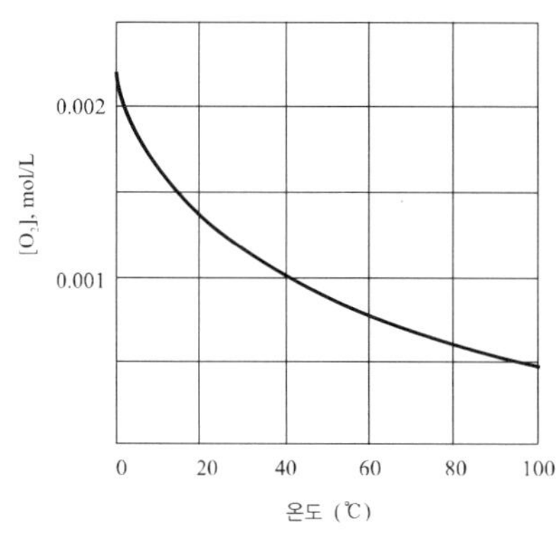

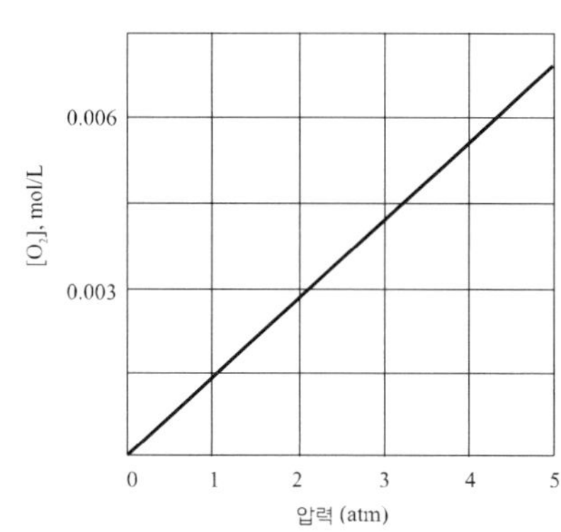

용액 위의 기체 압력이 높다는 것은 단위 부피당 기체 분자가 압력에 비례해서 많다는 것을 의미한다. 기체 분자가 많으면 액체 표면과 충돌해서 녹아 들어갈 확률도 커진다. 그러나 액체에서 기체로 빠져나가는 확률은 압력과 무관하므로 결과적으로 기체의 용해도는 압력에 비례하게 되는 것이다.

이 실험의 경우 CO_2의 헨리 상수는 1기압의 CO_2 기체와 용해 평형을 이루고 있는 수용액에서 CO_2의 몰농도가 된다. 드라이 아이스를 사용하면 이산화 탄소의 헨리 상수를 쉽게 구할 수 있다. 시험관에 반쯤 들어 있는 물에 드라이 아이스를 한 조각 집어넣고 다 승화하기를 기다리면 물은 이산화 탄소로 포화되고, 물 위의 공간은 공기보다 무거운 이산화 탄소로 채워진다. 물에 녹은 이산화 탄소는 상온에서 1기압의 이산화 탄소 기체와 평형을 이루는 것이다. 이때 CO_2의 용해도는 온도의 영향을 받기 때문에 용액이 상온에 도달하도록 해야 한다. CO_2의 헨리 상수는 녹아 있는 이산화 탄소를 묽은 NaOH 용액으로 적정하면 상당히 정확히 구할 수 있다. 산-염기 평형이 이산화 탄소의 용해 평형보다 빠르기 때문이다.

이 실험에서는 몇 가지 다른 방법으로 1기압의 이산화 탄소와 평형을 이룬 것으로 생각되는 탄산수를 만들고 NaOH 용액으로 적정하여 헨리 상수를 구한다. 이때 이산화 탄소가 과량으로 녹아 있는지, 추가로 녹아 들어가는지, 덜 녹아 있는지, 빠져나가는지 등 고려할 변수가 많이 있다. 어떻게 하면 1기압의 이산화 탄소와 평형을 이룬 탄산수를 얻고, 오차를 최소화하면서 적정할 수 있을지, 여러 가지 조건을 바꾸어 가면서 얻어진 값이 가장 정확한 값에 수렴하도록 실험을 고안하고 관찰 사실들을 분석하여 최적의 결과를 내는 것이 바람직하다. 한 가지 방법만을 사용해서 재현성 있는 결과를 얻었다고 해서 그것이 가장 좋은 결과라고 말할 수는 없다. 이산화 탄소의 헨리 상수는 $2 \sim 4 \times 10^{-2}$ mol $L^{-1}atm^{-1}$이라고 알려져 있다.

탄산의 pK_a는 6.35와 10.33이다. 따라서 첫 번째 당량점에서의 pH는 8.3 정도이다. 페놀프탈레인 지시약을 사용하면 첫 번째 당량점을 비교적 정확히 잡아낼 수 있다.

예제 4.1

이산화 탄소의 헨리 상수를 3×10^{-2} mol $L^{-1}atm^{-1}$이라고 가정하자. 플라스크에 들어 있는 5 mL 증류수를 1기압의 이산화 탄소로 포화시키는 데 필요한 최소한의 드라이 아이스 무게를 구하라.

실험 기구 및 시약

30 mL 바이알 두 개, 뷰렛, 5.0 mL 홀피펫, 스포이드, 폴리글로브, 드라이 아이스, 증류수, 페놀프탈레인 지시약, 파라필름, 교반기, 교반자석, 핀셋, 온도계, 프탈산 수소 포타슘(potassium hydrogen phthalate, KHP) 용액(약 50 mM, 정확한 농도 주어짐), 약 50 mM NaOH 용액(농도의 범위 주어짐)

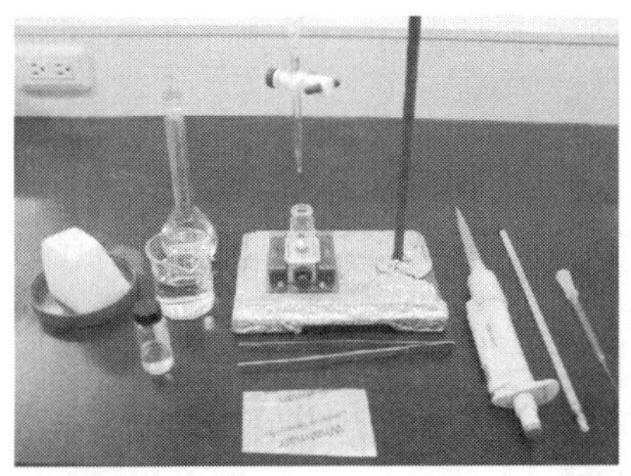

이산화 탄소의 헨리 상수 측정 실험 준비물

실험 과정

다음의 방법 중에서 몇 가지를 선택하여 실험 결과를 얻고 각 실험 결과의 오차 요인을 분석한다. 다른 방법을 제안해도 좋다. 실험 결과 중에서 가장 정확하다고 생각되는 헨리 상수값을 선택하고 그렇게 생각하는 이유를 논의한다.

1. NaOH 용액의 표준화

정확한 농도가 주어진 프탈산 수소 포타슘(KHP) 용액 5.0 mL를 50 mL 플라스크에 취하고 페놀프탈레인 지시약 용액 두어 방울을 넣은 후 NaOH 용액으로 적정한다. 플라스크를 가볍게 움직여 용액을 섞을 때 용액 전체에 약한 핑크색이 남아 있으면 당량점에 도달한 것이다. 플라스크를 너무 세게 흔들면 공기 중의 이산화 탄소가 계속 녹아 들어가서 오차를 가져 온다. 적정의 결과로부터 NaOH 용액의 몰농도를 계산한다. 구한 농도가 주어진 NaOH 용액 농도의 범위를 벗어나면 오차의 요인을 생각해 보고 반복 적정한다. 시간이 허락하면 헨리 상수 측정이 끝난 후 한번 더 표준화하고 평균값을 사용한다.

2. 이산화 탄소의 헨리 상수 측정

(1) 30 mL 바이알에 증류수 5.0 mL를 넣는다. 예비 문제의 계산 결과를 고려하여 적당한 크기의 드라이 아이스 한 조각을 증류수에 넣고 드라이 아이스 조각이 다 사라질 때까지 기다린다. 바이알을 손으로 감싸서 용액의 온도가 실온에 가까워지도록 한다(물의 열용량이 크기 때문에 드라이 아이스를 넣어도 물의 온도는 크게 내려가지 않는다. 또 적정에도 시간이 걸리기 때문에 온도에 의한 오차는 크지 않다).

(2) 역시 교반자석을 바이알에 넣고 교반하면서 적정한다.

(3) 위와 같이 하되, 적정을 시작하기 전에 1 ~ 5분간 미리 교반한 다음에 적정하고, 적정 결과가 어떻게 바뀌는지 살펴본다.

(4) 증류수 5.0 mL를 NaOH 용액으로 적정하여 바탕값을 구한다.

증류수에 드라이 아이스를 넣어 이산화 탄소로 포화시킨다.

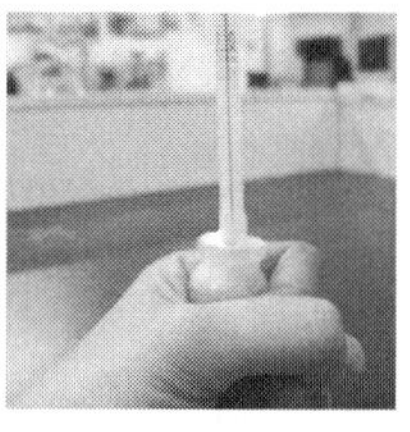

실온이 되게 한다.

NaOH 용액으로 적정한다.

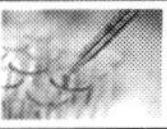

실험 보고서

학과 ____________ 학번 ____________ 이름 ____________ 일자 ____________ 실험조 ____________

(1) NaOH 용액의 농도를 계산하라.

(2) 적정 결과로부터 이산화 탄소의 헨리 상수를 계산하라. 바탕값을 빼지 않으면 몇 % 오차가 생기는가?

(3) 용액을 저어준 후 적정한 결과를 어떻게 해석할 수 있을까? 어느 적정 결과가 헨리 상수값에 해당하는가? 적정 과정에서 이산화 탄소의 용해 평형이 이루어졌을까?

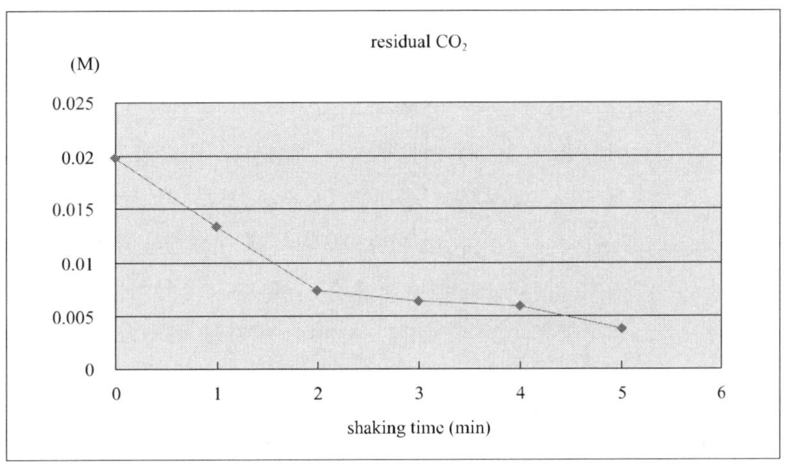

연습 문제

exercise **1**

20°C에서 산소의 헨리 상수는 0.0013 mol/L · atm이다. 1기압의 공기와 접촉하고 있는 20°C의 물에 녹아 있는 산소 분자 사이의 거리는 공기 중에서 산소 분자 사이 거리의 몇 배일까? 산소는 공기의 21%를 차지한다.

풀이

산소의 용해도 M = (0.0013 mol/L · atm)(0.21 atm) = 0.00027 mol/L

물에서 산소 한 분자가 차지하는 부피

$= (1 \times 10^{27}\ A^3)/(6.02 \times 10^{23} \times 0.00027) = 6.15 \times 10^6\ A^3$

물에서 산소 분자 사이의 거리

$= (6.15 \times 10^6\ A^3)^{1/3} = 180\ A$

공기에서 산소 한 분자가 차지하는 부피

$= (22.4 \times 10^{27}\ A^3)/(6.02 \times 10^{23} \times 0.21) = 1.77 \times 10^5\ A^3$

공기에서 산소 분자 사이의 거리

$= (1.77 \times 10^5\ A^3)^{1/3} = 56\ A$

물에서 산소 분자 사이의 거리/공기에서 산소 분자 사이의 거리

$= 180\ A/56\ A = 3.2$

exercise **2**

20°C에서 이산화 탄소의 헨리 상수는 대략 0.03 mol/L · atm으로 산소의 헨리 상수의 20배 정도이다.

(1) 이산화 탄소의 헨리 상수가 산소의 헨리 상수보다 큰 이유를 설명하라.

(2) 1기압의 이산화 탄소와 접촉하고 있는 20°C의 물에 포화되어 있는 이산화 탄소 분자 사이의 거리는 기체에서 이산화 탄소 분자 사이 거리와 얼마나 차이가 날까?

풀이

(1) 이산화 탄소, 산소 모두 전체적으로는 비극성 분자이지만, 이산화 탄소에서 탄소는 부분 양전하를, 산소는 부분 음전하를 띤다. 이 부분 전하는 물에서 산소와 수소의 부분 전하와 상호작용하기 때문에 부분 전하를 가지지 않는 산소보다 물에 잘 녹는다. 이 차이는 태초의 바다에서 생명이 진화하는 데 큰 영향을 미친다. 이산화 탄소가 물에 녹아서 수중에서 광합성을 하는 사이아노박테리아의 탄생을 가능하게 했고, 광합성의 부산물로 나온 산소는 물에 잘 안 녹기 때문에 대기로 빠져나와서 후일 동물의 육상으로의 진출을 가능하게 했다.

$$\overset{\text{o}}{O}=\overset{\text{o}}{O} \qquad \overset{\delta^-}{O}=\overset{\delta^+}{C}=\overset{\delta^-}{O}$$

(2) 1기압, 20°C에서 이산화 탄소 기체 1몰이 차지하는 부피

= (1)(0.0821)(297)/(1) = 24.4 L/mol

이산화 탄소의 포화 농도 M = (0.03 mol/L · atm)(1 atm) = 0.03 mol/L

이산화 탄소 1몰을 녹이고 있는 물의 부피 = $(0.03 \text{ mol/L})^{-1}$ = 33 L/mol

흥미롭게도 기체와 액체에서 이산화 탄소 1몰이 차지하는 부피가 24.4 L와 33 L로 비슷하다. 분자 사이의 거리도 비슷할 것이다.

exercise 3 물 5 mL에 포화되어 있는 이산화 탄소를 50 mM NaOH 용액으로 적정한다면 몇 mL가 들어갈까? 기체 상태의 이산화 탄소가 추가로 녹아 들어가는 양은 무시할 수 있다고 가정하자. 적정 도중 용액을 너무 세게 흔들어서 탄산수의 위쪽에 있는 1기압 기체 상태의 이산화 탄소 1 mL가 추가로 녹아 들어갔다고 하자. 이렇게 얻어진 헨리 상수의 오차는 몇 % 정도일까?

exercise 4 10.0 mL의 0.100 M H_2CO_3 용액을 0.100 M NaOH 용액으로 적정하는 경우 일차 종말점에서의 pH를 생각해보자. 일단은 H_2CO_3와 NaOH의 몰수가 같아질 때 탄산의 일차 해리가 완결되어 일차 종말점에 도달할 것이다. 이때 들어간 0.100 M NaOH 용액의 부피는 10.0 mL이고 전체 부피는 20.0 mL가 된다. 이 용액은 20 mL의 0.050 M $NaHCO_3$ 용액과 같아서 물 이외에는 Na^+ 이온과 HCO_3^- 이온이 주된 화학종일 것이다. 이 점에서 Na^+ 이온은 더 이상 반응을 하지 않지만, HCO_3^-는 염기로 작용해서 H_2CO_3로 되돌아가는 역반응과 산으로 작용해 CO_3^{2-}로 바뀌는 이차 해리 반응도 하기 때문에 중간점보다 상황이 복잡하다. 어느 반응이 우세할지 판단하기 위해서 HCO_3^-의 K_{b1}을 구해보자.

$$HCO_3^-(aq) + H_2O(l) \rightleftarrows H_2CO_3(aq) + OH^-(aq)$$

$$K_{b1} = [HCO_3^-][OH^-]/[HCO_3^-]$$

$$= Kw/K_{a1} = (1.0 \times 10^{-14})/(4.3 \times 10^{-7}) = 2.3 \times 10^{-8}$$

K_{b1}이 이차 산해리 상수 K_{a2}, 4.8×10^{-11}보다 크므로 0.050 M의 HCO_3^-는 약염기 반응이 우세할 것이다. 따라서 pH는 7보다 크리라 예상되지만, 양쪽 반응을 모두 고려해야 하는 이러한 경우에는 엄밀하게 pH를 구하는 것은 상당히 어렵다. 다행히 2단계로 해리하는 산에서 일차 종말점의 pH를 쉽게 구하

는 방법이 있다.

우리는 앞에서 일차 중간점의 pH는 pK_{a1}과 같다는 것을 보았다. 그렇다면 일차 종말점을 지나 이차 종말점으로 가는 중간, 즉 이차 중간점의 pH는 pK_{a2}와 같을 것이다. 그런데 일차 종말점은 일차 중간점과 이차 중간점의 중간이므로 일차 종말점의 근사적인 pH는 pK_{a1}와 pK_{a2}의 평균값으로 구할 수 있다.

exercise 5 H_2CO_3를 NaOH로 적정할 때 일차 종말점의 pH는 대략 얼마일까?

풀이

$pK_{a1} = -\log(4.3 \times 10^{-7}) = 6.4$

$pK_{a2} = -\log(4.8 \times 10^{-11}) = 10.3$

일차 종말점의 pH $= (6.4 + 10.3)/2$

$= 8.4$

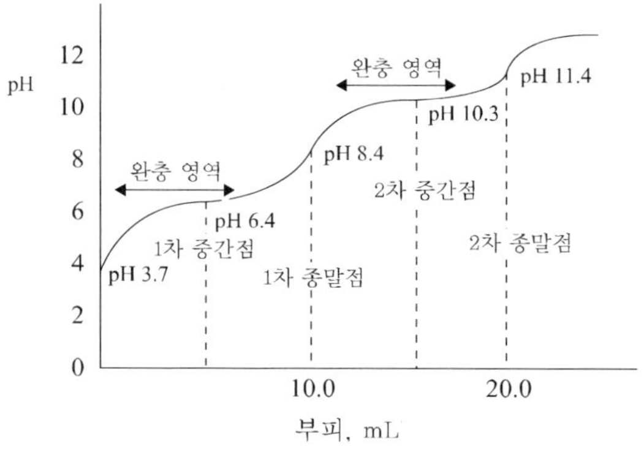

일반화학실험

05 HPLC에 의한 아데닌과 카페인의 분리

핵심 내용

- 극성, 소수성 상호작용, 분배, 역상 크로마토그래피, 정지상, 이동상

관련 자료

Principles of Modern Chemistry, 6th Ed.(Oxtoby 외)

Ch 14. Chemical Equilibrium

생명의 화학, 삶의 화학(김희준 외)

7장. 물질의 상태와 성질

9장. 평형반응

표준 일반화학실험 제6개정판(대한화학회) 실험 8 "크로마토그래피"

실험 목표

HPLC(High Performance Liquid Chromatography)를 이용하여 아데닌, 카페인의 구조와 용리 시간(elution time)과의 관계를 알아보고, 각각의 흡수 스펙트럼을 얻은 후 커피 한 잔에 포함된 카페인을 정량해본다. 이 실험을 통해 극성, 비극성, 분자간 상호작용의 개념을 체험적으로 학습한다.

배경

츠베트의 식물 색소 분리로 출발해서 밀러의 아미노산 분석, 샤가프의 염기 분석을 가능하게 했던 정상 크로마토그래피는 역상 크로마토그래피로 발전해서 지금은 전 세계적으로 수많은 화학 연구실, 약품, 식품 및 환경 분석실에서 고성능 액체크로마

토그래피(high performance liquid chromatogrpahy, HPLC) 방식으로 사용되고 있다. 분리된 화합물의 검출도 경로내(in-line)로 이루어진다. 가장 많이 분리되는 유기 화합물들은 대부분 자외선을 흡수하기 때문에 HPLC에서도 UV 검출기가 많이 사용된다. 이 실험에서는 자외선을 흡수하면서 구조적 차이 때문에 역상 크로마토그래피로 분리가 잘 되는 아데닌과 카페인을 분리, 정량하고 자외선 스펙트럼의 차이를 아울러 관찰한다.

실험 기구 및 시약

HPLC, Hamilton 주사기, 마이크로피펫, C18 칼럼관 전개액(증류수와 메탄올의 60 : 40(v/v) 혼합 용액), 300 μM 아데닌 용액, 500 μM 카페인 용액, 1/10로 묽힌 커피 용액, 실험 데이터를 저장해 갈 수 있는 flash memory

HPLC 사용법

(1) 역상(reversed-phase) C18 칼럼관을 사용한다. 증류수와 메탄올의 60 : 40 (v/v) 혼합 용액을 1 mL/min의 유속(flow rate)으로 흘려준다.

(2) 자외선 흡수를 이용하는 UV 검출기를 사용한다. 검출기의 패널에 'remote mode'가 설정되어 있는지 확인하고 그렇지 않을 시에 remote 버튼를 눌러서 모드를 변경한다. Autochro3000 프로그램을 시작하고 관리자로 로그인한다. 분석 목록에서 자기조에 해당하는 새 분석 목록을 바탕화면에 만든 후에, 프로그램상의 제어 목록에서 이미 설정되어 있는 기기정보를 포함한 제어목록 '영린 HPLC' 파일을 불러오고 오른쪽 클릭하여 '기기설정'을 고른 후, 측정하고자 하는 파장과 데이터 수집 시간을 설정한다. 시료 목록에서 마우스 오른쪽 버튼을 클릭하여 시료를 추가하고(시료 이름, 파일 이름, 분석 목록 등을 설정), 시료 목록 중 원하는 시료 이름의 마우스 오른쪽 버튼 메뉴에서 '수집 분석 준비'를 눌러 분석을 준비한다.

(3) 분석을 시작하기 전에 이전 시료를 제거하기 위해 바탕값(blank) 시료인 증류수와 메탄올의 60 : 40 (v/v) 혼합 용액을 주입(injection)하고 4분까지 용리하여 씻어두어야 한다. Hamilton 주사기는 증류수로 여러 번 헹궈서 준비해두고 측정 직전에는 측정 시료로 한 번 헹구어 준다. Injector 핸들을 왼쪽 load 방향으로 끝까지 돌려졌는지 확인하고, 60 ~ 80 μL 정도의 시료를 서서히 Hamilton 주사기에 채운다. 공기가 들어가지 않도록 하고, 공기가 들어가면 가볍게 두들

겨서 공기를 한쪽으로 몰면 된다. Hamilton 주사기의 바늘을 살짝 걸리는 느낌이 나는 위치까지 injector 구멍에 끼우고 피스톤을 서서히 밀어서 시료가 20 μL injection loop를 채우도록 한다. 프로그램상에서 '수집 분석 준비' 상태인 것을 확인하고 핸들을 오른쪽 inject 방향으로 끝까지 돌리면 자동으로 영점이 맞추어지며 run이 시작된다. 시료 주입이 완료되면 즉시 핸들을 원래의 load 위치로 돌려놓고 Hamilton 주사기를 뽑아서 증류수로 헹구어 둔다.

(4) 분석이 완료되면 프로그램의 분석 목록에서 수집된 시료들의 그래프를 적분시키고 csv 파일 형태로 변환하여서 준비해 온 저장매체로 가져간다. 프로그램을 닫고(윈도우 오른쪽 하단의 트레이 아이콘에서 기린모양의 아이콘을 선택하여서 닫아야 함) 자기 조의 데이터는 바탕화면에서 깨끗하게 삭제한다.

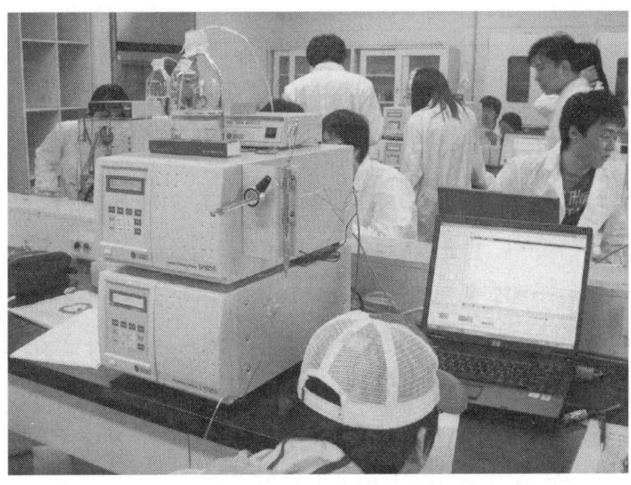

HPLC 실험을 하고 있는 학생들

실험 과정

실험 1. 아데닌과 카페인의 분리

(1) 15 mL 시험관에 미리 준비된 300 μM 아데닌과 500 μM 카페인을 2 mL씩 담아 온다.

(2) 프로그램의 수집 시간을 5분으로 설정한다.

(3) 측정파장을 260 nm로 설정한다.

(4) 시험관에 덜어 온 아데닌 용액으로 Hamilton 주사기를 한번 헹군다.

(5) Detector의 프로그램 설정에서 시료의 이름을 설정하고 '수집 분석 준비' 상

태로 셋팅하여 둔다

(6) 아데닌 용액 중 80 μL을 공기가 주입되지 않게 주의하면서 20 μL injection loop를 채우도록 한다. 핸들을 오른쪽 inject 방향으로 재빨리 끝까지 돌리면 run이 시작된다.
(7) 5분 동안 아데닌 용액의 크로마토그램을 얻는다.
(8) 같은 방법으로 카페인의 크로마토그램을 얻는다.

실험 2. 아데닌과 카페인의 흡수 스펙트럼

HPLC로 어떤 미량의 화합물을 검출하고 정량적으로 분석하려면 빛을 최대로 흡수하는 파장을 선택하여 감도(sensitivity)를 최대화 하는 것이 바람직하다. 아데닌과 카페인의 흡수 스펙트럼을 얻어 보자.

(1) 덜어 온 아데닌과 카페인 용액을 1 mL씩 취해서 혼합물 시료를 만든다.
(2) 프로그램의 수집 시간을 30분으로 설정한다.
(3) 검출기의 파장을 250 nm로 맞추고 최대 흡광도를 측정한다.
(4) 아데닌과 카페인 피크가 모두 나오면(5분 이내에 모두 용리된다) 파장을 바꾸고(250 → 260 → 270 → 280) auto zero를 눌러 흡광도 값을 0으로 맞춘 다음 주입을 하면 바탕선이 안정화되어 좋은 크로마토그램을 얻을 수 있다. 이렇게 하여 아데닌과 카페인의 혼합 용액으로 250, 260, 270, 280 nm에서 차례로 크로마토그램을 얻는다.

실험 3. 커피에 들어 있는 카페인의 정량 분석

두 티스푼(700 mg)의 동결 건조 커피를 100 mL의 물에 넣은 커피 한 잔(종이컵 기준)에 들어 있는 카페인을 정량해 보자.

(1) 500 μM 카페인 μM 용액을 증류수와 메탄올의 60 : 40(v/v) 혼합 용액으로 묽혀서 5 mL의 200 μM, 100 μM 카페인 용액을 만든다.
(2) '1/10로 묽힌 커피 한 잔' 용액을 1 mL씩 덜어 온다.
(3) 검출기의 파장을 270 nm, 수집 시간을 5분으로 설정한다.
(4) 125, 280, 375, 500 μM 카페인 용액의 크로마토그램을 얻는다(표준 곡선).
(5) 커피 용액의 크로마토그램을 얻는다.

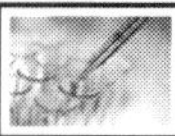

실험 보고서

학과 ________ 학번 ________ 이름 ________ 일자 ________ 실험조 ________

실험 1. 아데닌과 카페인의 분리

아데닌, 카페인 용액의 피크 꼭대기에서의 흡광도(absorbance, A)를 읽어 크로마토그램을 얻는다. 아데닌, 카페인의 구조와 용리되는 시간과의 관계를 생각해보라.

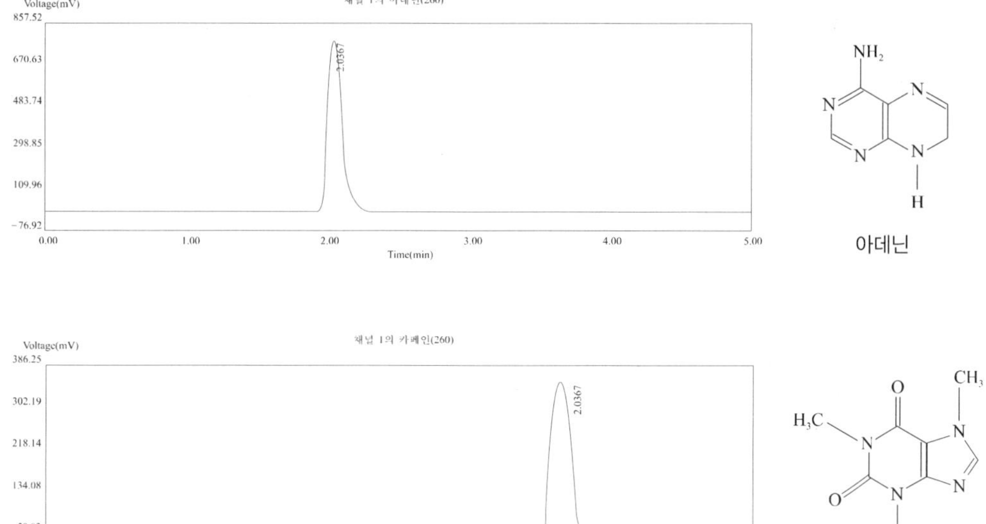

C18 칼럼을 정지상으로, 물 60%와 메탄올 40% 용액을 이동상으로 사용하면 아데닌이 먼저 나오고(사용한 칼럼의 길이와 유속에 의해 결정되는데, 이 경우에는 2.0분) 세 개의 메틸기를 가지고 있는 카페인이 나중에 나온다(3.7분).

실험 2. 아데닌과 카페인의 흡수 스펙트럼

파장을 X축으로, 흡광도를 Y축으로 하여 데이터를 도시하고 점들을 연결하는 커브를 그려 스펙트럼을 얻으라. 아데닌과 카페인에 대해 Y축 척도를 다르게 하는 것이 좋을 수도 있다.

실험 3. 커피에 들어 있는 카페인의 정량 분석

커피 피크의 흡광도와 100 μM, 200 μM 카페인 용액의 흡광도로부터 구한 표준 곡선을 통해 받은 커피에 들어 있는 카페인 농도를 구하라. 한 잔의 커피(100 mL)에 들어 있는 카페인의 양을 mg/100 mL 단위로 계산하라.

■ **위 내용들을 참고하여 다음을 기록하라.**

(1) 사용한 칼럼의 사이즈, 충전(packing) 물질 및 크기 등 내역(specification)

(2) 아데닌과 카페인의 머무름 시간(retention time), 재현성

(3) 용리액(eluent)의 메탄올 백분율을 늘리면 머무름 시간은 어떻게 변할까?

(4) 아데닌과 카페인의 흡수 스펙트럼 및 최대 흡수 파장

(5) 흡광도 값의 비로부터 미지 시료 용액의 농도를 구하는 데 사용되는 법칙

(6) 동결건조 커피에 들어 있는 카페인의 무게 퍼센트

(7) 시간이 충분히 주어질 경우 보다 정확한 정량을 위한 추가 실험

참고 자료

1. 분배의 원리

설탕이나 수용성(水溶性, water-soluble) 비타민처럼 극성이 있는 물질은 물처럼 극성이 큰 용매와 잘 섞이고, 지용성(脂溶性, fat-soluble) 비타민처럼 극성이 거의 없는 물질은 기름처럼 극성이 없는 용매와 잘 섞인다. 그런데 대부분 화합물은 분자 내에 극성이 있는 부위와 극성이 없는 부위를 동시에 가지고 있기 때문에 극성이 다른 용매에 다 녹을 수 있다. 단지 분자 구조에 따라 어느 용매에 더 잘 녹는지가 다를 뿐이다. 이러한 성질을 잘 이용하면 극성에 차이가 나는 물질을 분리할 수 있다.

분리 깔때기(separatory funnel)에 물보다 밀도가 낮으면서 물과 잘 섞이지 않는 에터(ether) 같은 유기 용매를 물과 함께 넣고, 야채즙처럼 극성이 다른 물질들이 섞여 있는 혼합물을 넣은 다음 세게 흔들어주고 한참 그대로 놓아두었다고 하자. 그러면 유기 용매는 위에, 물은 아래에 층을 만들어서 층이 분리되는데, 이때 비교적 극성이 높은 물질은 물층에 더 많이 분포하고, 극성이 낮은 물질은 유기 용매층에 더 많이 분포하게 될 것이다. 그런데 대부분 물질(substance, S)은 두 용매에 일정한 비율로 나뉘어진다. 이를 분배(分配, partition)라고 하는데 예를 들어, 어떤 물질이 유기 용매층과 물층에 분배되는 경우 동적 평형이 이루어지고, 이 경우에도 상평형이나 화학 평형과 마찬가지로 평형 상수를 생각할 수 있을 것이다. 물론 어떤 용매에 대하여 물질에 따라 평형 상수값은 다르다.

$$[S]_{org}/[S]_{H_2O} = K$$

이때 평형 상수를 분배 계수(分配 係數, partition coefficient)라고 한다.

만일 유기 용매층에 잘 녹는 특정한 물질을 순수하게 얻고 싶다면 어떻게 하면 좋을까? 분배 계수는 농도의 비율이기 때문에 유기 용매층의 부피를 늘이면 대부분의 유기 용매층에 잘 녹는 물질은 유기 용매층으로 분배될 것이다. 그러면 나중에 많은 양의 유기 용매를 처리해야 한다. 다른 방법으로 분리 깔때기의 코크를 열어서 물층과 유기 용매층을 가르고 남은 유기 용매 층에 다시 물을 가하고 흔들어 주면, 유기 용매층에 일부 녹아 있던 극성 물질은 대부분 물층으로 옮아가고 유기 용매층에는 원하는 물질의 순도가 높아질 것이다. 한편 반대로 물층에 약간 녹아 있는 유기 용매층에 잘 녹는 물질은 물층에 유기 용매를 가해서 추출하여 앞의 유기 용매층과 합하면 된다. 이런 과정을 여러 번 반복하면 원하는 물질을 원하는 순도까지 정제할 수 있다. 물론 일정한 양의 유기 용매를 사용한다면 용매를 소량으로 여러 차례에 나누어서 추출을 반복하는 것이 효과적이다. 그러나 이 방법은 상당히 번거롭고 적지 않은 양의 유기 용매를 사용해야 하기 때문에 실용적이지 못하다. 분배의 원리를 잘 이용하면 분리 깔때기를 사용하지 않고도 물질을 분리할 수 있다.

분배 크로마토그래피에는 정지상이 이동상보다 극성이 높은 정상 크로마토그래피(正狀, normal phase chromatography)와 이동상이 정지상보다 극성이 높은 역상 크로마토그래피(逆狀, reversed-phase chromatography)가 있다. 정상 크로마토그래피에서는 분리하고자 하는 화합물이 정지상과 정지상보다 극성이 낮은 유기 용매의 이동상 사이에 분배되는 현상을 이용한다. 역상 크로마토그래피에서는 탄소수가 18인 탄화수소($-C_{18}H_{37}$, 줄여서 C18, octadecyl)로 코팅된 실리카처럼 극성이 낮은 정지상과 물에 메탄올이나 아세토나이트릴(acetonitrile, CH_3CN) 같은 유기 용매를 섞어서 극성을 조절한 이동상을 사용한다.

우리가 분리하고자 하는 두 가지 식용 색소는 모두 소수성(hydrophobic) 부위를 가진 유기 화합물이다. 따라서 역상 크로마토그래피로 분리가 잘 될 것이다. 이 실험에서는 역상 크로마토그래피 카트리지로 색소를 분리하고, 분리된 색소를 흡광 분석 방법으로 정량한다. 흡광 분석에 관한 배경 지식은 참고 자료를 참조하자.

2. 크로마토그래피의 발전

초보적인 크로마토그래피가 개발된 것은 1900년대 초반의 일이었다. 당시 러시아 지배 하에 있던 폴란드에서 츠베트(Tswett)는 탄산 칼슘으로 채운 유리관의 상층부에 나뭇잎이나 야채의 추출액을 가해서 얇은 층을 이루게 하고 유기 용매를 흘려주면 층이 몇 개로 갈라지면서 제각기 다른 색을 나타내는 것을 관찰했다. 이때 이온성 물질인 탄산 칼슘은 움직이지 않는 정지상(停止狀, stationary phase)이고, 흐르는 유기 용매는 이동상(移動狀, mobile phase)이 된다. 이러한 분리 방법은 색을 의미하는 어두(prefix)와 쓴다는 의미의 어미(suffix)가 합해져서 chromatography로 불리게 되었다.

그 후 1936년에 영국의 케임브지 대학에서 박사 학위를 받은 마틴은 양모연구소(Wool Industries Research Association Laboratory)에서 양털 단백질의 아미노산 조성을 연구하게 되었다. 모직 제품의 품질을 결정하는 양털의 질은 양털의 대부분을 구성하는 케라틴 등 단백질의 아미노산 조성에 의해 결정되기 때문에 당시 영국에서는 단백질의 아미노산 조성 연구가 중요했다. 그런데 아미노산 조성을 조사하려면 아미노산의 분리가 필수적이다. 단백질은 아미노산이 수백 개 연결된 고분자(高分子, polymer) 화합물이기 때문에 단백질을 가수분해(加水分解, hydrolysis)하면 20가지 아미노산의 혼합물이 얻어진다. 20개 지역에서 온 학생들이 뒤섞여 있다면 지역별 숫자 파악이 어렵지만 지역별로 갈라놓으면 편하듯이, 아미노산의 조성을 정확히 알려면 일단 20가지 아미노산을 분리하는 것이 유리하다. 그런데 20가지 아미노산 중에는 성질이 비슷한 것이 많이 있어서 당시로서는 완전히 분리하기가 쉽지 않았다.

마틴(Archer Martin, 1910-2002)
1952년 노벨 화학상

하루는 마틴이 동료와 차를 마시면서 냅킨에 메모를 하며 아미노산 분리에 대해 궁리를 하고 있었다고 한다. 그러다가 냅킨이 찻잔에 떨어졌는데 찻물이 모세관 현상으로 냅킨을 따라 올라가다가 냅킨의 메모에 이르자 잉크가 몇 가지 색의 띠로 분리되면서 올라가는 것이었다. 이에 무릎을 친 마틴은 이 관찰을 분배 크로마토그래피(partition chromatography)라는 방법으로 발전시켰다.

분배란 앞에서 말한 대로 어떤 물질이 두 가지 용액의 층에 일정한 비율로 갈라지는 것을 말한다. 물과 기름을 섞고 흔든 다음 한참 놓아두면 두 층으로 갈린다. 이때 물에 잘 녹는 비타민 C와 기름에 잘 녹는 비타민 A를 함께 넣고 이 과정을 반복한다면, 비타민 C는 물층에, 비타민 A는 기름층에 모일 테고, 중간 정도의 성질을 가진 화합물이 있다면 물층에 일부, 기름층에 일부 분배될 것이다. 종전에는 이러한 분배의 원리를 분리에 사용하기 위해서는 분리 깔때기에 두 가지 용액과 분리하려는 물질을 넣고 흔든 다음 코크를 열어 두 층을 분리하고 다시 용매를 가하여 분배를 반복하는 과정을 여러 번 거쳐야 했다. 그러기 위해 필요한 장치는 크고 깨어지기 쉬웠다.

마틴이 그 날 갑자기 깨달은 것은 두 가지 용매가 제각기 움직일 필요가 없이 한 층이 고정되고 한 층만 움직이면 일이 아주 쉬워진다는 점이었다. 종이의 바탕은 셀룰로스(cellulose)라는 고분자 탄수화물이다. 그런데 셀룰로스는 물을 잘 흡착하기 때문에 종이는 표면에 무게로 약 3%에 해당하는 물의 얇은 막을 가지고 있다. 마틴의 관찰에서 이 물의 막은 정지상, 올라가는 찻물은 이동상이다. 두 개의 상이 모두 이동하는 종전의 방식에서 한 쪽이 고정되는 방식으로 바뀌는 것은 커다란 발상의 전환이고 패러다임의 변화이다. 마틴은 이러한 관찰을 종이 크로마토그래피라는 분석 방법으로 발전시켰다. 지금은 기체 크로마토그래피(gas chromatography), 액체 크로마토그래피(liquid chromatography) 등이 발전되어 전 세계적으로 수많은 실험실에서 연구 개발, 환경 분석 등에 널리 사용되고 있다.

3. 밀러의 아미노산 분석

정상 크로마토그래피의 일종인 종이 크로마토그래피(paper chromatography)가 어떻게 과학의 역사에서 중요한 실험에 사용되었는지 자세히 알아보자. 1953년 사이언스 논문에 나오는 아래 그림에서 볼 수 있듯이 밀러는 반응 생성물을 일부 취해서 종이의 한 구석 원점(原點, origin)에 가하고, 우선 뷰탄올(butanol)-아세트산 용액을 이동상으로 사용해서 한 방향으로 분리를 했다. 일차원으로는 분리가 충분하지 않을 수 있기 때문에 첫 방향으로 전개(展開, development)를 마친 후, 종이를 말리고 종이를 90도 돌려서 처음과 수직 방향으로 두 번째 전개를 했다. 이때는 처음과 달리 0.3% 암모니아를 포함한 페놀(phenol)을 이동상으로 사용해서 처음에 분리가 잘 되지 않은 성분도 분리가 되도록 하였다. 이렇게 이차원 전개를 한 후 말리고 아미노산과 반응해서 색을 나타내는 닌하이드린(ninhydrin) 용액을 종이에 분무(噴霧, spray)하면 아미노산이 있는 위치에 색이 나타난다. 물론 미리 20가지 아미노산에 대해서 별도로 똑같은 실험을 해서 각 아미노산의 위치를 정해 놓았을 것이다.

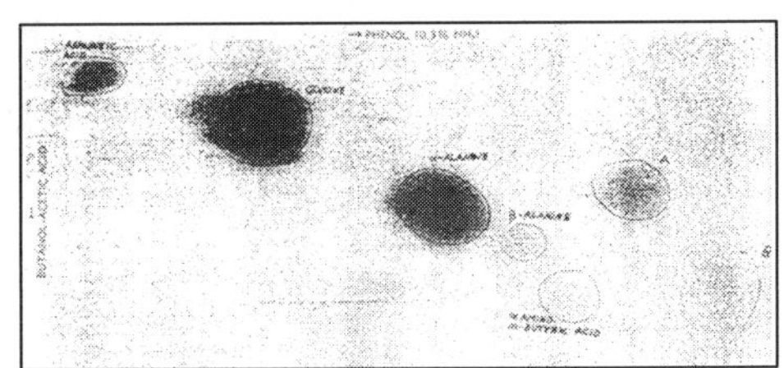

밀러의 아미노산 분리 결과

4. 샤가프의 DNA 염기 분석

우주가 태어나고 진화하면서 가벼운 원소인 수소, 그리고 무거운 원소인 탄소, 질소, 산소, 인 등이 만들어진 후 어떻게 이런 원소들을 사용해서 생명을 탄생시키고 발전시킬까 하는 문제가 생명의 비밀이라고 한다면, 그것은 1950년

샤가프(Erwin Chargaff, 1905–2002)
컬럼비아대학 생화학 교수
샤가프 비율(A/T = G/C = 1) 발견

대 초반까지만 해도 미스터리로 남아 있었다. 1953년에 왓슨과 크릭이 아데닌(A)과 타이민(T), 구아닌(G)과 사이토신(C)이 수소 결합으로 마주보고 있는 이중 나선 구조를 발표하면서 생명의 가장 핵심적인 비밀은 단번에 세상에 드러났다.

그런데 A와 T, G와 C가 1 : 1로 대응한다면 DNA에 들어 있는 전체 A와 T의 양은 같아야 하고, G와 C의 양도 같을 것이다. 이중 나선이 먼저 발견되었다면 A와 G, 그리고 T와 C를 분석해서 A/T, G/C 비율이 1인 것을 확인했을 것이다. 그런데 실제로는 이 과학 사상 최대의 발견이 이루어지는 과정에서 염기들 사이의 비율이 먼저 발견되고, 그 비율에 입각해서 생명의 비밀을 간직한 DNA의 구조가 발견되었다.

그러면 샤가프 비율이라는 A/T, G/C 비율은 어떻게 발견되었을까? 1940년대에 에이버리(Avery) 등에 의해 DNA가 유전 물질이라는 사실이 밝혀지면서 DNA에 대한 연구가 활기를 띠게 되었다. 이미 DNA는 데옥시라이보스라는 탄소를 다섯 개 포함하는 당과 인산, 그리고 A, T, G, C의 네 가지 염기로 이루어졌다는 사실은 잘 알려져 있었다(A, T, G, C 등 소위 뉴클레오타이드를 연구한 알렉산더 토드는 1957년 노벨 화학상을 수상했다).

러시아에서 미국으로 이민한 샤가프는 1940년대 말부터 연어의 정자(精子, sperm) 등 여러 가지 세포에서 추출한 DNA의 염기 조성을 조사하고 있었다. 그런데 DNA에서 네 가지 염기는 데옥시라이보스에 결합되어 있기 때문에 조성을 연구하려면 일단 산이나 염기로 가수분해를 해야 한다. 그리고 얻어진 염기의 혼합물로부터 염기들을 따로 분리하고 각 염기의 양을 측정해야 한다. 월드컵 축구장에 네 나라 응원단이 뒤섞여서 어깨동무를 하고 있다고 하자. 가수분해는 어깨동무를 푸는 것에 해당한다. 그 다음에는 헤쳐서 국가별로 동서남북 스탠드 아래 모이게 한다. 그리고 국가별로 인원을 세는 것은 화학 분석(化學 分析, chemical analysis)이라는 작업이다. 여기에서 헤쳐 모이는 분리 과정이 핵심적이다. 분리가 제대로 이루어지지 않는다면 분석의 결과를 믿을 수 없을 것이기 때문이다.

이러한 배경 하에서 DNA의 염기 분석에 관심을 가졌던 샤가프는 종이 크로마토그래피를 사용해서 DNA를 가수분해하여 얻어진 A, T, G, C의 혼합물로부터 이들 염기를 분리하는 데 성공했다. 샤가프는 커다란 거름종이(filter paper)를 다섯 개의 띠로 나누고 네 개의 띠의 원점에는 순수한 A, T, G, C를 점적(spot)했다. 나머지 한 띠의 원점에는 연어 정자로부터 추출한 DNA를 가수분해해서 얻은 A, T, G, C의 혼합물을 점적했다. 그리고 뷰탄올과 물을 주성분으로 하는 이동상을 사용해서 염기들을 분리했다. 종이를 말린 후 염기의 위치를 알아내기 위해 종이를 질산 수은($Hg(NO_3)_2$) 용액으로 처리한 후 다시 황화 암모늄($(NH_3)_2S$) 용액으로 처리하자 염기 위치에 HgS의 검은 점들이 나타났다. 마지막으로 DNA 시료의 해당 부위를 잘라내고 산으로 네 가지 염기를 추출한 후 자외선 흡광 분석법(紫外線 吸光分析法, UV absorption spectrophotometry)으로 염기의 양을 분석했다. 아데닌은 262.5 nm, 구아닌은 249 nm에서 자외선을 강하게 흡수한다. 샤가프는 이렇게 여러 시료에서 분리된 A, T, G, C의 양을 측정해서 항상 A/T 비율도 1이고, G/C 비율도 1이라는 사실을 알아냈다.

5. 분광 법칙

에너지가 양자화되어 있듯이 빛도 양자화되어 있다. 빛의 양자(quantum of light), 즉 광자(photon)의 에너지는 플랑크 상수와 진동수의 곱으로 주어진다. 물질이 전자 전이에 의해 빛을 흡수하거나 방출할 때 흡수되거나 방출되는 광자의 에너지는 다음과 같은 식으로 나타낼 수 있다.

$$\triangle E = hv = hc/\lambda \qquad h\text{: 플랑크 상수, } c\text{: 빛의 속도}$$

물질이 흡수하는 빛의 세기는 빛의 흡광도 또는 투광도로 측정되는데, 이 성질은 전자 전이의 특성뿐 아니라 흡수 물질의 농도와도 관계가 있다. 일정한 파장의 빛이 시료 분자에 흡수될 때 고려되는 정량적 기본 법칙은 두 가지로 생각할 수 있다.

(1) Lambert 법칙

액체 상태의 시료를 투명한 시료 용기(cell)에 담아 빛을 투과시켜 변화된 빛 에너지를 측정한다. 빛의 세기가 I인 빛이 두께가 b인 물질 층을 통과할 때 빛의 흡수로 인한 빛의 감소는 dI = −kIdb로 나타낼 수 있다. 여기에서 k는 비례 상수, −부호는 세기의 감소를 의미한다. 이 식은 dI/I = −kdb로 다시 쓸 수 있다. 즉, "흡수된 빛의 분율은 통과되는 물질층의 두께(b)에 비례한다."는 뜻이다. b가 0일 때 입사광의 세기를 Io라고 하고 위 식을 적분하면 다음과 같다.

$$\log I/Io = -kb/2.303$$

(2) Beer 법칙

Beer 법칙은 물질의 농도와 흡수되는 빛과의 관계 법칙인데, "흡수된 빛의 분율은 물질의 농도에 비례한다."는 것이다. 같은 부피 내에서 시료 용질의 농도를 증가시키는 것은 물질의 두께를 증가시키는 것과 같은 효과가 있다. 따라서 위 식의 k는 농도 C에 비례하게 되므로, k/2.303 = aC 식을 얻을 수 있다. 여기에서 a는 새로운 비례 상수이다.

위의 두 식으로부터 Beer-Lambert 법칙의 관계식, log It/Io = −abC을 얻을 수 있는데, 여기에서 It/Io를 투광도(transmittance, T)라고 하면, Log 1/T = abC가 되는데, 보통 투광도는 %T로 나타낸다. 한편, log 1/T을 흡광도(absorbance, A)라 한다. 따라서, 정량 분석에서 실제 응용하는 Beer-Lambert의 법칙 관계식은 다음과 같다.

$$A = \varepsilon bC$$

여기에서 b는 실제 흡수 용기(cell)의 두께이며, 단위는 cm이다. ε은 농도가 mol/L일 때의 상수로서 몰흡수 계수라 한다.

6. 분광광도계 사용법

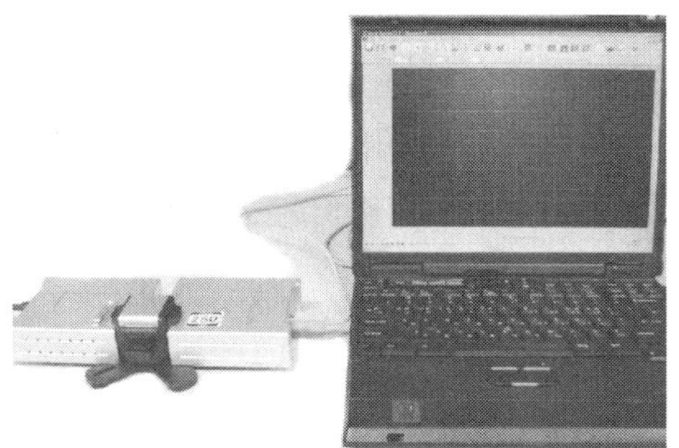

분광광도계와 컴퓨터

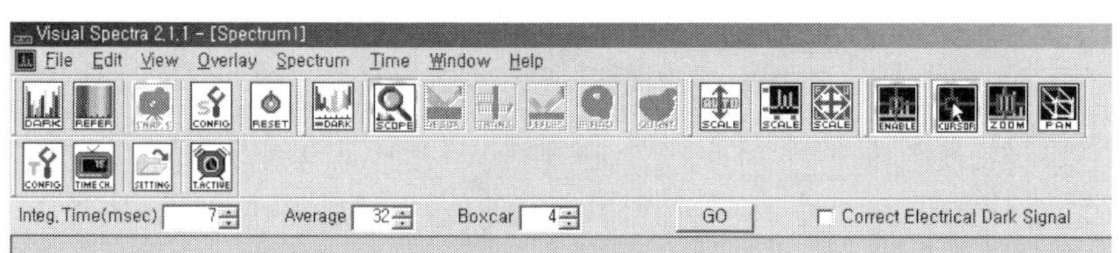

프로그램 화면

(1) 전원을 연결하고 적어도 20분 이상 예열을 시킨다.

(2) 분광광도계와 컴퓨터를 연결하고, “VisualSpectra 2.1 Sr” 프로그램을 실행한다.

(3) 바탕 용액을 cell에 담아 기기에 넣는다. 이때 cell의 투명한 부분이 좌, 우측 (앞, 뒤쪽이 아님)으로 향하도록 넣어야 한다.

(4) 기기를 Dark 상태로 내리고 프로그램에서 'DARK' 아이콘을 누른 후 Open 상태로 올린다.

(5) 프로그램에서 'GO'를 누르고 'Correct Electrical Dark Signal'을 체크한 후 'REFER'를 눌러 바탕 용액으로 Reference를 설정한다.

(6) 스펙트럼의 최대값이 12000 부근으로 오도록 'Integ. Time(msec)' 숫자를 조정하고, Average 값은 30으로, Boxcar 값은 3으로 설정한다.

(7) 'ABSOR'를 눌러 y-축을 흡광도로, 'SCALE'로 x축 범위를 설정한다. 이때, x축값의 최소값은 450 nm 이상으로 한다.

(8) Sample cell을 넣고 덮개를 닫은 후 프로그램 하단의 수치를 읽는다.

① 정확한 수치를 읽고자 할 때는 'SNAP. S'를 눌러 읽은 뒤 다시 눌러 해제한다.

② 그래프가 평형을 이룬 후에 흡광도를 읽어야 한다.

③ 시료 용기를 사용하기 전에 깨끗하게 씻고, 메탄올로 헹군 후 드라이어로 완전히 말려 사용한다.

Quartz 또는 플라스틱 Cell

(1) 흡광도를 측정하고자 하는 용액을 담기 전에 깨끗이 씻어 사용한다.

(2) 반투명한 부분만 손으로 잡아 투명한 면에 손자국이 남지 않도록 한다.

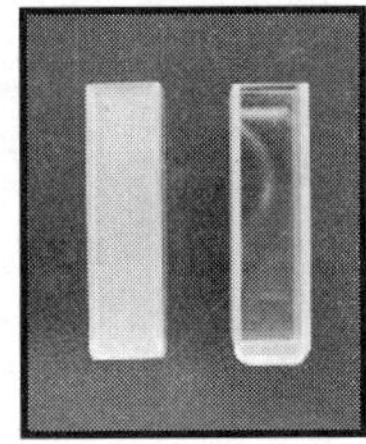

Sample cell

일반화학실험

06 기체의 여러 가지 법칙

핵심 내용

- 기체 분자의 부피와 압력, 원자론, 보일의 법칙, 샤를의 법칙, 이상 기체 방정식
- 기체 분자 운동론, 기체의 유출 속도, 확산 속도, 분자량, 그레이엄의 법칙

관련 자료

Principles of Modern Chemistry, 6th Ed.(Oxtoby 외)

Ch 9. The Gaseous State

생명의 화학, 삶의 화학(김희준 외)

3장. 원자론, 분자론

7장. 물질의 상태와 성질

실험 목표

보일의 법칙과 샤를의 법칙, 그리고 부피가 일정한 경우에 대하여 이상 기체 방정식을 확인한다. 또한 염화 수소와 암모니아를 사용해서 확산 속도의 차이를 관찰한다.

배경

지구상의 대기는 대부분이 질소(~ 78%)와 산소(~ 21%)로 이루어져 있으며, 나머지는 이산화 탄소, 메테인, 그리고 비활성 기체 등이 미량 포함되어 있다. 대기가 압력을 미치고 있다는 것은 오래 전부터 알려져 왔으나 대기의 압력을 정확히 측정한 것은 토리첼리(Evangelistaa Torricelli)가 처음이다. 1643년에 토리첼리는 비

중이 13.6인 수은을 사용하여 대기의 압력은 약 760 mm의 수은 기둥이 미치는 압력과 같은 것을 보여주었다. 요즘 압력계(壓力計, barometer)는 토리첼리가 사용한 장치와 유사하다. 0°C에서 1기압(氣壓, atm)은 수은 기둥 760 mm에 해당한다.

100°C, 1기압의 질소 기체에서 질소 분자 사이의 평균 거리는 대략 37옹스트롬으로 분자 크기의 약 20배에 해당한다. 상온에서 이 비율은 크게 다르지 않으며, 따라서 우리가 호흡하는 공기에서 공기의 주성분인 질소와 산소 분자들은 평균적으로 약 40옹스트롬 거리를 유지하면서 초속 500미터 정도의 속력으로 운동하고 있을 것이다. 두 주먹을 쥐고 양손을 펼치면 주먹 간의 거리가 주먹만 한 기체 분자 사이의 거리에 해당한다.

기체에서 분자들은 이처럼 자신의 크기에 비해 상당히 멀리 떨어져 있기 때문에 독립적으로 운동한다고 볼 수 있다. 그래서 기체가 분자의 개별적인 특성을 조사하는 데 가장 적합하며, 분자론이 발전하는 데 기체의 연구가 핵심적인 역할을 하였다.

1662년에 보일은 일정한 온도에서 압력을 변화시켰을 때의 기체의 부피를 측정하였다. 보일의 법칙(Boyle's law)에 따르면 일정한 온도에서 기체의 부피는 가해주는 압력에 반비례한다. 보일의 법칙은 PV = 상수 라는 식으로 표현할 수 있다. 0°C에서 1몰의 기체는 22.414 L atm의 상수값을 갖는다.

보일의 법칙은 샤를의 법칙, 아보가드로의 원리와 합쳐져서 이상 기체 방정식으로 발전한다. 뿐만 아니라 부피와 압력의 반비례 관계는 기체가 연속적인 유체가 아니라 원자들로 이루어졌다는 중요한 단서를 제공하여 근대적 원자론의 기반을 제공했다.

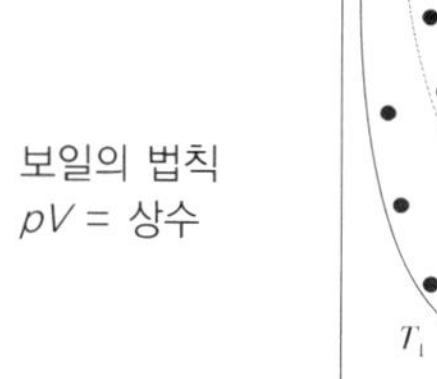

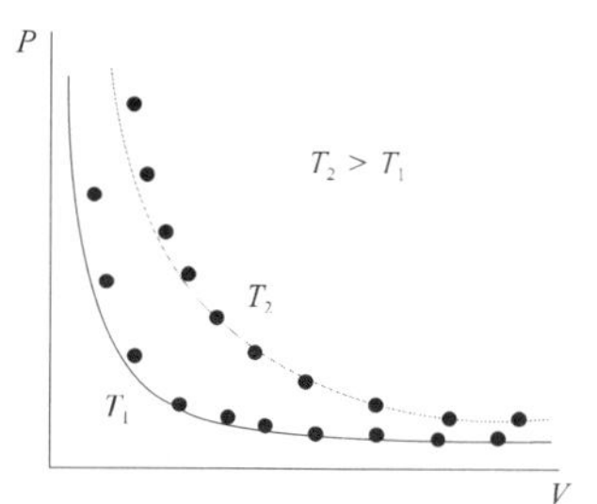

보일(Robert Boyle, 1627–1691)

그레이엄(Thomas Graham, 1805–1869)

기체 분자 운동론은 기체 분자들이 상자의 작은 구멍을 통해 바깥쪽의 진공으로 유출(流出, effusion)되는 경우 유출 속도를 계산할 수 있게 해준다. 기체가 포함된 용기의 벽면에 작은 구멍을 내게 되면 그를 통하여 기체 분자들이 빠져나오게 된다. 기체 분자들의 유출 속도는 온도와 기체의 종류에 따라 다르다. 19세기 중반에 스코틀랜드 출신 그레이엄은 실험적으로 일정한 온도와 압력 하에서 기체의 유출 속도는 분자량의 제곱근에 반비례하는 것을 보여주었다.

$$A의\ 유출\ 속도/B의\ 유출\ 속도 = (B의\ 분자량/A의\ 분자량)^{1/2}$$

이 관계를 이용해서 19세기에는 유출 속도가 기체 분자의 분자량을 측정하는 데 쓰이기도 했다.

실험 기구 및 시약

실험 1. 보일의 법칙

압력 센서, 주사기

실험 2. 샤를의 법칙

2 mL 눈금 피펫, 색소, 얼음, 소금, 고무 찰흙 또는 파라필름, 온도계, 1 L 비커, 스탠드, 클램프

실험 3. 이상 기체 방정식

시험관, 고무마개, 얼음, 소금, 온도/압력 센서, 가열기, 삼각 플라스크, 링스탠드, 클램프

실험 4. 그레이엄의 법칙

염산, 암모니아, pH 종이, 30 cm 유리관, 고무마개 두 개, 솜 마개 두 개, 테이프, 스탠드, 클램프, 자

실험 과정

실험 1. 보일의 법칙

(1) 압력 센서 사용법을 익힌다.
(2) 압력 센서 장치에 주사기를 연결하고, 파라필름으로 잘 감아서 공기가 새어나가지 않게 한다.

(3) 범위 버튼을 눌러 0으로 맞춘다.
(4) 주사기의 피스톤을 밀어 압력을 증가시키면서 부피 변화를 측정한다.

실험 2. 샤를의 법칙

(1) 색소를 물에 녹인 용액 0.2 mL 정도의 물방울을 피펫 중간 위치에 넣는다.
(2) 고무 찰흙으로 피펫 끝을 막는다. 파라필름으로 피펫 끝을 막고 라이터로 가열해서 녹여도 된다.
(3) 상온에서 피펫에 붙잡힌 공기의 부피를 오차의 범위와 함께 기록한다. 온도계의 알코올이나 수은 벌브가 붙잡힌 공기의 중간 정도에 위치하게 하고 온도도 측정하여 기록한다. 이 측정을 몇 차례 반복하여 데이터를 기록한다.
(4) 비커에 부순 얼음을 채우고 물을 부은 다음 스탠드와 클램프를 사용하여 위에서 사용한 피펫과 온도계를 얼음물에 잠기도록 한다. 부피를 측정하는 공기가 거의 모두 얼음물에 잠겨야 오차가 줄어든다. 0 ~ 1°C에서 온도가 일정하게 유지되면 온도와 기체의 부피를 측정한다. 얼음을 저어주면서 이 측정을 몇 차례 반복하여 데이터를 기록한다.
(5) 물을 약간 따라내고 부순 얼음과 소금을 가해서 −10°C 정도로 온도를 낮춘 후 공기의 부피와 온도를 측정한다. 얼음을 저어주면서 이 측정을 몇 차례 반복하여 데이터를 기록한다.

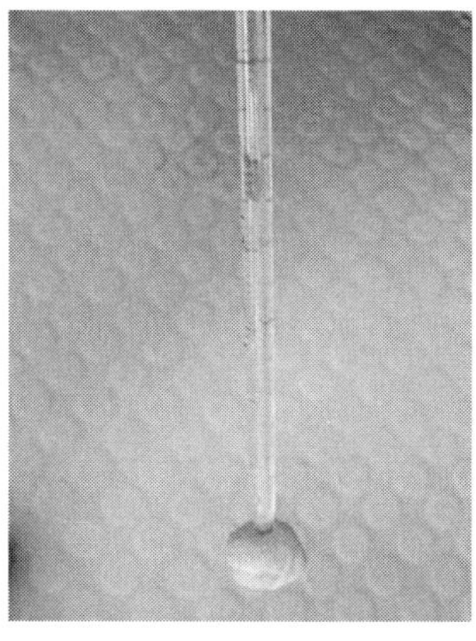
샤를의 법칙

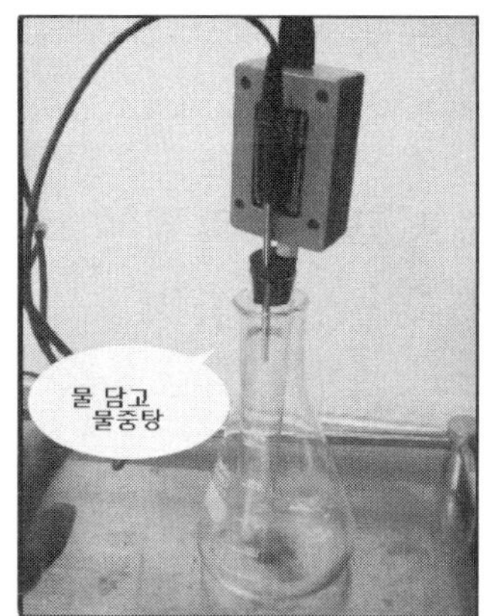

이상 기체 방정식

실험 3. 이상 기체 방정식

(1) 온도/압력 센서를 고무마개에 부착하고 고무마개로 시험관을 막는다.
(2) 샤를의 법칙 실험에서와 같이 시험관 내의 기체 온도를 상온, 0 ~ 1°C, −10°C

로 맞추고 온도와 압력을 측정하여 기록한다.

(3) 뜨거운 물을 사용하여 온도를 40°C, 60°C 정도로 맞추고 온도와 압력을 측정하여 기록한다.

(4) −10°C에서 시작하여 온도를 올리면서 온도와 압력을 연속적으로 측정하여도 좋다.

실험 4. 그레이엄의 법칙

(1) pH 종이를 유리관 길이만큼 자른 후 유리관 안쪽에 테이프로 고정한다.

(2) 클램프를 사용하여 유리관을 수평이 되게 스탠드에 고정한다.

(3) 두 개의 코르크 마개 안쪽에 면봉을 반씩 잘라서 끼운 후 각각을 염산과 암모니아 용액에 담근다.

(4) 코르크 마개를 재빨리 유리관 양쪽 끝에 끼우고 관찰을 시작한다.

(5) 몇 분 후 하얀색 링이 유리관 내부에 생기면 양쪽 면봉으로부터 링까지의 거리를 측정한다.

(6) 이 과정을 두세 차례 반복하고 재현성을 테스트한다.

주의 사항

(1) 염산과 암모니아가 들어 있는 용기는 뚜껑을 잘 닫는다.

(2) 사용한 면봉은 물이 들어 있는 비커에 담아 냄새가 퍼지지 않게 한다.

(3) 염산과 암모니아가 손에 닿지 않게 폴리글러브를 사용한다.

(4) 반복 실험을 할 때는 유리관을 잘 닦아야 한다.

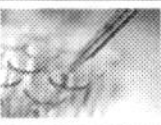

실험 보고서

학과 ____________ 학번 ____________ 이름 ____________ 일자 ____________ 실험조 ____________

실험 1. 보일의 법칙

(1) 센서로 측정한 값에 대기압을 더해서 기체의 실제 부피를 구하라.

(2) 압력과 부피의 관계를 그래프로 나타내고 반비례 관계를 확인하라.

실험 2. 샤를의 법칙

(1) X-축을 절대온도, Y-축을 공기의 부피로 하여 측정한 데이터를 그래프 상에 점으로 나타내라.

(2) 기울기로부터 샤를의 법칙의 상수를 계산하라. 알려진 값 1/273과 비교하고 부피와 온도 측정의 오차와 관련하여 오차의 원인을 생각해보라.

(3) 가상적으로 부피가 0이 되게 데이터를 확장한 그래프를 그리고, 부피가 0이 되는 온도를 구하라. 또한 이 온도의 의미를 생각해보라.

실험 3. 이상 기체 방정식

(1) X-축을 절대온도, Y-축을 압력으로 하여 결과를 그래프로 그려라. 원점은 절대온도 0도, 0기압으로 한다.

(2) 얻은 데이터를 연장하면 원점을 통과하는지 확인하라.

(3) 시험관에 들어 있는 공기의 부피와 기체의 몰수가 일정한 것을 고려하여 이상 기체 방정식이 잘 맞는지, 절대 0도에서 압력이 0이 되는 것이 어떤 물리적 의미가 있는지 설명하라.

실험 4. 그레이엄의 법칙

(1) 염화 수소(HCl)와 암모니아(NH_3)의 확산 속도의 비를 계산하라.

(2) 위의 비와 염화 수소와 암모니아의 분자량의 비와의 관계를 분석하라.

(3) 알고 있는 그레이엄의 법칙과 잘 맞지 않는다면 그 이유를 설명하라.

참고 자료 

회의적인 화학자

화학이 언제부터 생겨났는지에 대해서는 논란이 있을 수 있다. 18세기에 원자론을 주장한 돌턴(John Dalton, 1766 ~ 1844)이나 현대 화학의 정량적인 관계를 정립한 라부아지에(Antoine Lavoisier, 1743 ~ 1794) 등이 화학의 초창기에 매우 중요한 역할을 했음은 부인할 수 없는 사실이다. 하지만 그 전에 17세기의 "자연철학자"인 보일(Robert Boyle, 1627 ~ 1691)을 근대적인 화학 개념의 창시자로 보고, "화학의 아버지"라고 부르는 것은 과학으로서의 화학이 연금술(鍊金術, alchemy)로부터 벗어날 수 있는 계기를 마련한 그의 업적 때문이라고 할 수 있다.

아일랜드에서 부유하고 영향력 있는 집안에서 태어난 보일은 9살이 되기도 전에 영국의 이튼 칼리지에 입학하였고, 12살 이후에는 스위스, 이탈리아 등지에서 가정교사와 공부를 하였다. 1645년에 영국으로 돌아온 그는 본격적인 과학탐구의 길을 걷게 된다. 그 당시만 해도 연금술이 영향력을 유지하고 있었으며, 보일 자신도 금(金, gold)을 만들 수 있고 실제로 만들었다고 믿을 정도로 연금술의 영향을 받고 있었다. 보일과 같은 시기에 살았던 뉴턴도 연금술에 빠져 있었다고 한다. 보일은 모든 자연현상에 깊은 호기심을 가지고 있었다(아인슈타인은 이를 두고 "신성한 호기심(holy curiosity)"이라고 부르기도 했다). 보일은 결정들의 구조와 절단면에 대해 연구하고, 색깔과 전기에 대한 책을 쓰기도 했다. 못을 황산에 넣었을 때 나오는 기체를 관찰하고(그는 이것이 수소인지는 알지 못했다), 산호가루에 식초를 부으면 나오는 기체에 파리를 넣어 놓으면 오래 가지 못해 죽는다는 것도 알아냈다. 산성 물질과 염기성 물질을 구별하는 지시약을 만들기도 하였다. 혈액의 성질에 대해서 연구하고, 수혈(blood transfusion)의 가능성에 대해서도 관심이 있었으며, 냄새와 맛의 인식에 관한 실험을 행하기도 하였다. 반투막의 성질에 대해서도 설명하고, 뇌의 손상에 의한 색맹의 사례에 대해서도 보고한 바 있다.

공기 펌프(air-pump)에 관심을 가지게 된 보일은 로버트 후크(Robert Hooke, 1635 ~ 1703)의 도움으로 보다 나은 성능을 가진 공기 펌프를 제작할 수 있었다. 후크 자신도 후에 많은 중요한 업적을 남긴 과학자로 남게 된다. 고무줄이나 스프링의 탄성력을 설명하는 후크의 법칙(Hooke's law)과 현미경을 이용한 많은 실험을 통해 "현미경의 아버지"로 불리게 된 것이 그의 대표적인 업적이다. 코르크의 세포를 관찰하고 세포(cell)라는 명칭을 처음 사용한 것도 후크라고 알려져 있다.

영국 옥스퍼드에는 보일과 후크의 업적을 기리는 보일-후크 현판(Boyle-Hooke plaque)이 걸려 있다.

보일은 공기 펌프를 사용해 공기의 특성에 대한 다양한 실험을 수행하여, 공기가 연소, 호흡, 그리고 소리 전달에 중요한 역할을 한다는 것을 알아낼 수 있었다. 공기 엔진(pneumatic engine)이라고 부른 펌프를 이용해서 보일은 밀폐된 용기 내의 공기의 양을 조절할 수 있었으며, 이를 통하여 이전의 일부 사람들의 주장처럼 공기가 실체가 없는 에터(ether)가 아니라 물리화학적 특성을 지닌 물질이라는 것을 보일 수 있었다. 공기를 빼낸 용기 내에서는 초가 금방 꺼지고, 곤충, 새 또는 쥐 등이 호흡이 곤란해져서 죽는다는 사실도 확인했다. 보일은 또한 진공 상태에서 소리나 자기력이 전파되는 정도도 탐구하였다. 이 결과들은 1660년 "공기의 탄력에 대한 자극과 효과에 대한 새로운 물리역학적 실험들(New Experiments Physico-Mechanical, Touching the Spring of the Air, and its Effects)"이라는 제목으로 출판되었다. 이에 대한 반론들에 대해 언급하면서 보일은 현재 우리가 보일의 법칙으로 알고 있는 "공기의 부피는 압력에 반비례"한다는 사실을 추가하게 된다.

많은 자연현상에 대한 호기심 중에서도 보일은 화학에 대해 남다른 관심과 애정이 있었던 것 같다. 그는 특히 물질의 특성에 대해 알고 싶어 했으며, 근본적인 해답을 얻기 위해서는 그때까지 존재하던 잘못된 생각들을 바로 잡아야 했다. 물질을 구성하는 기본 요소가 흙(earth), 공기(air), 불(fire), 그리고 물(water)이라는 고대 그리스의 주장이 그 당시까지 받아들여지고 있었고, 연금술사들은 물질의 3대 요소로서 황(sulfur), 수은(mercury), 그리고 염(salt)을 내세우고 있었다. 물질에 대한 많은 실험을 통해 보일은 물질의 특성을 다루는 화학의 토대는 이러한 신비적인 사고에서 탈피하여 보다 확고한 과학적 근거를 가져야 한다는 믿음을 가지게 된 것으로 보인다.

보일은 1661년에 "회의적인 화학자(Sceptical Chymist)"를 출간한다. 이 책에서 그는 물질을 구성하는 기본 원소의 개념을 주장하였다. 화합물을 구성하는 기본 단위로서의 원소를 도입함으로써 보일은 마침내 근대 화학이 연금술로부터 분리되는 개념적 근거를 마련하였다. 그는 원소의 존재를 다양한 분석 방법을 통해 확인할 수 있었다. 그의 실험들은 화학 분석과 화학 용어의 기초를 확립하는 계기가 되었다.

1663년에 창립된 영국왕립학회의 창립회원으로서 보일은 1680년에 회장에 추대되기도 하지만 그 영예를 거절한다. 과학에 대한 끊임없는 호기심과 함께 보일은 종교에도 관심이 많았으며, 그의 사후에 유언에 따라 보일 강연(Boyle Lecture)이 만들어졌다.

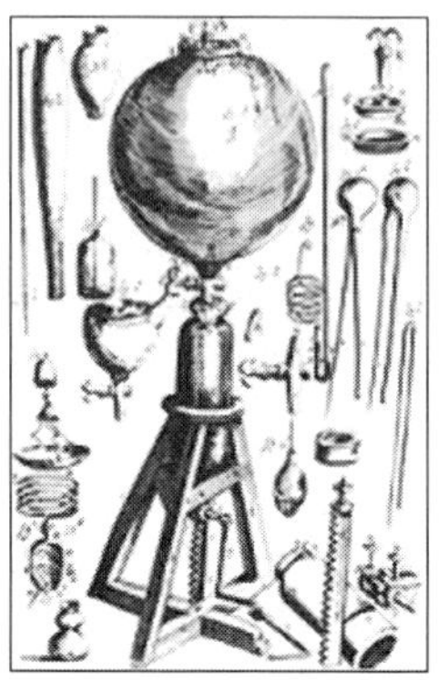

보일이 사용한 공기 펌프

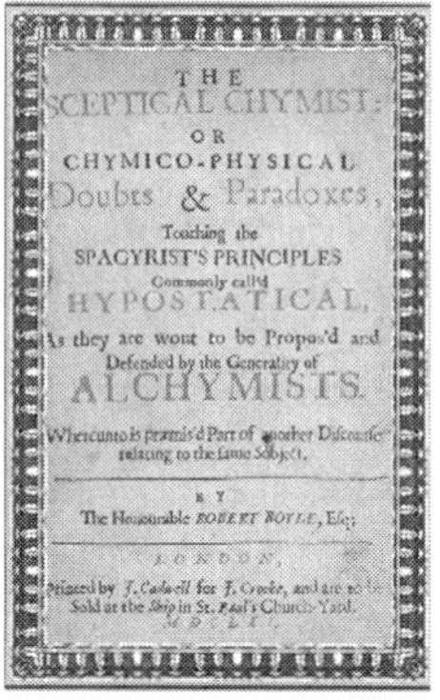

THE
SCEPTICAL CHYMIST:
OR
CHYMICO-PHYSICAL
Doubts & Paradoxes,
Touching the
SPAGYRIST'S PRINCIPLES
Commonly call'd
HYPOSTATICAL,
As they are wont to be Propos'd and
Defended by the Generality of
ALCHYMISTS.
Whereunto is præmis'd Part of another Discourse
relating to the same Subject.
BY
The Honourable ROBERT BOYLE, Esq;
LONDON,
Printed by J. Cadwell for J. Crooke, and are to be
Sold at the Ship in St. Paul's Church-Yard.
MDCLXI.

회의적인 화학자 표지

일반화학실험

색소의 분리와 흡광 분석

핵심 내용

- 역상 크로마토그래피, 극성, 비극성, 분배, 소수성 상호작용
- 흡광 분석, Beer의 법칙, 흡광도, 검정 곡선

관련 자료

표준 일반화학실험 제6개정판(대한화학회) 실험 8 "크로마토그래피"
Principles of Modern Chemistry, 6th Ed.(Oxtoby 외)
Ch 14. Chemical Equilibrium
생명의 화학, 삶의 화학(김희준 외)
7장. 물질의 상태와 성질
9장. 평형 반응
A Production of Amino Acids Under Possible Primitive Earth Conditions
(S. L. Miller, Science May 15, 1953, pp. 528-529)

실험 목표

이 실험에서는 두 가지 식용 색소를 역상 크로마토그래피로 분리하면서 극성, 비극성, 소수성 상호작용, 분배 등의 원리를 익힌다. 그리고 분리된 색소를 흡광 분석으로 분리하고 Beer의 법칙, 흡광도, 검정 곡선 등 주요 개념을 체험적으로 학습한다.

배경

분리와 분석은 화학에서 아주 중요한 의미를 지닌다. 왜 분석 물리학이라는 분야는 따로 없는데 분석화학이라는 분야는 화학의 한 분야로 독립되어 있는 것일까? 그 이유는 물리학과는 달리 화학의 궁극적인 관심사는 원자의 재배열을 통한 화학적 변화에 있기 때문이다. 그리고 화학적 변화는 새로운 화합물의 생성을 의미하기 때문에 화학적 변화를 조사하기 위해서는 반응물과 생성물의 종류와 양적 변화를 측정하는 것이 필수적이다. 그런데 분석을 위해서는 대상 물질을 우선 분리하는 것이 유리하다. 다른 물질과 섞여 있을 때보다 순수할 때 관찰하기가 쉽기 때문이다. 따라서 화학에 있어서 분리는 아주 중요한 의미를 지닌다. 한편 화합물의 다양성은 분리를 어렵게 한다. 그래서 화합물의 특성을 잘 이용하여 다양한 분리 방법을 적절히 활용하는 것이 바람직하다.

원자 세계에서 수소는 여러모로 특이한 위치를 차지하고 있으며 특이한 성질을 나타내는데, 수소는 분리에 있어서도 중요한 역할을 한다. 그 이유를 잠깐 살펴보자. 전자를 매개로 하여 이루어지는 화학 결합의 특성은 전자가 어느 쪽으로 끌리는가에 따라 크게 좌우된다. 그런데 모든 원자는 공유된 전자를 자기 쪽으로 끌어당기는 정도(전기음성도)가 제각기 다르기 때문에 공유 결합의 특성은 상당히 다양하게 나타난다. 그리고 이러한 화학 결합의 다양성은 궁극적으로 화학적 반응성과 물성이라는 면에서 우리 주위 물질 세계의 놀라운 다양성으로 나타난다.

수소는 여기에서도 개성을 발휘한다. 왜냐하면 수소는 인과 함께 비금속 원소 중에서 가장 전기음성도가 낮은(2.1) 원소의 족에 속하기 때문이다. 그도 그럴 것이 수소가 전자를 내어 주면 대단히 안정한 입자인 양성자가 되기 때문이다(중성자는 반감기가 15분 정도밖에 안되지만 양성자의 반감기는 측정할 수 없을 정도로 길다). 따라서 수소가 다른 비금속 원소(탄소 및 황 2.5, 질소 및 염소 3.0, 산소 3.5)와 만드는 공유 결합의 극성은 아주 다양하다. 즉, 수소와 산소(물에서 같이), 염소(염화 수소), 질소(암모니아) 사이의 공유 결합은 극성을 가지고, 수소와 탄소 사이의 결합은 극성이 낮다. 이러한 특징은 물질의 분리에 중요한 요소로 이용된다.

분리에 가장 광범위하게 사용되는 방법은 크로마토그래피이다. 대부분 크로마토그래피의 핵심 원리는 극성은 극성끼리, 비극성은 비극성끼리 잘 섞인다는 점이다. 따라서 고정상과 이동상의 극성이 크게 다를 때 분리하고자 하는 물질은 두 상에 다르게 분배된다. 이러한 분배의 평형이 연속적으로 일어나면서 극성이 다른 물질 사이의 분리가 이루어진다. 극성이 높은 실리카 젤(silica gel), 알루미나(alumina),

종이 등을 정지상(stationary phase)으로, 극성이 낮은 유기 용매를 이동상(mobile phase)으로 사용하는 정상 크로마토그래피(normal phase chromatography, 역사적으로 먼저 발전되었음)에서나, 고정상으로 극성이 낮은 탄화 수소(−$C_{18}H_{37}$ 또는 −C_8H_{17})를, 이동상으로 극성이 높은 수용액을 사용하는 역상 크로마토그래피(reversed phase chromatography)에서나 결국 수소−탄소 화합물을 비극성 물질로 사용하고, 수소−산소 화합물(물), 수소−질소 화합물(염기), 수소−염소 화합물(산)을 극성 물질로 사용한다.

뿐만 아니라 수소는 분리 대상 물질의 특성을 크게 좌우한다. 분석 물질이 산성이나 염기성을 띠는 경우가 많기 때문이다. 역사적으로 크로마토그래피가 중요한 역할을 한 실험이 많이 있다. 왓슨과 크릭에 의한 DNA의 이중 나선 구조 발견은 20세기에서 가장 중요하고 또한 가장 유명한 발견 중의 하나라고 볼 수 있다. 그런데 이 발견의 중요한 배경에는 모든 DNA에 아데닌(adenine)과 타이민(thymine)이, 그리고 구아닌(guanine)과 사이토신(cytosine)이 같은 몰수로 들어 있다고 하는 샤가프의 발견이 자리잡고 있다. 이 소위 샤가프 규칙(Chargaff rule)의 발견에 종이 크로마토그래피가 사용되었는데, 그것은 분리하고자 하는 A, T, G, C는 모두 염기로서 수소와 결합하여 높은 극성을 나타내기 때문에 종이 표면에 흡착된 물과 상호작용을 하기 때문이다.

요즘은 정지상이 비극성인 역상 크로마토그래피가 더 많이 사용된다(참고 자료). 역상 크로마토그래피의 원리는 −$C_{18}H_{37}$ 정지상으로 채워진 카트리지(cartridge)를 사용해서 쉽게 이해할 수 있다. 다음의 구조를 가진 청색, 황색 두 식용 색소를 물에 녹이고 일부를 취해 카트리지 위쪽에 로딩(loading)한다. 그리고 물을 흘리면 극성이 높은 황색 색소는 물과 함께 흘러나오고, 극성이 낮은 청색 색소는 −$C_{18}H_{37}$ 기와 강하게 상호작용하여 카트리지 상단에 남게 된다. 황색 색소가 다 흘러나온 다음에 20% 정도의 메탄올이나 에탄올을 섞은 물을 흘리면 청색 색소가 빠져나온다. 색소의 소수성 부분과 메틸기 또는 에틸기 사이의 상호작용을 눈으로 보는 셈이다. 이 실험에서는 C18 카트리지를 사용해서 색소를 분리해 보고, 흡광 분석으로 정량한다. 한편 이렇게 분리해서 구한 색소의 혼합 비율을 혼합 용액의 흡수 스펙트럼으로부터 계산한 혼합 비율과 비교해본다.

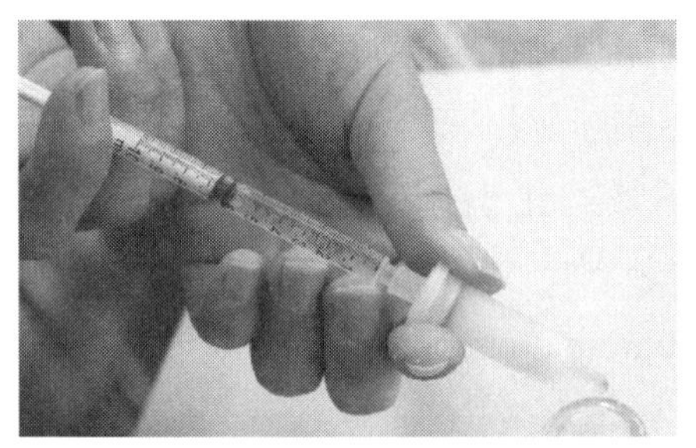

C18 카트리지를 사용한 색소의 분리

청색 색소

황색 색소

실험 기구 및 시약

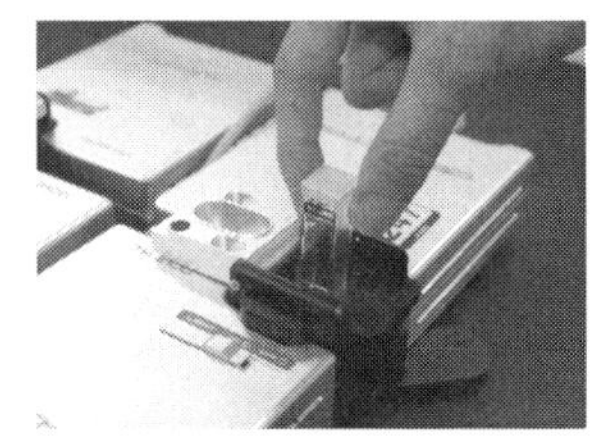

분광광도계, 큐벳, C18 카트리지, 10 mL 시린지, 피펫(1.0 mL, 10 mL), 50 mL 용량 플라스크, 비커, 황색 색소(Y) 용액(분자량 452.4; ~6.67 mg/L), 청색 색소(B) 용액(분자량 792.9; ~6.67 mg/L), Y와 B의 혼합 용액(M)(미지의 비율), 30% 에탄올, 증류수

실험 과정

실험 1. 혼합 용액의 흡광 분석

(1) 큐벳을 증류수로 2/3 정도 채우고, 광원과 검출기 사이에 넣는다. 컴퓨터에서 REFERENCE, MEASURE 순으로 클릭하여 모든 파장에서 흡광도가 0이 되는 것을 확인한다.

(2) 용액 Y, B, M을 각각 증류수로 열 배 묽히고, 450 nm ~ 650 nm 사이에서 20 nm 간격으로 흡광도를 측정한 다음, 한 그래프에 세 개의 스펙트럼을 용액

색과 비슷한 색의 펜으로 그린다.

(3) 각 색소의 최대 흡수 파장에서 몰흡광 계수(molar extinction coefficient)를 구한다.

(4) (2)에서 열 배 묽힌 용액 Y와 용액 B를 다시 2/3, 1/3로 묽히고 흡광도를 측정한 다음, 세 점을 사용하여 검정 곡선을 그린다. 검정 곡선으로부터 10배 묽힌 용액 M에 들어 있는 각 색소의 몰수, 용액 Y와 용액 B의 혼합 비율, 그리고 M 1.0 mL에 들어 있는 각 색소의 몰수를 계산한다.

실험 2. 색소의 분리와 흡광 분석

(1) 30% 에탄올 수용액 5 mL 정도를 10 mL 시린지에 채워서 C18 카트리지를 연결하여 씻고 다시 5 mL 정도의 증류수로 씻는다.

(2) 피펫으로 1.0 mL의 용액 M을 카트리지에 연결된 10 mL 시린지에 채운 다음, 밀대(plunger)로 밀어 내어 시료 전체를 카트리지 상층부에 로딩한다.

(3) 시린지에 증류수를 넣고 밀대로 서서히 밀어 내면서 먼저 흘러 나오는 황색 색소를 50 mL 용량 플라스크에 받는다. 눈금까지 증류수를 채우고 잘 섞은 다음 흡광도를 측정한다.

(4) 시린지에 남은 증류수를 버리고 30% 에탄올로 청색 색소를 용리(elution)하면서 50 mL 용량 플라스크에 받은 후 눈금을 기록하고 잘 섞은 다음 흡광도를 측정한다. 이때는 30% 에탄올을 사용해서 REFERENCE를 잡아야 한다.

(5) 흡광도로부터 용량 플라스크 속 색소의 몰수를 구하고, 이 값을 실험 1에서 구한 같은 색소의 몰수로 나누어 회수율을 계산한다.

실험 보고서

학과 ________ 학번 ________ 이름 ________ 일자 ________ 실험조 ________

실험 1. 혼합 용액의 흡광 분석

(1) 세 가지 묽힌 용액의 스펙트럼

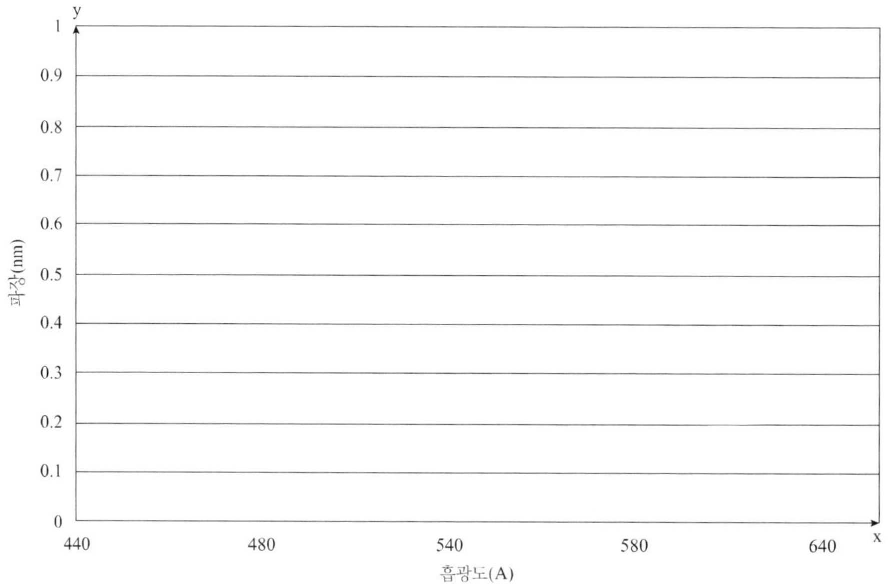

(2)	Y 용액	B 용액	M 용액
몰농도(M)	( )	( )	( )
최대 흡수 파장(nm)	( )	( )	( )
흡광도	( )	( )	( )
몰흡광 계수(M^{-1} cm^{-1})	( )	( )	( )

(3) 검정 곡선

Y 용액　　　　　　　　　　B 용액

(4) M 용액에 들어 있는 색소 Y의 몰수 = (　　　　　)

(5) M 용액에 들어 있는 색소 B의 몰수 = (　　　　　)

(6) M 용액에 들어 있는 색소 Y와 색소 B의 몰비율 = (　　　) : (　　　)

(7) M 용액 1.0 mL에 들어 있는 색소 Y의 몰수 = (　　　)

(8) M 용액 1.0 mL에 들어 있는 색소 B의 몰수 = (　　　)

실험 2. 색소의 분리와 흡광 분석

(1) 50 mL Y 용액의 흡광도 = (   )

(2) 50 mL B 용액의 흡광도 = (   )

(3) 50 mL Y 용액에 들어 있는 색소 Y의 몰수 = (   )

(4) 50 mL B 용액에 들어 있는 색소 B의 몰수 = (   )

(5) 색소 Y의 회수율 = (   )

(6) 색소 B의 회수율 = (   )

일반화학실험

08 아이오딘 적정에 의한 비타민 C 분석

핵심 내용

- 산화–환원 적정
- 당량점, 종말점
- 생물학적 환원제로서의 비타민 C

오렌지 주스

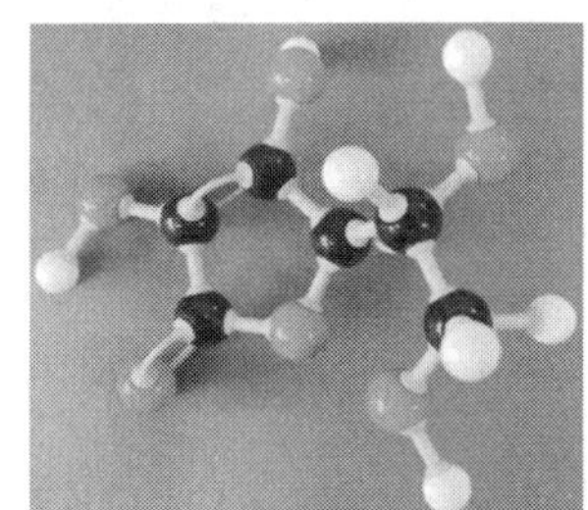

아스코브산

관련 자료

표준 일반화학실험(제6개정판)

실험 15 산화–환원 적정 : 과망간산법

Principles of Modern Chemistry, 6th Ed.(Oxtoby 외)

Ch 11. Solutions

생명의 화학, 삶의 화학(김희준 외)

9장. 평형 반응

실험 목표

아이오딘의 환원에 의한 아스코브산(ascorbic acid)의 산화 반응을 이용하여 비타민 C를 분석하는 방법을 알아보고, 생화학적 환원제로서의 비타민 C의 역할을 체험한다. 또한 열에 의한 비타민 C의 파괴 속도를 테스트한다.

배경

괴혈병은 비타민 C, 즉 아스코브산 결핍증이다. 괴혈병에서 관찰되는 증상은 '전신 피로감, 하품, 호흡곤란, 두통, 메스꺼움, 변비, 우울증, 식욕감퇴, 잦은 혈관 출혈, 잇몸 출혈, 월경불순, 뼈나 관절 통증, 출혈, 창백증 빈혈, 뼈의 연화' 등이다.

히포크라테스(Hippocrates)의 저서에도 괴혈병 기록이 있고 십자군 원정대, 신대륙 탐험대, 아프리카 희망봉을 돌아서 장기간 항해를 하던 선원들, 북미에서는 서부 개척자와 남북 전쟁 때, 흉년과 기근 시에 괴혈병 환자가 많았다고 한다. 최근에도 전쟁 및 분쟁 때문에 세워진 아프리카의 다섯 군데의 난민 수용소 인원의 상당수가 괴혈병에 시달렸고 산모 및 노인들이 특히 심하였다.

이런 괴혈병이 신선한 야채나 과일을 섭취함으로써 치료되며 예방된다는 것을 경험적으로 알게 되어 리벡(Jan van Riebeeck)은 1652년, 남아프리카의 희망봉 근처에 케이프타운(Cape Town)이라는 도시를 건설하여, 희망봉을 돌아서 항해하던 네덜란드 동인도 회사(Dutch East India Company) 소속 선원들에게서 발생하던 괴혈병을 치료해 주고 신선한 야채와 과일을 선박에 공급해 주었다고 한다.

또 블레인(Sir Gilbert Blane)은 1795년 영국 의회에서 영국 해군 병사에게는 하루 반 온스의 라임 주스(lime juice)를 의무적으로 공급할 것을 명하는 법률을 제정한 바 있으며, 영국 상선의 선원도 이 규정을 지켜야 한다는 법률이 1844년 영국 의회를 통과하였다. 영국 해병의 별명이 Limey인 것은 매일 라임 주스를 먹지 않으면 안 된다는 이 규정에서 유래하였다. 이처럼 영국은 일찍이 괴혈병의 심각성을 인식하여 이를 예방하고 치료할 수 있었기에 막강한 해군력을 보유한 Pax Britanica 시대를 유지할 수 있었을 것이다.

이상과 같이 괴혈병의 발병 기전(mechanism)이 명확히 밝혀지기 전에도 괴혈병의 원인, 치료 및 예방법의 원칙이 이미 확립되었다. 1932년이 되어서야 젠트-교르기(Szent-Gyorgyi)에 의해 괴혈병을 예방하고 치료할 수 있는 물질은 비타민 C라는 것이 밝혀졌고, 현재에는 구조와 특성, 작용 기전까지도 밝혀졌다.

비타민 C의 화학적 성격을 살펴보면 L-ascorbic acid는 dehydro-L-ascorbic

acid로 쉽게 산화된다. 또 dehydro-L-ascorbic acid는 2,3-diketo-L-gulonic acid로 산화된다.

L-ascorbic acid와 dehydro-L-ascorbic acid 사이의 변환은 가역적 산화, 환원 변환이지만 dehydro-L-ascorbic acid이 2,3-diketo-L-gulonic acid로 산화되는 것은 비가역적 반응이다. 즉 비타민 C는 dehydroascorbic acid로 산화되면서 다른 물질을 환원시키는 환원제로서 작용할 수 있는 물질이다.

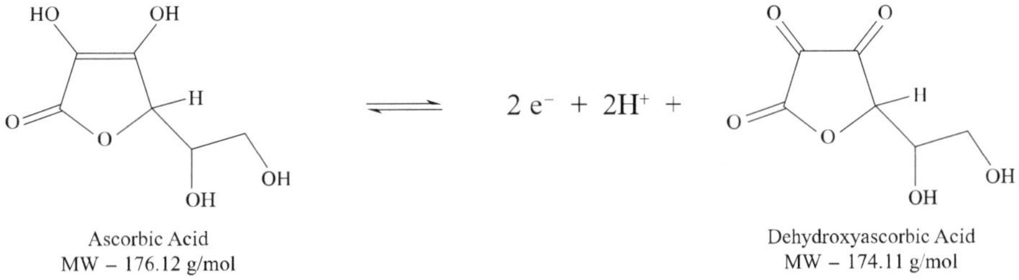

$$\text{Ascorbic Acid} \rightleftharpoons 2e^- + 2H^+ + \text{Dehydroxyascorbic Acid}$$

Ascorbic Acid
MW – 176.12 g/mol

Dehydroxyascorbic Acid
MW – 174.11 g/mol

비타민 C는 동물의 콜라젠(collagen)을 합성하는 데 필수적이다. 비타민 C가 부족하면 콜라젠 합성 과정이 차단되어 괴혈병의 전형적 증상인 출혈, 감염 및 뼈의 연화 등의 증상이 나타난다(콜라젠은 혈액 응고에 관여하는 물질이다).

콜라젠을 합성하는 효소는 2가 상태의 철분(Fe^{2+})과 느슨하게 결합하고 있어야 활성형 효소로 작용하며, 철분이 산화되어 3가 상태(Fe^{3+})로 변하면 활성이 없어진다. 아스코브산은 3가 상태(Fe^{3+})의 철분을 2가 상태(Fe^{2+})로 환원시켜 주며, 효소의 성분인 −SH기를 환원 상태로 유지시켜 주는 기능이 있기 때문에 콜라젠 합성을 도와주는 조효소(coenzyme) 구실을 한다.

이와 같이 비타민 C가 강력한 환원력을 지닌 물질이기 때문에 콜라젠 합성을 도와줄 수 있으며, 이 외에도 산화–환원 반응이 개입된 중요한 생명현상이 있다면 비타민 C가 필요할 것이라는 것을 예상할 수 있을 것이다.

이 실험에서는 비타민 C와 아이오딘의 산화, 환원 반응을 이용하여 시중에 유통되고 있는 오렌지 주스 또는 드링크제의 비타민 C의 함량을 확인해보도록 한다. 이때 지시약으로는 녹말 용액을 사용하여 비타민 C와 반응하고 남은 아이오딘 녹말과 반응하여 색을 띠게 함으로써 종말점을 찾는다. 아이오딘 분자는 물에 약간만 녹지만(20°C에서 1.33×10^{-3} M), 아이오딘화 이온과 착물을 형성하면 용해도는 크게 증가한다.

$$I_2(aq) + I^- \rightleftharpoons I_3^- \qquad K = 7 \times 10^2$$

이번 실험에서는 비타민 C를 과량의 KI 존재하에 표준 물질 KIO_3로 적정한다. 이 과정에서 먼저 IO_3^- 이온은 아이오딘화 이온 I^-를 산화시켜 I_2로 만들고, I_2에 의해 비타민 C가 산화된다. 여러분이 비타민 C를 처음 발견한 젠트-교르기라 상상하고 아이오딘 적정의 결과로부터 비타민 C의 분자량을 결정하려고 한다고 생각해도 좋을 것이다.

$$IO_3^- + 5I^- + 6H^+ \rightarrow 3I_2 + 3H_2O$$

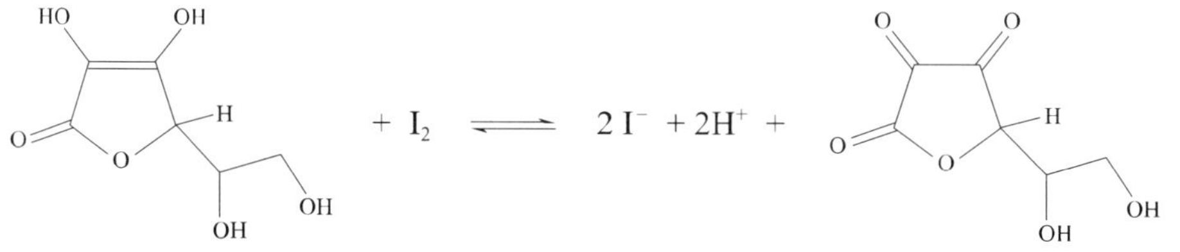

$$\text{(ascorbic acid)} + I_2 \rightleftharpoons 2I^- + 2H^+ + \text{(dehydroascorbic acid)}$$

전체 반응은 다음과 같다.

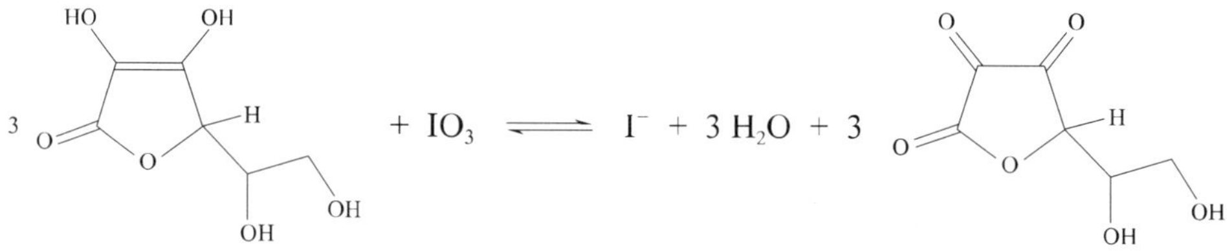

$$3\,\text{(ascorbic acid)} + IO_3 \rightleftharpoons I^- + 3\,H_2O + 3\,\text{(dehydroascorbic acid)}$$

모든 비타민 C가 소비되고 나면 I_2가 녹말 지시약과 반응하여 푸른색의 아이오딘-녹말 착물을 형성한다.

실험 기구 및 시약

50 mL 뷰렛, 스탠드, 클램프, 10 mL 피펫, 열교반기, 100 mL 비커, 유리 바이알 여섯 개, 100 mL 삼각 플라스크, 100 mL 용량 플라스크, 250 mL 용량 플라스크, KI, KIO_3, 아스코브산(L-ascorbic acid, MW 176.13), 1% 녹말 수용액, 3 M H_2SO_4 용액, 비타민 C 드링크

실험 과정

※ 시약 준비

1. 1% 녹말 용액(지시약)
   0.5 g 수용성 녹말을 50 mL 증류수에 넣고 열교반기에서 가열하면서 녹인다. 잘 섞어주고 사용하기 전에 식힌다(조교가 만들어 공동으로 사용).
2. 아이오딘 용액
   약 3 g의 KI와 약 0.15 g(0.001 g까지 측정) KIO_3를 250 mL 용량 플라스크에 넣고 약간의 물로 녹인 다음 3 M 황산 용액 약 10 mL를 가하고, 증류수로 250 mL까지 채우고 잘 섞는다.
3. 아스코브산 용액
   용량 플라스크를 사용하여 약 0.1 g(0.001 g까지 측정) 아스코브산을 증류수에 녹인 용액 100 mL를 만든다.

실험 1. 아스코브산 용액의 아이오딘 적정

(1) 100 mL 삼각 플라스크에 각자 만든 아스코브산 용액 20 mL를 넣는다.
(2) 1% 녹말 용액을 열 방울 정도 가한다.
(3) 아이오딘 용액 약 1 mL로 뷰렛의 내부 벽을 헹구어 버리고, 새로 채워 넣는다.
(4) 종말점(푸른색이 나올 때)까지 용액을 적정한다(푸른색이 보였을 경우 20초간 흔들어서 유지가 됐을 때 이를 종말점으로 한다).
(5) (1) ~ (4) 과정을 한번 반복한다.

실험 2. 비타민 C 드링크의 아스코브산 분석

(1) 드링크 10 mL를 증류수로 열 배 묽힌다.
(2) 100 mL 삼각 플라스크에 20 mL를 옮긴다.
(3) 1% 녹말 용액을 열 방울 정도 가하고, 위와 같이 아이오딘 용액으로 적정한다.

실험 3. 아스코브산의 열파괴 속도

(1) 실험 시작 전에 열교반기를 켜서 미리 뜨겁게 준비해 놓는다.
(2) 유리 바이알 여섯 개에 위의 아스코브산 용액을 10 mL 씩 넣고 수면의 위치를 마커펜으로 표시한다.
(3) 바이알들을 동시에 열교반기에 올려놓고 끓기 시작하면 시간을 측정하기 시

작하면서 0, 10, 20, 30, 45, 60분에 하나씩 꺼내서 바이알을 찬물에 넣어 식힌다. 이때 따로 작은 비커에 증류수를 끓이면서 10 mL 부피가 대략 유지되도록 바이알에 끓는 물을 가한다.

(4) 바이알에 들어 있는 아스코브산을 위와 같이 아이오딘 용액으로 적정한다.

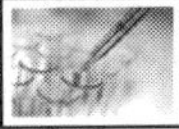

실험 보고서

학과 ______ 학번 ______ 이름 ______ 일자 ______ 실험조 ______

실험 1. 아스코브산 용액의 아이오딘 적정

실험 1에서 아스코브산의 분자량(MW 176.13)을 모른다고 가정하고, IO_3^-와 반응한 적정 결과로부터 분자량을 결정하라. 물론 아스코브산과 IO_3^-가 3 : 1로 반응하는 것은 알고 있다고 가정한다.

실험 2. 비타민 C 드링크의 아스코브산 분석

드링크에 들어 있는 아스코브산의 양을 계산하고, 레이블에 표기된 양과 비교하라.

실험 3. 아스코브산의 열파괴 속도

10 mL 부피의 용액에 남아 있는 아스코브산의 양을 가열 시간에 대해 그래프로 나타내고 이 반응의 차수를 생각해보라.

참고 자료

1. 비타민 C 발견에 얽힌 이야기

1498년에 바스코다가마(Vasco da Gama)는 아프리카 남단 희망봉을 돌아 인도로 가는 항로를 개척하는 항해를 이끌고 있었다. 그 항해 도중 160명의 선원 중 거의 100명이 괴혈병으로 사망했다. 1593년에는 호킨스경 지휘 하의 대영제국 해군에서 만 명 정도의 선원이 괴혈병으로 사망했다. 그때 괴혈병의 전염을 두려워한 선장은 괴혈병에 걸린 어떤 선원을 무인도에 버렸는데, 이 선원이 식물의 순을 따먹고 나서 괴혈병에서 회복되고 기운을 차려 구조된 일이 있었다. 그 일은 오래 잊혀졌는데 1753년에 영국 해군 의무관인 제임스 린드는 신선한 야채와 과일로 괴혈병을 치료할 수 있는 것을 발견했다. 그러나 장기간 항해를 해야 하는 해군에서 레몬 주스를 일상적으로 사용한 것은 그로부터 약 100년 후의 일이다. 장기 보관을 위해 레몬 주스를 끓여서 저장해야 했는데, 오래 끓이면 비타민 C가 손실되는 것을 몰랐기 때문에 끓이는 정도가 매번 달랐고 결과적으로 레몬 주스의 효과에 확신을 가질 수 없었던 것이다. 한편 지상에서는 신대륙으로 이주한 유럽인들이 인디언들이 갖다준 솔잎차 덕분에 신선한 야채와 과일이 없는 혹독한 겨울을 괴혈병 없이 넘겼다고 한다. 물론 육상에서건 해상에서건 식물에 들어 있는 어떤 물질이 이런 놀라운 효과를 나타내는지는 알지 못했다.

1927년 젠트-교르기는 양배추에서 환원성 탄수화물을 발견했다. 한편 미국 피츠버그 대학의 생화학자 글렌 킹(Glen King)은 레몬 주스에서 같은 물질을 추출하고, 이 물질이 실험 동물인 기니피그(guinea pig)의 괴혈병을 없애주는(antiscorbutic) 것을 관찰했다. 그리고 1932년에는 이 물질을 결정 상태로 얻고 화학식을 발표했다. 바로 15일 후 젠트-교르기도 이 물질이 단일 녹는점을 나타내는 단일 물질인 것을 발표했다. 처음에 젠트-교르기는 부신(副腎, adrenal gland)에서 추출한 물질로 동물 실험을 했는데 부신에서 어렵게 추출한 1 mg 양으로는 실험을 1주일 밖에 할 수 없었다. 그런데 하루는 그의 부인이 고향 헝가리에 많은 파프리카를 쓰면 어떻겠냐고 제안했다. 비타민 C가 풍부한 파프리카로부터는 1 kg 정도의 양을 얻을 수 있었다.

초기 논문을 발표할 때 젠트-교르기는 장난기를 발휘해서 아직 분자 구조가 밝혀지지 않은 이 물질을 이그노스(ignose)라고 불렀다. 무지를 뜻하는 ignorant와 포도당, 설탕을 glucose, sucrose라고 하는 것처럼 분자량이 작은 탄수화물의 어미에 사용되는 -ose를 합성한 것을 심사위원이 받아들이지 않자 이번에는 신(god)만이 구조를 안다(knows)는 뜻에서 god-nose라는 이름을 시도했다. 지금은 비타민 C, 또는 괴혈병(scurby)을 없애는(a-) 산성 물질이라는 뜻으로 아스코브산(ascorbic acid)이라 흔히 부른다. 젠트-교르기는 1937년 노벨 생리의학상을 수상했다. 킹은 노벨상에서 제외된 데 실망하지 않고 이 물질의 영양학적 연구에 헌신했다. 1937년 노벨 화학상은 아스코브산의 상세한 분자 구조를 규명한 오스트랄리아의 헤이워스에게 수여되었다. 이 연구를 하는 과정에서 개발된 호워스 도식(Haworth diagram)은 지금도 탄수화물에서 여러 작용기의 입체적 배치를 나타내는 데 중요하게 사용된다. 호워스는 아스코브산의 화학적 합성에도 성공했다.

젠트-교르기(Szent-Gyorgyi, 1893-1986) 1937년 노벨 생리의학상

호워스(Walter Haworth, 1883-1950) 1937년 노벨 화학상

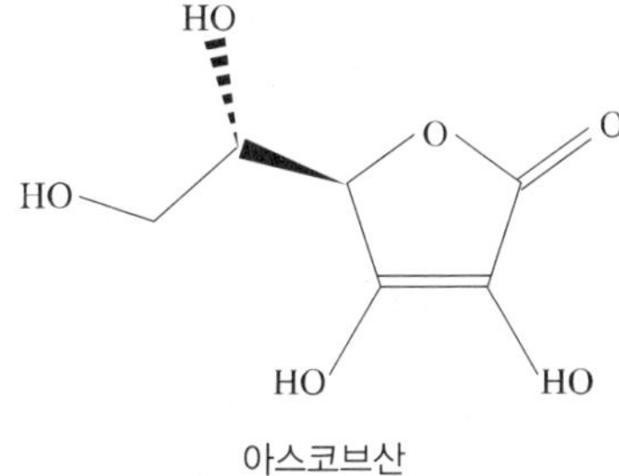

아스코브산

예제 8.1

젠트-교르기는 정제된 아스코브산의 분자량을 결정하는 데 적정(滴定, titration) 방법을 사용했다. 이 물질 5.0 mg을 3.0 cc의 물에 녹인 용액을 페놀프탈레인을 지시약으로 해서 0.0216 N NaOH 용액으로 적정하는 데 당량점까지 1.51 cc가 들어갔다. 분자량은 얼마로 계산되었을까?

풀이

적정에 들어간 NaOH의 몰수

$= 0.0216\ \text{mol/L} \times 0.00151\ \text{L} = 0.0326\ \text{mmol}$

아스코브산 5.0 mg이 0.0326 mmol에 해당하므로 아스코브산 1 몰은 5.0/0.0326 = 153그램이고, 얻어진 아스코브산의 분자량은 153이다. 미량을 다루다 보니 실제 분자량 176과 10% 이상 오차가 있다.

예제 8.2

젠트-교르기는 위의 적정 후 33% 아세트산과 녹말 용액을 한 방울 씩 넣고 산화-환원 적정을 하였는데 0.0100 N 아이오딘 용액 5.66 cc가 들어갔다. 아스코브산의 분자량은 얼마로 계산되었을까?

풀이

적정에 들어간 아이오딘의 당량수

= 0.0100당량/리터 × 0.00566리터 = 0.0566밀리당량

아스코브산 5.0밀리그램이 0.0566밀리당량에 해당하므로 아스코브산 1당량은 5.0/0.0566 = 88그램이다. 아이오딘은 산화-환원 과정에서 전자를 한 개 주고 받지만 산소는 두 개 주고 받는다. 따라서 아스코브산의 분자량은 당량의 두 배인 176이다.

2. 비타민 C의 작용 기전

비타민 C가 왜 필수 영양소이며 얼마나 공급되어야 하는지를 이해하기 위해서는 산소와 생명 현상과의 관계를 살펴보아야 할 것이다.

식물과 동물은 에너지를 이용하면서 그 부산물인 전자를 산소라는 쓰레기통에 버린다. 그 결과 산소는 물로 변한다. 산소가 생명현상의 유지에 필수적이기는 하지만, 언제나 유익한 것은 아니다. 완전히 환원되지 않고 부분적 환원 상태로 존재하는 산소를 활성 산소(reactive oxygen, oxygen free radical)라 하고, 이 활성 산소는 반응성이 높아서 반감기가 아주 짧은 물질이며, 체내에 존재하는 산소의 1 ~ 5% 정도가 활성 산소로 존재한다. 이 활성 산소에 의한 피해를 산화제 스트레스(oxidant stress)라 한다. 고등 생명체는 에너지를 얻기 위해 산소를 전자 처리용 하수구로 유익하게 이용하지만, 그 부작용인 산화제 스트레스를 감수해야 한다.

활성 산소(과산화 음이온, 과산화 수소, 하이드록시 라디칼, 하이포아염소산염, 단일항 산소 등)는 세포 각 성분을 손상시키고 그 손상의 형태도 매우 다양하다. 예를 들면, 활성 산소는 세포막 지질을 과산화시키는데, 이 반응은 연쇄적으로 진행되어서 세포막 전체에 손상을 주며 과산화 지방질을 생성한다. 과산화 지방질(lipid peroxide)은 그 자체가 라디칼(radical)로서 각종 질병을 일으키며 상피세포막의 주성분인 hyaluronic acid를 파괴시켜 상피 조직에 장애를 주기도 한다. 또한 각종 단백질에 손상을 입혀 효소의 활성을 무력화시키며, DNA에도 직접적인 손상을 준다.

활성 산소는 이와 같이 세포 전반에 걸쳐 손상을 줄 수 있는 물질이다. 따라서 고등 생물체는 이런 산화제(oxidant)를 처리할 방어 기전을 갖추지 않으면 살아갈 수가 없다.

그런데 비타민 C가 바로 산화제 스트레스를 방어하는 물질인 것이다. 비타민 C 이외에도 비타민 A, beta-carotene, 비타민 E(tocopherol), Superoxide dismutase (SOD), peroxidase, catalase, reduced glutathione(GSH), glutathione peroxidase (selenocysteine) 등이 산화제 스트레스를 방어하는 물질들이다.

3. 비타민 C를 분석하는 다른 방법들

- DNP 방법(2,4-dinitrophenyl hydrazine 비색법)

  산화형 비타민 C는 DNP와 작용하고 황산 중에서 DNP는 탈수되어 bis-2,4-dinitrophenyl hydrazone의 적등색의 부수물로 변한다. 이를 비색 정량하여 비타민 C를 분석한다.
- 염색법

  비타민 C와 1 : 1로 반응한다고 알려진 염료(dye)를 비타민 C로 적정해서 분자량을 측정하여 보자. 비타민 C는 위의 배경에서 살펴본 것과 같이 강력한 환원제이고, 염료는 원래 rose pink 빛에서 환원되었을 때 무색으로 변하기 때문에 산화, 환원 아이오딘과 비타민 C의 산화–환원 반응을 이용한다.
- HPLC

  위의 방법들은 분석하고자 하는 물질이 다른 물질들과 섞여 있는 상태에서 분석 물질에만 적용되는 반응(specific reaction)을 이용하는 방법이다. 마치 올림픽 폐회식장에서 말씨를 가지고 한국인만을 골라내는 격이다. 이러한 방법에서는 다른 물질에 의한 방해(interference)가 문제의 소지로 남는다. 그보다는 한국인은 모두 어느 스탠드 아래로 모이게 하고(분리), 모인 사람 수를 세는 편이 정확한 결과를 얻는 데 유리할 것이다.

  요즘 간단한 유기 화합물에 많이 사용되는 분리 방법에는 HPLC(high performance liquid chromatography)가 있다. HPLC에서는 분리의 선택성과 검출의 선택성이 조합되어 원하는 물질만을 분석할 수 있게 된다. 올림픽 폐회식장에서 일단 한국인들을 한 자리에 모이게 하고(분리), 그 중에서 서울대 백팩(back pack)을 멘 사람을 집어내면(검출), 10만 명 관중 중에서 쉽사리 한 사람을 찾아낼 수 있을 것이다.

  비타민 C의 분석에는 reversed phase chromatographic column과 UV absorption

의 조합을 사용할 수 있다. 그러나 비타민 C가 약산인 점을 이용해서 약산의 분리에 유리한 이온 배제관(ion exclusion column)을 분리에 사용하고, UV absorption은 범용 검출기인데 비해 걸어준 전위차에서 산화가 되는 화학종만을 선택적으로 잡아내는 전기화학 검출기(electrochemical detector)를 사용하면 복잡한 식품 시료에서도 비타민 C를 높은 감도로 분석할 수 있게 된다. 아래의 예에서는 이온 배제 크로마토그래피-전기화학 검출(+0.6 V vs. Ag/AgCl 전극) 방법으로 비타민 C와 갈색 반응을 방지하기 위해서 넣어준 sulfite를 동시에 분석할 수 있음을 볼 수 있다.

J. Food Sci.
Kim $ Kim, 53, 1525, 1988

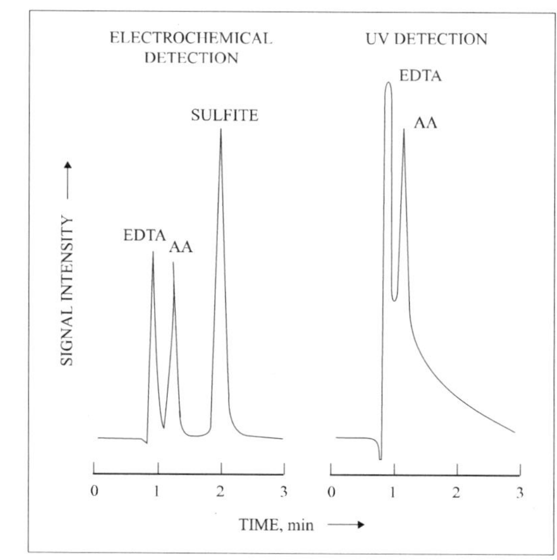

• 질량 분석기를 이용한 측정

질량 분석의 역사는 톰슨(J. J. Thomson)에 의한 전자의 질량/전하 비율의 측정으로 거슬러 올라간다. 그 후 톰슨과 그의 제자인 애스턴(Aston)은 질량/전하 비율의 측정을 원자까지 끌어올려서 Ne-20, Ne-22 등의 동위원소를 분리하고 이들의 비율까지 측정할 수 있게 되었다. 질량 분석기를 발전시킨 공로로 애스턴은 1922년 노벨 화학상을 받게 된다. 그 후 질량 분석기는 쉽게 기화될 수 있는 간단한 유기 화합물의 분석에 많이 사용되었다. 특히 기체 크로마토그래피로 분리를 거친 후 질량 분석기를 검출기로 사용하는 GC-MS(gas chromatography-mass spectrometry)는 유기 화합물의 분석뿐 아니라 구조를 밝히는 데에도 위력을 발휘했다. 유기 화합물에 전자를 충돌시켜서 이온화하는 과정에서 분자들이 구조에 따라 특이한 토막내기 방식(fragmentation pattern)을 나타내기 때문이다. 그런데 GC-MS는 쉽게 기화될 수 있는 물질에만 적용되고 단백질 같은 고분자에는 적용되지 못했다. 그러나 최근에 많이 사용되는 MALDI-TOF-MS(matrix-assisted laser desorption/ionization time-of-flight mass spectrometry)에서는 분자량이 수십만에 달하는 고분자의 질량 분석이 가능하다. 이 방법에서는 337 nm N2 laser의 에너지를 흡수할 수 있는 유기 화합물(matrix)과 분석하고자 하는 화합물(단백질, 펩타이드, 올리고뉴클레오타이드, 합성 고분자 등)의 혼합 용액 1 μL를 sample plate에서 말려서 co-crystal을 만든 다음, 337 nm N2 laser pulse로 탈착/이온화시킨다. 그리고 20 kV 정도의 전기장으로 이온들을 가속시킨 후 진공 상태에서 1 m 거리의 flight tube를 비행하여 검출기에 도달하도록 하고, 각각의 이온이 검출기에 도달하는 데 걸린 비행시간(time-of-flight)으로부터 분자량을 쉽게 구할 수 있다.

아래의 질량 스펙트럼은 서울대 공공기기원에 있는 MALDI-TOF 질량 분석기로 비타민 C를 찍어서 얻은 것이다. m/z 176 부근에서 검출된 이온은 양성자첨가(protonation)된 $(M+H)^+$에 해당한다. 그렇다면 이 실험에서 얻은 분자량의 정확도는 얼마인가?

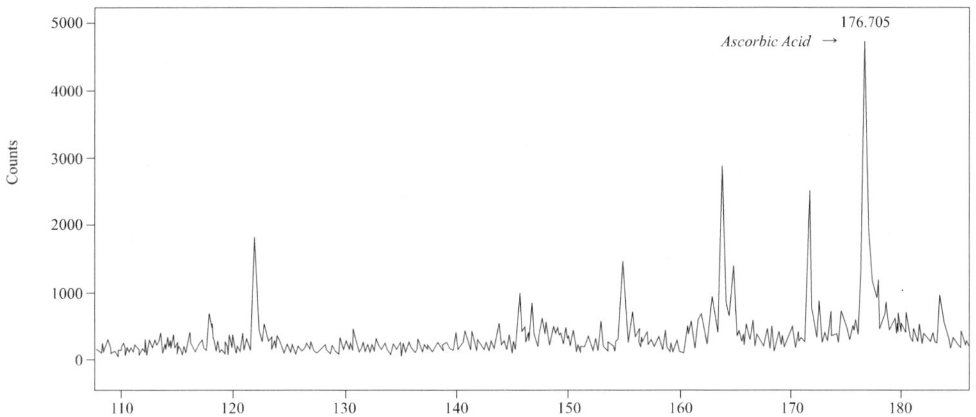

09 일반화학실험

헤스의 법칙

핵심 내용

- 열화학, 상태 함수, 엔탈피, 반응열, 비열용량
- 산과 염기의 중화 반응
- 헤스의 법칙

관련 자료

표준 일반화학실험 제6개정판(대한화학회) 실험 12 "엔탈피 측정"

Principles of Modern Chemistry, 6th Ed.(Oxtoby 외)

Ch 12. Thermodynamic Processes and Thermochemistry

생명의 화학, 삶의 화학(김희준 외)

8장. 화학 열역학

실험 목표

화학 열역학의 발전에서 중요한 헤스의 법칙을 실험적으로 확인하고 반응열과 엔탈피의 개념을 체험적으로 학습한다.

엔탈피 변화를 직접 조사할 수 없는 경우가 많지만 헤스의 법칙에 의해 간접적으로 측정할 수는 있다. 즉, 엔탈피가 상태 함수이기 때문에 출발 물질과 최종 물질이 같은 경우에는 어떤 경로를 통해서 만들더라도 그 경로에 관여된 엔탈피 변화의 합은 같다. 이 실험에서는 NaOH와 HCl의 반응을 단계적으로 진행시켜 각 단계의 엔탈피를 측정하고 엔탈피가 상태 함수임을 확인한다.

배경

자연의 법칙 중에서 열역학의 법칙은 한 점의 오차나 예외를 허용하지 않는 엄격한 법칙이다. 따라서 모든 화학 반응은 열역학 법칙에 따라서 예측 가능한 방향으로 진행하고 예측 가능한 결과를 만들어낸다. 신나(thinner)에 불을 그어대면서 이번에는 화재가 나지 않을 수도 있겠지 생각한다면 그처럼 어리석은 일이 없다.

화학에서 열은 아주 기본적이다. 화학의 궁극적인 관심은 원자의 재배열을 통한 물질의 변화에 있고, 물질의 변화에는 열의 출입이 수반되기 마련이다. 왜냐하면 화학 변화의 전후 상태에는 에너지의 차이가 있고 대부분의 경우에 그 에너지 차이가 열의 형태로 나타나기 때문이다.

화학 반응은 대부분의 경우에 일정한 압력 하에서 일어난다. 따라서 일정한 압력 하에서의 열 출입을 결정하는 엔탈피(enthalpy)가 중요한 양이다. 엔탈피는 현실적으로도 아주 중요하다. 밤새 호흡이 중단되어 열의 발생이 몇 시간 멈춘다면 아침에 우리는 싸늘한 시체가 되어 있을 것이다. 차에 휘발유를 넣고 달리는 경우를 생각해보자. 탄화수소가 연소해서 발생하는 이산화 탄소는 다행히 상온에서 기체이다. 그러나 다른 하나의 생성물인 물은 상온에서 액체이다. 따라서 탄화수소의 연소가 발열 반응이 아니라면 물이 수증기로 바뀌는 대신 액체 상태로 남아 있을 것이고, 엔진은 냉각수는 필요 없을지 몰라도 차는 추진력을 얻기 힘들 것이다. 우주선 추진 로케트의 경우도 마찬가지이다. 발생하는 열은 물을 기화시키고 이 수증기와 이산화 탄소의 팽창은 추진력을 제공한다. 따라서 어떤 물질이 연소할 때 얼마만한 열을 낼지는 실제적으로 중요한 문제가 된다. 어떤 로케트 연료를 얼마만큼 사용해야 지구의 중력을 벗어나는 데 필요한 추진력을 얻을 수 있는지 따져보지 않고 로케트를 발사할 수는 없는 노릇이다.

이와 같이 어떤 화학 반응에서 얼만큼의 열이 날지를 예측하기 위해서는 각 물질의 엔탈피를 알고 있어야 한다(엔탈피는 열에 관한 어떤 물질의 은행 잔고와도 같다). 그리고 엔탈피는 상태 함수이기 때문에 반응물과 생성물의 엔탈피를 알면 어느 화학 변화에 대한 엔탈피 변화를 계산할 수 있게 된다. 그런데 엔탈피 변화를 직접 조사할 수 없는 경우가 많이 있다. 탄소가 수소와 결합해서 탄화수소가 되는 경우의 엔탈피 변화는 얼마나 될까? 이런 반응은 쉽게 일어나지 않기 때문에 직접 측정하는 것은 불가능하고 대신 간접적인 방법을 쓰게 된다.

히말라야에 8천 미터 급의 새로운 봉우리가 발견되었다고 하자. 베이스 캠프 위쪽은 항상 구름에 덮여 있어서 베이스 캠프에서 정상까지의 높이를 직접 재기 어렵다고 하자. 이때 해면을 기준으로 베이스 캠프의 고도를 재고, 구름에 덮여있지 않은 반대쪽으로부터 해면에서 정상까지의 높이를 재면 그 차이로부터 베이스 캠프에서 정상까지의 높이를 계산할 수 있게 된다.

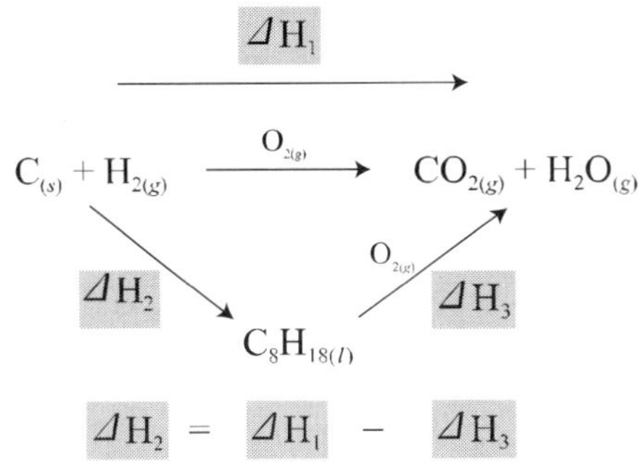

참고로 일반화학 교과서 부록에 나와 있는 여러 가지 화합물의 표준 생성 엔탈피(standard enthalpy of formation, ΔH_f^o)에 관한 표를 찾아보자. 그 중 많은 화합물은 직접 표준 생성 엔탈피를 재기 어렵다. 화석 연료 중에서 휘발유의 주성분인 옥테인(octane, C_8H_{18})을 생각해 보자. 탄소와 수소로부터 옥테인을 만드는 반응은 실험실에서 쉽사리 일어나지 않는다. 따라서 옥테인의 표준 생성 엔탈피를 직접 알 수는 없다. 그러나 탄소와 수소의 연소, 그리고 옥테인의 연소에 관한 엔탈피 변화를 측정하면 옥테인의 표준 생성 엔탈피를 알 수 있게 된다.

이와 같이 엔탈피가 상태 함수이기 때문에 출발 물질과 최종 물질이 같은 경우에는 어떤 경로를 통해서 만들지라도 그 경로에 관여된 엔탈피 변화의 합은 같다는 것을 헤스의 법칙(Hess's law)이라고 한다. 베르셀리우스에게서 화학을 공부한 러시아의 화학자 헤스는 많은 반응의 반응열을 측정하여 에너지 보존법칙이 확립되기 전에 경험적으로 헤스의 법칙을 이끌어냈다. 실제로 표에 나오는 많은 화합물의 표준 상태 엔탈피는 헤스의 법칙을 통해서 얻어진다.

헤스(Germain Henri Hess, 1802–1850) 상페테르부르크 기술대학 화학 교수 1840년에 헤스의 법칙 발표

화합물의 예금잔고에 해당하는 엔탈피를 조사하는 일은 대단히 중요하고, 따라서 헤스의 법칙도 화학에서 중요한 자리를 차지한다(주: 일단 일반화학 교과서에 소개되는 내용은 아주 중요하다고 보면 틀림없다. 예; 어는점 내림, 삼투압, 르샤틀리에의 원리, 깁스 자유 에너지...).

그런데 위의 옥테인의 경우로는 헤스의 법칙을 확인할 수 없다. 따라서 ΔH_1,

ΔH_2, ΔH_3 모두가 측정 가능한 경우를 찾아야 한다. 고체 NaOH의 용해열과 중화열은 간단히 측정할 수 있으며, 따라서 쉽게 헤스의 법칙을 확인할 수 있는 경우가 된다.

실험 기구 및 시약

250 mL 비커 세 개, 눈금 실린더, 온도계, 저울, 단열재 스티로폼, 고체 수산화 소듐 약간, 0.5 M NaOH, 0.5 M HCl, Mg turning, MgO

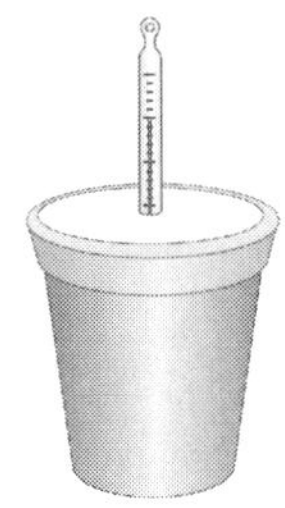

실험 과정

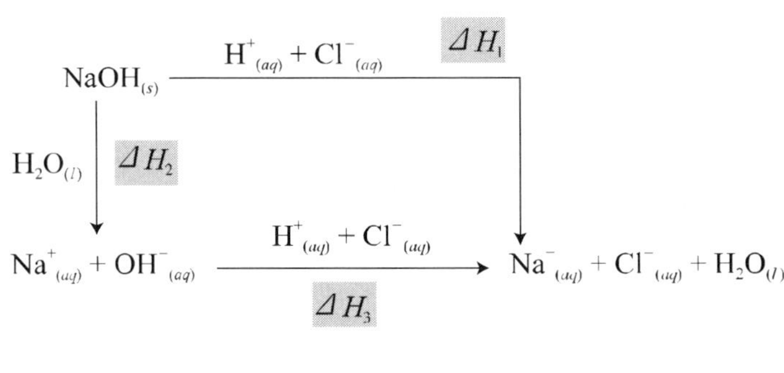

$$\Delta H_1 = \Delta H_2 + \Delta H_3$$

실험 1. 중화 반응

1. ΔH_1의 측정

(1) 깨끗한 250 mL 비커를 준비하고 0.1 g 단위까지 무게를 측정한다.

(2) 비커를 크기가 맞는 스티로폼 컵에 넣어 단열이 되게 한다.

(3) 1 M HCl 용액 100 mL을 넣고 0.1°C까지 온도를 측정하고 갓 채취한 NaOH 4.00 g을 넣어 흔들어 준다. 이때 미리 칭량 종이(weighing paper)의 무게를 재놓고 한꺼번에 넣는다.

(4) 가장 높이 상승했을 때의 온도를 기록하고 조금 기다린 후 비커의 무게를 측정한다.

2. ΔH_2의 측정

(3)의 과정에서 1 M HCl 용액 대신 증류수 100 mL을 넣고 (4) ~ (6)의 과정을 반복한다.

3. ΔH_3의 측정

(1) 깨끗한 250 mL 비커를 준비하고 0.1 g 단위까지 무게를 측정한다.
(2) 비커를 크기가 맞는 스티로폼 컵에 넣어 단열이 되게 한다.
(3) 2 M HCl 용액 50 mL을 넣고 0.1°C까지 온도를 측정한다.
(4) 메스실린더에 2 M NaOH 용액 50 mL을 넣고 HCl 용액의 온도와 같은지 확인한다.
(5) NaOH 용액을 재빨리 HCl 용액에 넣고 가장 높이 상승했을 때의 온도를 기록한다.
(6) 조금 기다린 후 비커의 무게를 측정한다.

실험 2. MgO의 표준 생성 엔탈피

1. ΔH_1의 측정

(1) 깨끗한 250 mL 비커를 준비하고 0.1 g 단위까지 무게를 측정한다.
(2) 비커를 스티로폼 컵에 넣어 단열이 되게 한다.
(3) 1 M HCl 용액 100 mL을 넣고 0.1°C까지 온도를 측정한다.
(4) Mg turning 0.60 g을 측정하여 비커에 넣고 완전히 반응될 수 있도록 잘 흔들어 준다. 이때 칭량 종이는 넣지 말고, Mg turning만을 넣도록 한다.
(5) 가장 높이 상승했을 때의 온도를 기록한다.
(6) 조금 기다린 후 비커의 무게를 측정한다.

2. ΔH_2의 측정

(1) 위의 (4)과정에서 Mg turning 0.60 g 대신 MgO 1.00 g를 비커에 넣고 (1) ~ (6)을 반복한다. 단, MgO을 넣을 때에는 칭량 종이의 무게를 미리 재고, 종이채로 한꺼번에 넣는다.

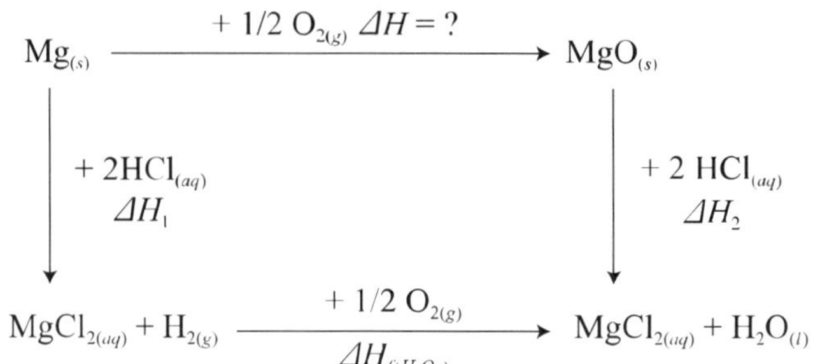

주의 사항

1. 이번 실험에서는 반응열로 인한 온도 변화를 정확히 측정해야 하므로, 각 실험 과정에서 생길 수 있는 열 손실을 최소화하는 것이 필요하다. 예를 들어, 고체나 수용액 상태의 수산화 소듐을 시간을 두고 천천히 비커에 넣는다거나, 단열재인 스티로폼 뚜껑을 잘 닫지 않았을 때는 열 손실로 인해 원래의 온도 변화를 얻을 수 없을 것이다.
2. 시약을 다룰 때는 반드시 비닐 장갑을 끼도록 하고, 시약들이 옷이나 피부에 묻지 않도록 한다.

실험 보고서

학과 ______ 학번 ______ 이름 ______ 일자 ______ 실험조 ______

각 반응에서 방출된 열은 수용액과 비커로 이루어져 있는 열량계에 의해 흡수된다. 수용액의 무게를 W_1, 비커의 질량을 W_2라고 할 때, 열량계의 온도 변화가 ΔT라고 하면, 열량계가 흡수한 열의 양 q를 다음과 같이 쓸 수 있다(여기서, 물과 비커의 비열용량을 각각 4.18 J/gK과 0.85 J/gK로 가정한다).

$$q = [4.18(\mathrm{JK^{-1}g^{-1}}) \times \mathrm{W_1} + 0.85 \times \mathrm{W_2}] \times \Delta \mathrm{T}$$

그리고 $H = U + PV$로 정의되는 반응 엔탈피는 일정한 압력하에서의 반응열과 같으므로 다음과 같이 쓸 수 있다.

$$\Delta H = q$$

따라서 각 반응에서 첫 번째 식으로 구한 반응열은 그 반응의 반응 엔탈피와 같음을 알 수 있다. 실험 1, 2, 3에서 구한 반응 엔탈피로부터 헤스의 법칙이 정말 성립하는지 확인하라.

참고 자료

많은 경우에 어떤 화합물을 원소로부터 직접 만드는 것은 쉽지 않고 따라서 그러한 반응의 열을 측정해서 표준 생성 엔탈피를 결정하는 것은 어렵다. 예를 들어, 실험실에서 탄소와 수소로부터 메테인을 합성하는 것은 어렵다. 이럴 때는 탄소가 산소와 이산화 탄소를 만드는 반응, 수소가 산소와 물을 만드는 반응, 그리고 메테인이 연소해서 이산화 탄소와 물을 만드는 반응을 조합해서 메테인의 생성열을 구할 수 있다.

이산화 탄소의 표준 생성 엔탈피는 −394 kJ/mol, 물의 표준 생성 엔탈피는 −286 kJ/mol이다. 측정된 메테인 1몰의 연소열(燃燒熱, heat of combustion)은 891 kJ이다. 이 값들로부터 메테인의 표준 생성 엔탈피를 구할 수 있다.

$$C(s) + O_2(g) \rightarrow CO_2(g) \qquad \Delta H^\circ = -394\ \text{kJ} = \Delta H_f^\circ(CO_2)$$
$$2H_2(g) + O_2(g) \rightarrow 2H_2O(l) \qquad \Delta H^\circ = -572\ \text{kJ} = 2\Delta H_f^\circ(H_2O)$$
$$CH_4(g) + 2O_2(g) \rightarrow CO_2(g) + 2H_2O(l) \qquad \Delta H^\circ = -891\ \text{kJ}$$

엔탈피는 상태 함수이기 때문에 처음 조건과 최종 조건이 같으면 과정에 상관없이 엔탈피 변화는 같다. 이 경우에는 탄소와 수소가 산소와 반응해서 이산화 탄소와 물로 바뀌든지(I), 탄소와 수소가 메테인으로 바뀌었다가(II) 메테인이 산소와 반응해서 이산화 탄소와 물로 바뀌든지(III) 엔탈피 변화는 같다. 표준 생성 엔탈피는 생성물 1몰에 대한 값이기 때문에 몰수를 고려해서 전체 반응의 엔탈피 변화를 계산해야 한다.

(I) $C(s) + 2H_2(g) + 2O_2(g) \rightarrow CO_2(g) + 2H_2O(l)$

$$\Delta H^\circ = \Delta H_f^\circ(CO_2) + 2\Delta H_f^\circ(H_2O)$$
$$= -394\ \text{kJ} + 2(-286\ \text{kJ}) = -966\ \text{kJ}$$

(II) $C(s) + 2H_2(g) \rightarrow CH_4(g)$

$$\Delta H^\circ = \Delta H_f^\circ(CH_4) = ?$$

(III) $CH_4(g) + 2O_2(g) \rightarrow CO_2(g) + 2H_2O(l)$

$$\Delta H^\circ = \Delta H_f^\circ(CO_2) + 2\Delta H_f^\circ(H_2O) - \Delta H_f^\circ(CH_4)$$
$$= -966\ \text{kJ} - \Delta H_f^\circ(CH_4)$$
$$= -891\ \text{kJ}\ (\text{측정값})$$

$$\Delta H_f^o(CH_4) = \text{(I)의 반응열} - \text{(III)의 반응열}$$
$$= (-966\ kJ) - (-891\ kJ) = -75\ kJ$$

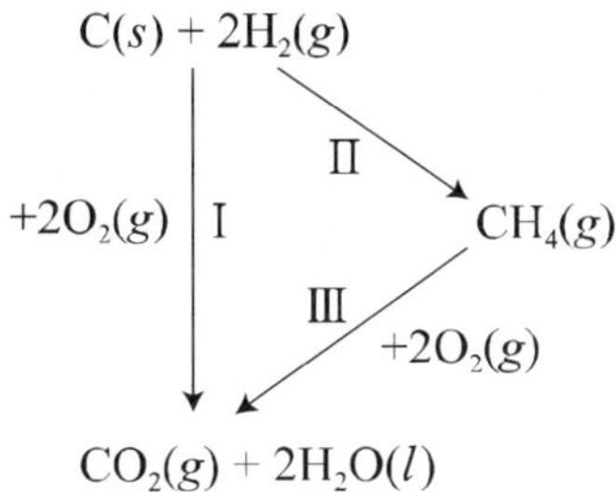

헤스의 법칙을 이용해서 구한 25°C에서 메테인의 표준 생성 엔탈피는 −75 kJ/mol로 전기음성도가 높은 산소가 탄소와 반응해서 이산화 탄소를 만드는 경우의 −394 kJ보다, 또 산소가 탄소보다 전기음성도가 낮은 수소와 반응해서 물을 만드는 경우의 −572 kJ보다 훨씬 높다. 원소로부터 만들어질 때 반응열이 훨씬 적게 나온다는 뜻이다.

일반화학실험

10 산화-환원 반응에 의한 에탄올 분석

핵심 내용

- 산화-환원, 반응속도
- 베르의 법칙, 흡광 분석

에탄올

관련 자료

표준 일반화학실험 제6개정판(대한화학회)

실험 17 "알코올의 정량분석"

Principles of Modern Chemistry, 6th Ed.(Oxtoby 외)

Ch 18. Chemical Kinetics

생명의 화학, 삶의 화학(김희준 외)

10장. 화학 반응속도

실험 목표

음주측정기에 사용되는 알코올의 산화와 Cr^{6+} 이온의 환원 반응을 관찰하고 흡광 분석을 통하여 반응속도를 측정함으로써 일상생활에서 산화-환원 반응이 어떻게 사용되는지 실례를 알아본다.

배경

화학은 물질의 변화를 다루는 과학이다. DNA 복제도, 식물이 잎에서 받아들인 공기 중의 이산화 탄소와 뿌리에서 흡수한 물과 무기물질들을 사용해서 광합성을 하고 장미의 향기와 아름다운 색깔을 만들어내는 것도 변화이고, 우리가 식물이나 식물을 먹고 자란 동물을 먹고 살아가는 데에도 수많은 변화들이 들어 있다. 그런데 변화에는 변화의 결과도 중요하지만 변화가 얼마나 빠르게 또는 느리게 일어나는가, 즉 변화의 속도도 중요하다. 우리 몸에서 일어나는 DNA 복제, 기타 효소 작용 등 하나하나 화학 변화의 속도는 우리가 태어나서 자라고 늙어가는 속도, 달리는 속도, 생각하는 속도 등 겉으로 드러나는 모든 속도를 결정한다.

크로뮴산(CrO_3)이 알코올에 의하여 청록색의 불투명한 크로뮴(III)으로 환원되는 반응은 상당히 빨리 일어나기 때문에 즉석에서 음주자의 숨에 들어 있는 알코올의 농도를 측정하는 데 유용하다.

실험 기구 및 시약

삼각 플라스크(125 mL, 50 mL), 1.0 *M* 크로뮴산(CrO_3) 수용액, 피펫, 농도별 에탄올 용액, 눈금 실린더, 소주, 맥주, 분광광도계, 큐벳

실험 과정

실험 1. 베르의 법칙 검정 곡선

(1) 10%, 15%, 20%, 25%, 30%의 에탄올 수용액 1.0 mL씩을 50 mL 삼각 플라스크에 옮긴다.

(2) 각각의 삼각 플라스크에 10.0 mL의 크로뮴산을 넣고 20분간 잘 흔들어서 섞어준다.

(3) 피펫으로 삼각 플라스크의 용액 1.0 mL을 덜어서 깨끗한 삼각 플라스크에 넣고 전체 부피가 20 mL이 되도록 증류수로 묽힌다.

(4) 먼저 1 mL 크로뮴산을 20 mL로 묽힌 바탕 용액을 사용해서 600 nm에서의 흡광도가 100%가 되도록 분광기를 조절한 후 분광기를 이용해서 600 nm에서의 흡광도를 측정한다.

실험 2. 미지 시료의 에탄올 분석

(1) 소주, 맥주 등 에탄올 농도가 대략 알려진 미지 시료를 1.0 mL씩 취해서 50 mL 삼각 플라스크에 넣는다.

(2) 10.0 mL 크로뮴산을 넣은 후 20분간 잘 흔들어서 섞어준다.

(3) 피펫으로 삼각 플라스크의 용액 1.0 mL을 덜어서 깨끗한 삼각 플라스크에 넣고 전체 부피가 20 mL가 되도록 증류수로 묽힌다.

(4) 600 nm에서의 흡광도를 측정한다.

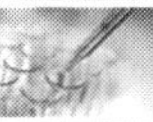

실험 보고서

학과＿＿＿＿＿＿ 학번＿＿＿＿＿＿ 이름＿＿＿＿＿＿ 일자＿＿＿＿＿＿ 실험조＿＿＿＿＿＿

실험 1. 베르의 법칙 검정 곡선

에탄올 퍼센트를 x-축으로, 흡광도를 y-축으로 한 검정 곡선을 그려라.

실험 2. 미지 시료의 에탄올 분석

미지 시료의 흡광도를 검정 곡선에 대입하여 에탄올 농도를 구하고, 알려진 농도와 비교하라.

주의 사항

크로뮴산 용액을 다룰 때는 비닐 장갑을 끼고, 테이블이나 실험실 바닥에 떨어뜨리지 않도록 조심한다.

참고 자료

흡광 분석의 원리에 관련된 자료는 5장의 [참고 자료] 참조

알코올 발효

발효는 술을 만드는 데 오래 전부터 인기리에 사용되어 왔다. 물에 에탄올이 1% 이상 들어 있으면 술이라 하는데, 술에는 막걸리, 소주, 맥주, 위스키, 와인, 꼬냑, 브랜디, 보드카 등 많은 종류가 있지만 크게 발효주와 증류주로 나눌 수 있다. 발효주는 막걸리, 맥주, 와인처럼 곡물이나 과일을 발효시켜서 얻은 술이다. 탄수화물을 에탄올로 바꾸는 효소가 들어 있어서 발효를 일으키는 효모(酵母, yeast)는 알코올 농도가 16도(부피로 16%)를 넘으면 자랄 수 없기 때문에 발효주의 도수는 아주 높지 않다. 지금까지 발견된 효모 사용은 7000년 전 구소련의 그루지아 지방에서 와인 독이 발견된 것이 가장 오래된 것이다. 고대 이집트에서도 맥주를 만들었고, 고대 바빌로니아 지방에서도 발효 기술이 사용된 기록이 있다.

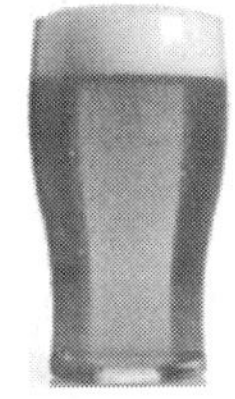

맥주 4~5도

막걸리 6~7도

포도주 11~12도

도수가 높은 술을 찾는 사람들을 위해 개발된 것이 증류주이다. 에탄올과 물의 끓는점 차이를 이용하면 도수를 높일 수 있는 것이다. 증류주는 어떤 발효주를 증류했는가에 따라 맛과 향이 다르다.

소주 ~20도

위스키 43도

과학적으로 효모에 대한 연구가 시작된 것은 발효의 역사에 비하면 얼마 되지 않는다. 1857년 프랑스의 파스퇴르는 효모와 발효가 서로 관계가 있다는 것을 밝히고 발효를 효모의 '무기호흡(respiration without air)'이라고 불렀다. 발효는 공기가 없는 조건에서만 일어난다고 생각한 것이다. 하지만 실제로 효모에 의해 발효가 일어나는 것을 확실히 밝힌 것은 독일의 뷰흐너였다. 과거에는 발효와 같은 생화학적 반응은 생체에서만 일어나는 것으로 생각되었다. 그러나 뷰흐너는 효모의 추출액에 발효를 일으키는 효소가 들어 있는 것을 보여 주었고, 덴마크의 칼스버그(Carlsberg) 맥주회사 연구소의 과학자들은 발효에 관련된 생화학 연구를 크게 발전시켰다.

효모는 글루코스(glucose)를 이용하여 아래의 반응식과 같이 에탄올 두 분자와 이산화 탄소 두 분자를 만든다.

$$\underset{\text{glucose}}{C_6H_{12}O_6} \xrightarrow{\text{yeast}} 2\,\underset{\text{ethanol}}{CH_3CH_2OH} + 2\,CO_2$$

에탄올은 효모에 들어 있는 여러 가지 효소가 글루코스를 여러 단계에 걸쳐 변화시켜서 얻어진 결과이다. 이러한 생화학적 반응도 다른 모든 반응과 마찬가지로 질량 보존의 법칙, 질량 작용의 법칙, 반응속도와 온도의 관계 등에 따라 일어나는 화학 반응이다.

일반화학실험

11 지시약의 pK_a

핵심 내용

- 산해리 평형, Beer의 법칙, 흡광 분석
- 분광기를 사용하여 여러 pH에서 지시약의 $[In^-]/[HIn]$ 결정
- 헨더슨-하셀바흐 식 응용, 지시약의 산해리 평형 상수 결정

관련 자료

Principles of Modern Chemistry, 6th Ed.(Oxtoby 외)

Ch 15. Acid-Base Equilibria

생명의 화학, 삶의 화학(김희준 외)

9장. 평형반응

표준 일반화학실험 제6개정판(대한화학회)

실험 20 "지시약의 작용 원리"

부록 8 "분광광도계의 사용법"

실험 목표

산해리 평형에 관한 헨더슨-하셀바흐(Henderson-Hasselbalch) 식은 화학에서 아주 유용하다. 이 실험에서는 pH에 따른 지시약의 색변화를 흡광 분석기를 사용하여 측정하고, 그 결과를 헨더슨-하셀바흐 식에 대입하여 지시약의 pK_a를 결정함으로써 약산의 해리를 학습하고, 아울러 흡광분석의 원리를 체험적으로 배운다.

배경

약산에 해당하는 지시약 HIn는 수용액에서 In^- + H^+로 해리하여 평형을 이루는데 용액 속에 들어 있는 화합물의 농도는 베르의 법칙에 따라 동일한 큐벳을 이용해서 동일한 파장에서 측정한 흡광도에 비례한다.

$$A = \varepsilon bC \quad \varepsilon: \text{몰흡수 계수}, \quad b: \text{통로 길이}, \quad A: \text{흡광도}$$

이 실험에서는 먼저 지시약이 들어있는 용액을 진한 산성으로 만들어서 파장에 따른 HIn의 흡광도를 측정해서 흡수 스펙트럼을 얻는다. 분광광도계의 파장을 HIn의 흡광도가 최대인 곳에 고정시키고, 지시약 용액의 pH를 차례로 증가시키면서 흡광도를 측정해서 [HIn]를 계산하고, pH가 증가할 때 나타나는 흡광도의 감소로부터 $[In^-]$를 얻을 수 있다. 이로써 지시약의 이온화 상수와 변색 범위를 알아낸다. pH에 대해 $\log([In^-]/[HIn])$의 그래프를 그리면 $\log([In^-]/[HIn])$의 값이 0이 되는 pH가 지시약의 pK_a에 해당한다.

HIn와 In^-는 색깔이 다르기 때문에 흡광도가 최대가 되는 빛의 파장이 다르다. 만약 HIn의 흡광도가 가장 큰 파장에서 In^-의 흡광도가 무시할 수 있을 정도로 작은 경우에는 HIn를 측정함으로써 [HIn]와 $[In^-]$를 모두 계산할 수 있다.

실험 기구 및 시약

분광광도계, 큐벳, 삼각 플라스크, 10 mL 피펫, 스포이드, 시험관, 0.1 mM 브로모페놀블루(BPB) 용액, 0.1 mM 페놀프탈레인 용액, 0.1 N HCl 용액, 0.1 N NaOH 용액, 10 mM 완충 용액(pH 3.4, 3.7, 4.0, 4.3, 4.6)

실험 과정

실험 1. 브로모페놀블루의 pK_a

(1) 다음과 같이 혼합 용액을 준비한다.

혼합 용액 1 : 2.0 mL 0.1 mM BPB 용액 + 2.0 mL 0.1 N HCl 용액

혼합 용액 2 : 2.0 mL 0.1 mM BPB 용액 + 2.0 mL pH 3.4 완충 용액

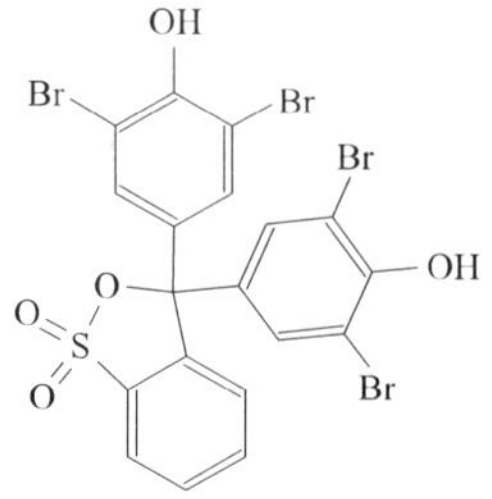

브로모페놀블루

혼합 용액 3 : 2.0 mL 0.1 mM BPB 용액 + 2.0 mL pH 3.7 완충 용액

혼합 용액 4 : 2.0 mL 0.1 mM BPB 용액 + 2.0 mL pH 4.0 완충 용액

혼합 용액 5 : 2.0 mL 0.1 mM BPB 용액 + 2.0 mL pH 4.3 완충 용액

혼합 용액 6 : 2.0 mL 0.1 mM BPB 용액 + 2.0 mL pH 4.6 완충 용액

혼합 용액 7 : 2.0 mL 0.1 mM BPB 용액 + 2.0 mL pH 7.0 완충 용액

(2) 분광계를 이용해서 혼합 용액 1과 7에 대하여 450 ~ 650 nm 영역에서 25 nm 간격으로 흡광도를 측정하고 흡광도가 최대가 되는 영역에서는 5 nm 간격으로 흡광도를 읽는다. 용액은 다시 시험관에 담는다. 혼합 용액 1과 7로부터 각각 HIn와 In^-에 대하여 흡광도가 최대인 파장(λ_{max})을 결정한다.

(3) 혼합 용액 2 ~ 6에 대하여서는 위에서 구한 두 λ_{max}에서 흡광도를 읽는다.

(4) 눈으로 보아 혼합 용액 1에 들어 있는 HIn 형의 색과 혼합 용액 7에 들어 있는 In^- 형 색의 중간 색에 해당하는 pH를 추정한다.

(5) Beer의 법칙 테스트 : 혼합 용액 1(0.05 mM BPB 용액)을 두 λ_{max}에서 흡광도를 읽는다. 용액은 다시 시험관에 담는다. 이번에는 0.05 mM BPB 용액 2.0 mL와 2.0 mL 0.1 N HCl 용액을 섞어서 0.025 mM BPB 용액을 만들고, λ_{max}에서 흡광도를 읽는다. 마지막으로 0.05 mM BPB 용액 2.0 mL와 0.1 mM BPB 용액 2.0 mL를 섞어서 0.0375 mM BPB 용액을 만들고, λ_{max}에서 흡광도를 읽는다.

흡광도가 다른 BPB 용액

실험 2. 페놀프탈레인의 pK_a

(1) 다음과 같이 혼합 용액을 준비한다.

혼합 용액 1 : 2.0 mL 0.1 mM 페놀프탈레인 용액 + 2.0 mL pH 7.0 완충 용액

혼합 용액 2 : 2.0 mL 0.1 mM 페놀프탈레인 용액 + 2.0 mL pH 8.5 완충 용액

혼합 용액 3 : 2.0 mL 0.1 mM 페놀프탈레인 용액 + 2.0 mL pH 9.0 완충 용액

혼합 용액 4 : 2.0 mL 0.1 mM 페놀프탈레인 용액 + 2.0 mL pH 9.5 완충 용액

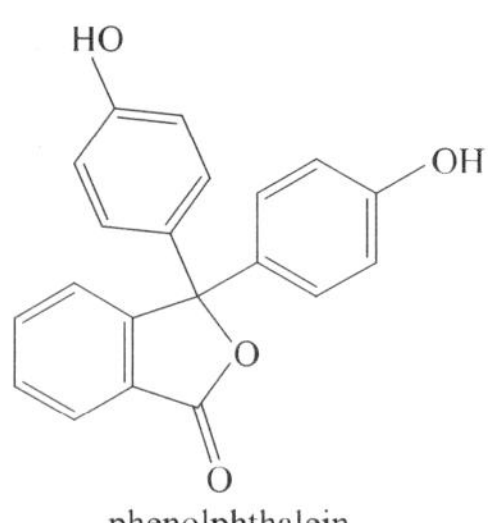

혼합 용액 5 : 2.0 mL 0.1 mM 페놀프탈레인 용액 + 2.0 mL pH 9.8 완충 용액

혼합 용액 6 : 2.0 mL 0.1 mM 페놀프탈레인 용액 + 2.0 mL 0.1 N NaOH 용액

(2) 분광계를 이용해서 혼합 용액 1과 6에 대하여 450 ~ 650 nm 영역에서 25 nm 간격으로 흡광도를 측정하고 흡광도가 최대가 되는 영역에서는 5 nm 간격으로 흡광도를 읽는다. 용액은 다시 시험관에 담는다. 혼합 용액 6으로부터 In^-에 대하여 흡광도가 최대인 파장(λ_{max})을 결정한다.

(3) 혼합 용액 1 ~ 5에 대하여서는 위에서 구한 λ_{max}에서 흡광도를 읽는다.

(4) 눈으로 보아 혼합 용액 1에 들어 있는 HIn 형의 색과 혼합 용액 6에 들어 있는 In^- 형 색의 중간 색에 해당하는 pH를 추정한다.

(5) Beer의 법칙 테스트 : 혼합 용액 6(0.05 mM 페놀프탈레인 용액)의 λ_{max}에서 흡광도를 읽는다. 용액은 다시 시험관에 담는다. 이번에는 0.05 mM 페놀프탈레인 용액 2.0 mL와 2.0 mL 0.1 N NaOH 용액을 섞어서 0.025 mM 페놀프탈레인 용액을 만들고, λ_{max}에서 흡광도를 읽는다. 마지막으로 0.05 mM 페놀프탈레인 용액 2.0 mL와 0.1 mM 페놀프탈레인 용액 2.0 mL를 섞어서 0.0375 mM 페놀프탈레인 용액을 만들고, λ_{max}에서 흡광도를 읽는다.

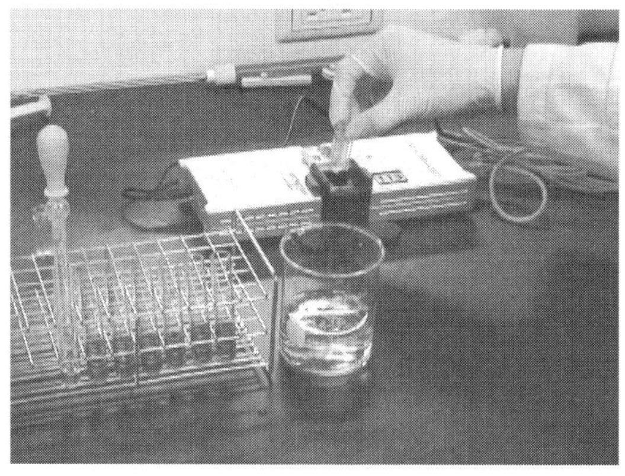

용액의 흡광도 측정

주의 사항

(1) 스펙트럼을 측정할 때는 광학적으로 동일한 두 개의 cell을 사용하는 것이 좋다. 하나의 cell에는 기준 물질로 증류수를 넣어서 사용하고, 나머지 두 개에는 시료 용액을 담아서 사용한다.
(2) Cell의 투명한 면에 손자국이나 지문이 남지 않아야 하므로 불투명한 면을 잡아야 한다.
(3) 염산 용액을 다룰 때는 맨손으로 만지지 말고 폴리글러브를 착용한다.

실험 보고서

학과 ______ 학번 ______ 이름 ______ 일자 ______ 실험조 ______

실험 1. 브로모페놀블루의 pK_a

(1) 혼합 용액 1의 스펙트럼을 그리고, HIn에 해당하는 최대 흡수 파장(λ_{max})과 그 파장에서의 몰흡수 계수(ε)를 구하라.

(2) [HIn]와 [In^-]를 BPB의 몰농도에 대하여 그래프로 나타내고, Beer의 법칙이 적용되는지 확인하라.

(3) 혼합 용액 2 ~ 6에 대하여 λ_{max}에서의 흡광도로부터 각 pH에서의 [HIn]를 계산하라.

(4) 혼합 용액 1에서 구한 [HIn]와 혼합 용액 2 ~ 6에서 구한 [HIn]와의 차이로부터 각 pH에서의 [In^-]를 계산하라.

(5) pH에 대해 log([In^-]/[HIn])의 그래프를 그리고, log([In^-]/[HIn])의 값이 0이 되는 pH로부터 브로모페놀블루의 pK_a를 결정하라.

(6) 혼합 용액 7의 스펙트럼을 그리고, In^-에 해당하는 최대 흡수 파장(λ_{max})과 그 파장에서의 몰흡수 계수(ε)를 구하라. 그리고 λ_{max}에서의 흡광도로부터 $[In^-]$를 계산하라.

(7) 혼합 용액 2 ~ 6에 대하여 λ_{max}에서의 흡광도로부터 각 pH에서의 $[In^-]$를 계산하라.

(8) 혼합 용액 7에서 구한 $[In^-]$와 혼합 용액 2 ~ 6에서 구한 $[In^-]$와의 차이로부터 각 pH에서의 [HIn]를 계산하라.

(9) pH에 대해 $\log([In^-]/[HIn])$의 그래프를 그리고, $\log([In^-]/[HIn])$의 값이 0이 되는 pH로부터 브로모페놀블루의 pK_a를 결정하라.

(10) 위의 두 방법으로 구한 pK_a 값을 브로모페놀블루 K_a의 문헌값인 1.15×10^{-4}과 비교하라.

pH에 따른 BPB 용액의 색깔

실험 2. 페놀프탈레인의 pK_a

(1) 혼합 용액 6의 스펙트럼을 그리고, In^-에 해당하는 최대 흡수 파장(λ_{max})과 그 파장에서의 몰흡수 계수(ε)를 구하라.

(2) [In^-]를 BPB의 몰농도에 대하여 그래프로 나타내고 Beer의 법칙이 적용되는지 확인하라.

(3) pH에 대해 log([In^-]/[HIn])의 그래프를 그리고, log([In^-]/[HIn])의 값이 0이 되는 pH로부터 페놀프탈레인의 pK_a를 결정하라.

(4) 위의 방법으로 구한 pK_a 값을 페놀프탈레인 pK_a의 문헌값인 9.3과 비교한다. 페놀프탈레인이 강산과 강염기 사이의 적정에 유용한 이유를 설명하라.

참고 자료 

1. 흡광 분석의 원리와 기기 사용에 대해서는 5장의 [참고 자료] 참조
2. 약산에 해당하는 지시약 HIn는 수용액에서 해리하여 다음과 같은 평형을 이루게 된다.

$$\underset{\text{산성형}}{HIn} \leftrightarrow \underset{\text{염기성형}}{In^-} + H^+$$

용액 중의 수소 이온 농도가 커지면 르샤틀리에의 법칙에 따라 평형이 왼쪽으로 이동하기 때문에 산성형인 HIn의 농도가 증가하고 용액은 HIn의 색깔을 나타내게 된다. 그러나 수소 이온 농도가 감소하면 평형이 오른쪽으로 이동하기 때문에 염기성형인 In^-의 농도가 증가하여 In^-의 색깔이 나타나게 된다.

지시약의 해리 반응에 대한 평형 상수는 다음과 같이 쓸 수 있다.

$$K_{in} = [In^-][H^+]/[HIn]$$

이 식의 양변에 대수를 취하면 다음과 같은 식을 얻을 수 있다.

$$pH = pK_{in} + \log([In^-]/[HIn]) \quad \text{(헨더슨-하셀바흐 식)}$$

위 식에 의하면 용액의 pH가 pK_{in}와 같을 경우에는 지시약의 산성형과 염기성형의 농도가 같아져서 산성형의 색깔과 염기성형의 색깔이 함께 나타나게 된다. 그러나 산성형과 염기성형의 농도가 대략 10배 이상 차이가 나게 되면, 농도가 진한 형의 색깔이 분명히 나타나게 된다. 즉, pH가 pK_{in} +1보다 커지면 염기성형인 In^-의 색깔이 나타나고, pH가 pK_{in} −1보다 작아지게 되면 산성형인 HIn의 색깔이 나타나게 된다. 그러므로 지시약의 해리 상수 K_{in}를 측정하면 지시약의 색깔이 바뀌는 변색 범위를 알아낼 수 있다.

종말점에서는 적정 용액 한 방울 차이로 용액의 pH가 1 이상 차이가 나는 것이 보통이다. 따라서 그 정도의 pH 변화가 있을 때 눈으로 색변화를 쉽게 감지할 수 있는 것이 좋은 지시약이다. 대부분의 지시약은 한 색에서 다른 색으로 변하는데, 그런 경우에는 종말점 부근에서 중간 색이 나타나면 종말점에 도달한 것인지 여부를 판단하기 어려워서 대개는 한두 방울을 더 가하기 쉽고 그것은 적지 않은 오차를 가져온다. 종말점에서 무색에서 갑자기 색이 나타나거나 있던 색이 갑자기 사라지면 종말점을 잡아내기 쉽다. 그런 면에서 pH 8.0

이하에서는 무색, 9.6 이상에서는 핑크색인 페놀프탈레인(phenolphthalein)은 이상적인 지시약이다. 반면에 페놀 레드는 pH 6.5 이하에서는 노란색을 나타내고 7 이상에서는 붉은색을 나타낸다.

pH 5.5 10.0

페놀 레드

8.0 12

페놀프탈레인

pH 8.0 이하, 무색

pH 9.6 이상, 핑크색

12 일반화학실험
아세트산과 살리실산의 분리와 적정

핵심 내용

- 역상 크로마토그래피, 극성, 비극성, 분배, 소수성 상호작용
- 약산의 적정

관련 자료

표준 일반화학실험 제6개정판(대한화학회) 실험 8 "크로마토그래피"

Principles of Modern Chemistry, 6th Ed.(Oxtoby 외)

Ch 14. Chemical Equilibrium

생명의 화학, 삶의 화학(김희준 외)

7장. 물질의 상태와 성질

9장. 평형 반응

실험 목표

7장에서는 분리 과정을 눈으로 볼 수 있는 색소를 역상 크로마토그래피 카트리지로 분리하고 흡광 분석 방법으로 정량하였다. 이 실험에서는 색깔을 띠지 않는 유기산(organic acid)인 아세트산과 살리실산을 같은 역상 크로마토그래피 카트리지로 분리하고 산-염기 적정으로 정량한다. 이 과정을 통해 극성, 비극성, 소수성 상호작용 등 중요한 개념을 체험적으로 학습한다.

배경

7장의 [배경] 참조

아세트산과 살리실산은 둘 다 카복실기(−COOH)를 가지는 약한 유기산이다. 그러나 나머지 부분에 있어서 아세트산은 메틸기($-CH_3$), 살리실산은 하이드록시페닐기(hydroxyphenyl)로 극성 면에서 차이가 있다. 이러한 차이는 카트리지의 $-C_{18}H_{37}$ 표면과의 소수성 상호작용에 차이를 가져오고 분리를 가능하게 한다.

아세트산

살리실산

실험 기구 및 시약

C18 카트리지, 10 mL 및 1 mL 시린지, 1.0 mL 피펫, 시험관, 뷰렛, 플라스크, 아세트산과 살리실산 혼합 용액, NaOH 용액(약 2 mM), 페놀프탈레인 지시약

실험 과정

실험 1. 혼합 용액의 전체 산도

(1) 피펫으로 1.0 mL의 아세트산과 살리실산 혼합 용액을 취하고 NaOH 용액으로 적정한다. 지시약 두 방울을 사용한다. 적정 시 너무 세게 저어주면 공기 중 CO_2가 녹아들어 가서 오차를 유발할 수 있다. 용액 전체가 약하게 색깔을 띠는 점을 당량점으로 잡는다.

(2) 1.0 mL의 증류수를 NaOH 용액으로 적정하여 바탕값으로 사용한다.

실험 2. 산의 분리와 적정

(1) 5 mL 정도의 증류수가 채워진 10 mL 시린지를 그림과 같이 C18 카트리지에 연결하고 밀대를 밀어서 카트리지를 씻어낸다.

(2) 피펫을 사용해서 1.0 mL의 산 혼합 용액을 취하여 카트리지에 연결된 10 mL 시린지에 채운 다음 밀대로 밀어 내어 시료 전체를 카

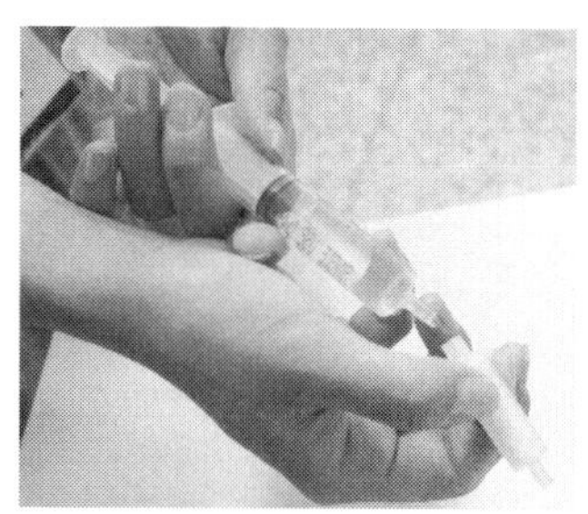

시린지를 카트리지에 연결한다.

트리지 상층부에 올린다. 이때 카트리지 아래쪽으로 흘러나오는 액체를 1번 시험관에 받는다.

(3) 1 mL 시린지를 사용해서 한번에 1 mL 씩의 증류수로 카트리지를 용리하면서 흘러나오는 용리액을 2, 3... 번 시험관에 받는다. 20번까지 반복한다.

(4) 각 시험관에 들어 있는 산을 분리된 순서대로 NaOH 용액으로 적정한다.

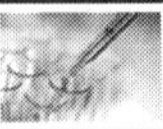

실험 보고서

학과 ________ 학번 ________ 이름 ________ 일자 ________ 실험조 ________

실험 1. 혼합 용액의 전체 산도

(1) 산 혼합 용액 1.0 mL에 들어 있는 전체 산의 몰수를 계산하라. 바탕값을 빼주어야 한다.

실험 2. 산의 분리와 적정

(1) 적정 결과를 아래와 같이 그래프로 나타내라.

(2) 첫 번째 피크는 뾰족한데 두 번째 피크는 왜 폭이 넓은지 생각해보라.

(3) 두 번째 피크를 뾰족하게 만들려면 실험 과정을 어떻게 바꾸어야 할지 생각해보라.

(4) 각 피크에 들어 있는 산의 몰수를 계산하고, 그 합을 실험 1에서 구한 전체 산의 몰수와 비교하라. 바탕값을 빼주어야 한다.

(5) 먼저 나온 산이 아세트산인지 살리실산인지 생각해보라.

결과 예시

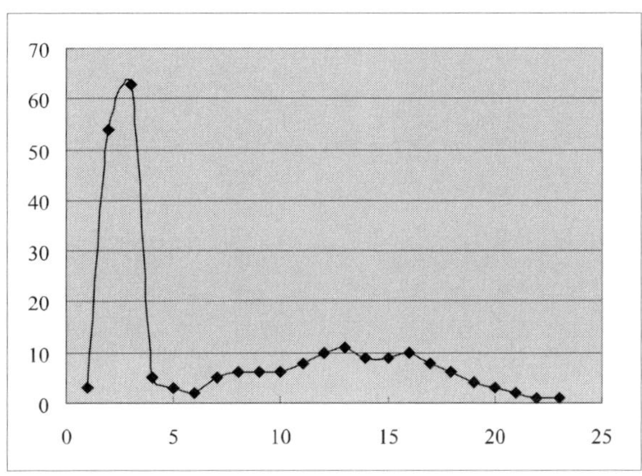

일반화학실험

13 13개 시험관의 비밀

핵심 내용

- 미지 시료에서 양이온 정성 분석
- 침전 평형, 침전 반응의 재현성을 실험적으로 확인
- 용해도에 대한 pH의 영향 확인

관련 자료

표준 일반화학실험(제6개정판.)

　실험 29 양이온 정성 분석

Principles of Modern Chemistry, 6th Ed.(Oxtoby 외)

　Ch 16. Solubility and Precipitation Equilibria

생명의 화학, 삶의 화학(김희준 외)

　9장. 평형 반응

J. Chem. Educ., v 65, p.p. 561-573, 1988.

　Marie Curie's Doctorial Thesis

실험 목표

원소들의 대부분은 금속이다. 그 중 대부분은 자연에 미량으로 존재하는데, 금속 원소 중에는 생체 내에서 중요한 역할을 하는 것들도 많이 있고 반대로 인체에 유해하기 때문에 환경 시료에서 분석을 해야 하는 경우도 많다. 다행히 금속 원소들은 특이한 불꽃 반응을 나타내고, 이러한 원리를 이용한 원자 분광학(atomic spectroscopy) 방법으로 분석을 할 수 있다. 한편 금속 원소들은 양이온을 만드는데 있어 어떤 양이온은 특정한 음이온과 만나면 용해도곱(solubility product)이 작은 염을 만들어 침전하기 때문에 정성 분석이 가능하고, 어떤 양이온은 짙은 색을 나타내는 착이온을 만들기 때문에 정성 분석이 가능하기도 하다.

이 실험에서는 양이온 계통 분석 도표를 참고하여 미지 시료를 정성 분석한다. 정성 분석은 시료 중에 어떤 특정 성분의 유무와 확인을 목적으로 하는 분석화학의 한 분야이다. 용액의 색깔, pH 시험, 침전 및 착물 형성 등의 반응을 통하여 미지 시료에 있는 양이온을 확인하고 다양한 평형 반응을 체험적으로 학습한다.

배경

얼마 전에 원자 번호 116인 원소가 만들어졌다는 보고가 있었다. 1940년대 중반에 시보그(Seaborg)와 맥밀란(McMillan)이 초우라늄 원소(transuranic element, 우라늄보다 무거운 93번 이상 원소)들을 처음으로 만들고 그 업적으로 1951년 노벨 화학상을 수상한 이래 114번까지의 원소는 빈틈없이 차례대로 만들어졌는데, 이번에는 115번을 건너뛰고 116번이 핵융합에 의해 만들어진 것이다.

멘델레예프가 만든 주기율표에서는 원소들이 원자량 순서대로 배열되었다. 그런데 1911년에 러더포드가 원자핵을 발견한지 2년 후, 1913년에 모즐리가 원자핵 속에 들어 있는 양전하가 정수값을 가진다는 것을 발견하였고, 1920년에 러더포드는 원자핵 속의 단위 양전하를 가진 입자를 양성자라고 불렀다. 따라서 모즐리가 발견한 양전하 값은 결국 양성자의 수인 것이 분명해졌다. 그러니까 자연은 원소들을 만들되 원자 번호에 빈틈을 남겨두지 않고 1번 수소부터 92번 우라늄까지 골고루 만들었고, 인간은 자연이 아마도 어느 초신성 폭발의 순간에 만들었다가 짧은 반감기 때문에 잃어버린 무거운 원소들을 실험실에서 짧은 순간 동안이나마 만들어서 관찰하는 데 성공한 것이다.

어떤 방법을 쓰건 간에 미지 시료에 들어 있는 원소의 종류를 알아내는 것은 그 원자의 깊숙이 숨어 있는 원자핵을 들여다보고, 그 원자핵에 들어 있는 양성자의 수를 세는 것이 된다. 이 실험에서는 19세기의 화학자들이 원자핵은 물론 양성자, 전자가 알려지기도 전에 간단한 화학 반응을 통해서 어떻게 원소의 종류를 알아내었나를 실감해보기로 한다. 그렇게 하기 위해서는 아래의 양이온 계통 분석 도표를 자세히 살펴보고 "원자 세계의 수사"를 위한 치밀한 계획을 세워야 할 것이다. 물론 이 표에서 말하는 족은 주기율표의 족과는 다르다.

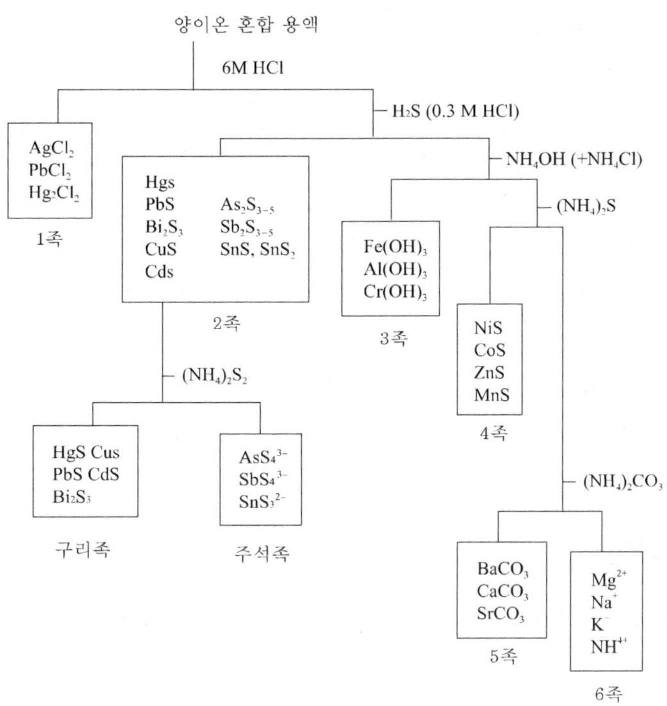

흥미롭게도 양이온 계통 분석에 사용되는 scheme과 염화물, 황화물, 수산화 암모늄, 탄산염 등의 족을 나누는 데 사용된 시약은 퀴리가 라듐과 폴로늄 분리에 사용한 것과 유사하다. 퀴리는 화학 반응을 잘 이해하고 다룰 수 있었기 때문에 수 톤의 피치블렌드로부터 100밀리그램 정도의 라듐을 원자량을 결정할 수 있을 정도로 순수하게 얻어낼 수 있었던 것이다.

물론 양이온 계통 분석을 가능하게 하는 용해도곱의 차이는 처음에는 경험적으로 알려졌을 것이다. 그러나 이제는 열역학적 데이터로부터 용해도곱을 계산할 수 있다. 그리고 이온 결합의 세기를 대충 예측할 수도 있다. 예를 들면, 뼈의 성분인 인산 칼슘은 +2가인 칼슘 이온과 −3가인 인산 이온이 강한 이온 결합을 하는 것으로 볼 수 있다(닭 뼈를 식초에 담가두면 인산 이온이 −3가에서 −2가, −1가로 바뀌면서 물렁물렁해진다). 그리고 +1가인 소듐(나트륨)이나 포타슘(칼륨) 이온은 누구와도 침전을 만들지 않아서 6족으로 남는다.

실험 기구 및 시약

pH 종이, 시계접시(조당 두 개 이상), 스포이드(조당 두 개 이상), 시험관(13개/조), 시험관대(한 개/조), 알코올 램프(각 조당 한 개), 니크롬선(각 조당 30 cm)

주어진 미지 시료 용액은 다음의 13가지이다.

1. 0.1 M H_2SO_4	2. 6 M NH_3	3. 0.1 M K_2CrO_4	4. 0.1 M NaCl
5. 0.1 M $Fe(NO_3)_3$	6. 0.1 M $K_2C_2O_4$	7. 0.05 M Na_2S	
8. 0.1 M $Cu(NO_3)_2$	9. 0.1 M $NiSO_4$	10. 0.05 M $SnCl_2$	
11. 0.1 M KNO_3	12. 0.1 M KSCN	13. 0.1 M $Ba(NO_3)_2$	

실험 과정

(1) 13개의 시험관에 1 ~ 13의 번호를 붙인 다음에 위의 용액을 각각 5 mL씩 넣는다.

(2) 우선 주어진 용액들의 색과 pH를 확인하고 예상되는 시료를 정한다.

(3) 니크롬선에 시료 용액을 취하여 불꽃 반응을 해보고 불꽃 색을 관찰한다.

(4) 스포이드로 조금씩 용액을 취하고 시계접시에서 섞어보면서 용액의 색변화나 침전물의 생성 여부를 관찰한다.

KNO_3　KSCN　$Ba(NO_3)_2$

주의 사항

(1) 주어진 시간 내에 각 시험관에 들어 있는 용액들을 확인하기 위한 절차와 방법들을 잘 생각해 올 것.

(2) 용액은 추가로 지급되지 않으니 시험관 안의 용액은 오염시키지 말아야 하며, 다 쓰는 일이 없도록 해야 한다.

(3) 용액을 혼합할 때에는 시계접시와 스포이드를 사용하고(몇 방울이면 충분함), 스포이드는 사용할 때마다 증류수로 씻어서 용액이 오염되지 않도록 할 것.

(4) 절대로 맛을 보지 말고, 냄새는 거름종이 등에 묻혀서 맡도록 할 것.

(5) 알콜 램프가 오염되었다고 생각되면 심지를 새 것으로 갈아도 좋음.

(6) 반드시 폴리글러브 착용(CrO_4^{2-}는 발암성, $AgNO_3$는 단백질 염색)

실험 보고서

학과 ______ 학번 ______ 이름 ______ 일자 ______ 실험조 ______

산성 용액 : (   )

중성 용액 : (   )

염기성 용액 : (   )

불꽃 색 :

침전 반응 :

Tip 1

$Ba(NO_3)_2$ + K_2CrO_4 → bright yellow ppt

$Ba(NO_3)_2$ + $K_2C_2O_4$ → bright white ppt

$Ba(NO_3)_2$ + H_2SO_4 → white ppt

$Fe(NO_3)_3$ + KSCN → bloody soln

$Fe(NO_3)_3$ + Na_2S → dark ppt

$Cu(NO_3)_2$ + Na_2S → dark ppt

$Cu(NO_3)_2$ + NH_3 → deep blue soln + green ppt

$NiSO_4$ + Na_2S → dark ppt

$SnCl_2$ + Na_2S → dark brown ppt

Tip 2

$NiSO_4$ + NH_3 → blue soln

Na_2S + H_2SO_4 → yellow ppt

$Fe(NO_3)_3$ + NH_3 → dark ppt

$SnCl_2$ + NH_3 → white ppt

$Cu(NO_3)_2$ + KSCN → dark ppt

참고 자료

1. 이온성 화합물의 용해도

여러 가지 이온성 물질의 용해도를 다음과 같이 요약할 수 있다. 아래 표에서 −는 용해도가 높아서 침전을 만들지 않는 것을, +는 용해도가 낮아서 침전을 만드는 것을 뜻한다.

	NO_3^-	Cl^-	OH^-	SO_4^{2-}	CO_3^{2-}	PO_4^{3-}
Na^+, K^+, NH_4^+	−	−	−	−	−	−
Mg^{2+}, Ca^{2+}, Ba^{2+}	−	−	$Mg(OH)_2$	$BaSO_4$	+	+
전이 금속 양이온	−	AgCl	+	−	+	+

이온 결합 화합물의 용해도는 양이온과 음이온의 종류에 따라 달라지는데, 대체적으로 소금처럼 전하가 작은 이온끼리 만든 화합물은 잘 녹고, 탄산 칼슘이나 인산 칼슘처럼 전하가 큰 이온끼리 만든 화합물은 잘 녹지 않는 경향을 볼 수 있다.

알칼리 금속(alkali metal, 1족) 이온(Na^+, K^+ 등)이나 암모늄 이온(NH_4^+) 같은 1가 양이온은 어떤 음이온과 만나도 물에 잘 녹는 이온 결합 화합물을 만든다. 이들의 인산염도 물에 잘 녹기 때문에 인산 소듐은 완충 용액을 만드는 데 많이 쓰인다.

알칼리 토족(alkaline earth, 2족) 이온(Mg^{2+}, Ca^{2+}, Ba^{2+})이 1가 음이온과 만든 이온 결합 화합물은 수산화 마그네슘($Mg(OH)_2$)을 제외하고는 모두 물에 잘 녹는다. 알칼리 토족의 황산염 중에는 황산 바륨($BaSO_4$)만이 침전한다. 2가 양이온의 탄산염과 인산염은 모두 용해도가 낮다. +2가 양이온과 −2가 또는 −3가 음이온 사이에 강한 이온 결합이 이루어졌기 때문이다.

질산염(nitrate)이나 염화물(chloride)은 대부분 용해도가 높은데, 예외적으로 염화 은(AgCl)은 어느 정도의 공유 결합 성질을 가지기 때문에 용해도가 낮다. 따라서 물에 잘 녹는 NaCl과 $AgNO_3$ 두 화합물의 수용액을 섞으면 염화 은 침전이 생긴다. 이 침전은 수용액에서 아주 소량만 녹기 때문에 물에 염화 이온이 들어있는지 검사할 때 사용된다. 뿐만 아니라 3장에서 보았듯이 AgCl은 리처즈가 여러 원소의 원자량을 결정하는 데 유용하게 사용되었고, 퀴리 부처가 라듐을 발견하였을 때에도 염화 라듐($RaCl_2$)에 들어 있는 염소를 AgCl로 침전시키고 무게 분석을 하였다.

2. 용해도곱

용해도가 낮은 경우에는 용해도를 정량적으로 나타낼 필요가 있기 때문에 용해도곱(solubility product)을 사용한다. 예를 들어 수산화 칼슘(calcium hydroxide, $Ca(OH)_2$) 수용액에 날숨을 통과시키거나 드라이 아이스를 한 조각 넣으면 탄산 칼슘(calcium carbonate, $CaCO_3$)이 생겨서 용액이 뿌옇게 된다. 그리고 탄산 칼슘은 칼슘 이온(Ca^{2+})과 탄산 이온(CO_3^{2-})으로 해리하여 평형을 이룬다. 실제로 이 반응에는 여러 평형이 들어 있다. 우선 기체 이산화 탄소가 물에 녹는 평형이 있고, 물에 녹은 이산화 탄소가 탄산으로 바뀌는 평형이 있다. 탄산은 두 단계를 거쳐 CO_3^{2-} 이온이 되고, CO_3^{2-} 이온은 Ca^{2+} 이온과 반응해서 분필, 시멘트의 주원료인 석회석, 유명한 건축물이나 조각에 사용되는 대리석 등에 들어 있는 $CaCO_3$가 되는 것이다.

이때 용액에 들어 있는 칼슘 이온과 탄산 이온의 농도를 측정해보면 경우에 따라 각각은 여러 값을 가질 수 있지만 두 농도값의 곱은 같은 온도에서 일정한 값을 나타내는 것을 발견하게 된다. 이 경우 탄산 칼슘의 용해도곱(K_{sp})은 몰농도를 사용해서 아래와 같이 정의되고, 25°C에서 다음 값을 가진다.

$$K_{sp} = [Ca^{2+}][CO_3^{2-}] = 8.7 \times 10^{-9}$$

용해도곱은 침전이 용해되는 반응의 평형 상수인 셈인데, 고체 탄산 칼슘은 조성이 일정하기 때문에 용해도곱에 분모로 들어가지 않는다. 용해도곱을 알면 용해도와 포화 용액에서 각각 이온의 농도를 구할 수 있다.

3. 공통 이온 효과

이온 결합 화합물이 녹아 있는 수용액에 그 화합물에 포함된 어느 한 이온을 추가로 넣어주면 침전(沈澱, precipitate)이 생긴다. 이 현상을 공통 이온 효과(common ion effect)라고 한다. 예를 들어 포화된 Ag_2SO_4 수용액에 Na_2SO_4를 가하면 $Ag_2SO_4(s)$ 침전이 생긴다.

공통 이온 효과는 침전 평형에서 평형의 이동으로 설명할 수 있다. $AgCl(s)$이 녹아서 이온화하는 반응의 반응 계수는 다음과 같이 쓸 수 있다.

$$AgCl(s) \leftrightarrows Ag^{+}(aq) + Cl^{-}(aq) \qquad K_{sp} = 1.6 \times 10^{-10}$$
$$Q = [Ag^{+}][Cl^{-}]$$

평형 상태에서는 $Q = K_{sp}$를 만족한다. 그런데 예를 들어, Ag^{+} 이온을 추가하면 두 이온 농도의 곱을 일정하게 유지하기 위해 Cl^- 이온 농도가 감소하게 된다. Cl^- 이온 농도가 감소하려면 일부 Cl^- 이온이 AgCl 결정으로 바뀌어 용액에서 사라져야 한다. 즉, 반응 계수가 평형 상수보다 크게 되면 역반응이 일어나 침전이 생성되고, 따라서 용해도가 감소하게 된다. 이것은 르샤틀리에의 원리와도 부합한다. Ag^+ 이온을 추가하면 Ag^+ 이온이 없어지는 방향, 즉 침전이 생기는 방향으로 평형이 이동하는 것이다.

공통 이온 효과는 생체에서도 중요한 의미를 지닌다. 생체에서는 물질 대사에 의해 여러 가지 물질이 끊임없이 들락날락하는데 그에 따라 평형이 이동하기 때문이다. 신장 결석(腎臟結石, kidney stone)의 주성분은 옥살산 칼슘(calcium oxalate)이다. 옥살산 칼슘에서는 옥살산 이온 두 개의 −1 음전하가 칼슘 이온의 +2 양전하와 강하게 상호작용해서 2.7×10^{-9}의 작은 용해도곱을 나타낸다. 미량의 옥살산 칼슘이 녹아있는데 주위로부터 옥살산 이온이나 칼슘 이온이 들어오면 옥살산 칼슘이 침전해서 결석이 되는 것이다.

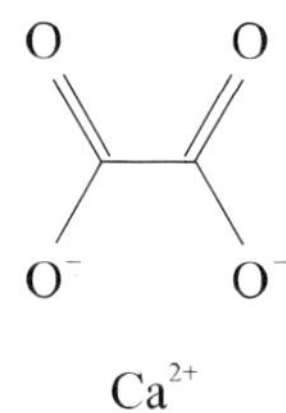

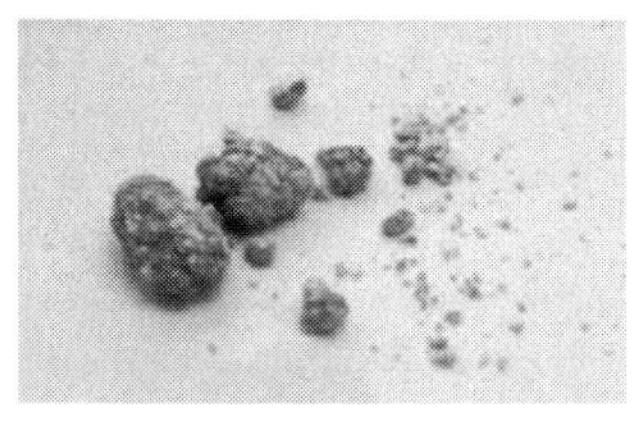
다양한 크기의 신장 결석

4. 이온의 선택적 침전

서로 다른 이온 결합 화합물의 용해도 차이가 크게 나는 경우 이 사실을 이용해서 이온을 선택적으로 침전시켜 서로 분리할 수 있다. 예를 들어, Mg^{2+} 이온과 Fe^{2+} 이온은 모두 탄산 이온(carbonate, CO_3^{2-})과 침전을 형성할 수 있다. 그러나 용해도곱은 약 100만 배나 차이가 난다.

$$MgCO_3(s) \leftrightarrows Mg^{2+}(aq) + CO_3^{2-}(aq) \qquad K_{sp} = 1.0 \times 10^{-5}$$
$$FeCO_3(s) \leftrightarrows Fe^{2+}(aq) + CO_3^{2-}(aq) \qquad K_{sp} = 2.1 \times 10^{-11}$$

따라서 Mg^{2+} 이온과 Fe^{2+} 이온이 함께 녹아 있는 경우에 CO_3^{2-} 이온의 농도를 잘 조절하면 Fe^{2+} 이온은 거의 다 침전하고, Mg^{2+} 이온은 거의 다 용액에 녹아있는 조건을 찾을 수 있다.

이온 결합 화합물의 용해도 차이에 의한 선택적 침전은 양이온의 정성 분석(定

性分析, qualitative analysis)에 이용된다. 정성 분석에서는 양을 정확히 측정하고자 하는 정량 분석(定量分析, quantitative analysis)과 달리 시료에 들어 있는 물질의 종류에만 관심이 있기 때문에 침전을 하는지 안 하는지를 구별하는 것은 상당한 의미를 가진다.

금속 양이온의 정성 분석에서 첫 번째 족은 Cl^- 이온과 침전을 이루는 염화이온족(chloride group)이다. 양이온들이 섞여 있는 용액에 염산을 가하면 대부분의 양이온은 용액에 남아있지만 용해도곱이 작은 $PbCl_2$, Hg_2Cl_2, AgCl은 침전한다. 침전을 분리하고 남은 산성 용액에 황화 수소(黃化水素, H_2S) 기체를 불어넣으면 HgS, PbS, CuS, CdS, Bi_2S_3, As_2S_3, Sn_2S_3, Sb_2S_3처럼 용해도곱이 작은 두 번째 황화 수소족(hydrgen sulfide group)의 황화물들이 침전한다. 이들 침전을 분리하고 남은 용액에 암모니아를 가해서 알칼리 조건으로 만들고 황화 수소를 불어넣으면 MnS, FeS, NiS, CoS, ZnS처럼 황화 수소족보다는 용해도곱이 큰 세 번째 황화 암모늄족(ammonium sulfide group)의 황화물이나 $Fe(OH)_3$, $Al(OH)_3$, $Cr(OH)_3$ 같은 수산화물들이 침전한다.

같은 황화 수소가 용액의 산도에 따라 다른 양이온을 침전시키는 이유는 무엇일까? 황화 수소는 다음과 같이 두 단계를 거쳐 S_2^- 이온을 만든다.

$$H_2S(aq) \leftrightarrows H^+(aq) + HS^-(aq)$$
$$HS^-(aq) \leftrightarrows H^+(aq) + S^{2-}(aq)$$

산성 용액에서는 H_2S 쪽으로 평형이 이동하여 S^{2-} 이온의 농도가 낮아지기 때문에 용해도곱이 작아서 쉽게 침전하는 양이온들만 침전하고, 알칼리 조건에서는 S^{2-} 이온이 많아지기 때문에 용해도곱이 커서 쉽게 침전하지 않는 양이온들도 침전한다.

황화 암모늄족의 침전을 분리하고 남은 알칼리성 용액에 탄산을 가하면 Cl^- 이온이나 S_2^- 이온과 침전을 이루지 않는 Mg^{2+}, Ca^{2+}, Sr^{2+}, Ba^{2+} 등 네 번째 탄산염족(carbonate group)이 침전한다. 다섯 번째 족은 Na^+, K^+ 같이 어떤 음이온과도 침전을 만들지 않는 알칼리 금속 이온들이다. 같은 족에 속한 이온들은 침전의 색깔이나 추가적인 실험을 통하여 구별하게 된다.

퀴리 부처도 위와 비슷한 과정을 거쳐 라듐(radium, Ra)과 폴로늄(polonium, Po)을 분리하고 발견했다. 그들은 화학 반응을 잘 이해하고 다룰 수 있었기 때문에 수 톤의 피치블렌드라는 우라늄 광석으로부터 100밀리그램 정도의 라듐을 원자량을 결정할 수 있을 정도로 순수하게 얻어낼 수 있었던 것이다.

원자 번호가 88인 라듐은 주기율표에서 바륨(barium, Ba) 바로 아래에 위치한 2족 원소이다. 그렇지만 퀴리 부처가 처음 라듐을 조사할 때에는 원자 번호도, 원자량도, 어느 족 원소인지도 몰랐다. 단지 아는 것은 우라늄보다 방사능이 강한 어떤 물질이 우라늄 광석에 미량 들어 있다는 것뿐이었다. 그래서 그들을 위와 같은 어려운 분리 과정을 따라가면서 방사능을 추적했다. 그런데 나중에 알려진대로 라듐은 바륨 아래의 2족 원소이기 때문에 용해도가 바륨과 비슷했다. 게다가 광석에는 같은 2족인 칼슘이 라듐이나 바륨보다 훨씬 많이 들어있었다. 다행히 칼슘의 황산염은 라듐이나 바륨의 황산염보다 용해도가 높아서 과량의 칼슘을 분리할 수 있었다.

$$CaSO_4(s) \leftrightarrows Ca^{2+}(aq) + SO_4^{2-}(aq) \qquad K_{sp} = 7 \times 10^{-5}$$
$$BaSO_4(s) \leftrightarrows Ba^{2+}(aq) + SO_4^{2-}(aq) \qquad K_{sp} = 1 \times 10^{-10}$$
$$RaSO_4 \leftrightarrows Ra^{2+}(aq) + SO_4^{2-}(aq) \qquad K_{sp} = 3.7 \times 10^{-11}$$

그러나 라듐과 바륨은 성질이 너무 비슷해서 분리하기가 매우 어려웠다. 다행히 20°C에서 물 100 g에 대한 염화 라듐(radium chloride, $RaCl_2$)의 용해도는 24.5 g, 염화 바륨(barium chloride, $BaCl_2$)의 용해도는 26.3 g으로 약간 차이가 있었다. 퀴리는 이 차이를 이용하여 용해도가 낮은 물질을 먼저 침전시키고 침전을 분리한 다음, 포화 용액으로부터 다시 침전을 얻는 식의 분별 결정 방법을 반복 적용해서 라듐이 점차적으로 농축된 시료를 얻었다. 그 때마다 방사능이 강해지는 것은 물론이고, 선스펙트럼에서 바륨의 선이 약해지고 다른 원소에서는 볼 수 없었던 라듐의 선이 강해졌다. 마지막으로 바륨의 선이 거의 보이지 않을 정도가 되었을 때 그 시료로부터 지금 알려진 값과 아주 가까운 라듐의 원자량 값이 얻어졌다.

14

일반화학실험

화학 전지

핵심 내용

- 이온, 전해질, 전기 전도도
- 전기화학적 서열, 이온화 경향, 전자 친화도, 전기음성도
- 산화–환원, 다니엘 전지, 표준 전위, 네른스트 식
- 용해도곱

관련 자료

표준 일반화학실험(제6개정판)

실험 18 "화학 전지와 전기화학적 서열"

Principles of Modern Chemistry, 6th Ed.(Oxtoby 외)

Ch 17. Electrochemistry

생명의 화학, 삶의 화학(김희준 외)

9장. 평형 반응

실험 목표

물질은 기본적으로 전기적이다. 실험 1에서는 전기 전도도를 통하여 물질의 전기적 본질을 관찰하고 확인한다. 실험 2에서는 구리, 아연, 납의 반응성을 비교하여 이들의 전기화학적 서열을 정해본다. 실험 3에서는 아연과 구리 전극으로 다니엘 전지를 만든 후 농도에 따른 전지의 기전력을 측정하여 전기화학의 기본인 네른스트 식을 테스트하고, 나아가서 실험 4에서는 잘 녹지 않는 염의 용해도곱 상수를 구해본다. 이런 복합적인 실험을 통해 전기화학의 기본을 체험적으로 학습한다.

배경

전자를 이해하는 것은 화학을 이해하는 것이라고 해도 과언이 아니다. 전자는 원자들이 화학 결합을 통해서 분자를 만드는 데 직접적으로 관여한다. 또한 화학의 중심에 자리잡고 있는 산/염기와 산화/환원은 전자를 통해 떼어놓을 수 없는 밀접한 관계를 지니고 있다.

생각해보면 전자는 참으로 신비스러운 입자이다. 질량은 양성자의 1840분의 1밖에 안 되면서도 전하의 절대값은 양성자와 같다. 딱히 어디 있다고 말하기도 어렵게 원자 크기의 전부를 전자 구름으로 채우고 있으면서 저보다 수천 배나 무거운 원자핵의 위치를 지정한다. 원자핵들 사이의 거리와 각도 모두를 말이다. 전자가 없다면, 아니 전자가 관여하는 화학 결합의 원리가 없다면 원자핵들은 무질서하게 뒤섞여 버릴 것이고, 분자는 아예 존재할 수조차 없을 것이다.

전자가 가볍고 유동적인 것은 또한 전신 전화기, 라디오, TV, 반도체, 집적회로, 컴퓨터 등 각종 전자 기기의 존재 근거가 된다. 이렇게 인간의 삶은 편하고 풍요롭게 해주는 많은 전자 관련 장치 중에서 화학 전지는 역사적으로나 현실적으로나 아주 중요한 의미를 지닌다. 패러데이에 의하여 전자기 유도 법칙이 발견되고 발전이 가능해지기 이전에 이미 갈바니, 볼타 등에 의하여 화학 전지가 발명되었다. 그리고 이러한 화학 전지에 의하여 물의 전기분해, 금속염의 전기분해에 의한 금속 원소의 발견 등이 이루어졌다.

화학 전지의 원리의 배후에는 원소마다 전자를 원하는 정도, 즉 전자 친화도 내지는 전기음성도가 다르다고 하는 사실이 들어 있다. 이러한 전기음성도의 차이는 화합물들이 다양한 물리적, 화학적 성질을 나타내는 이유가 되기도 한다. 옥텟 규칙에 따라 만들어진 화합물이라고 해도 모든 전자가 결합을 이룬 양쪽 원자에 골고루 공유되어 있다면 우리가 알고 있는 자연의 아름다움과 물질 세계의 다양성은 찾아볼 수 없을 것이다.

전자를 원하는 정도가 다른 화학종들을 잘 연결하면 외부 회로를 통해 전자를 흐르게 할 수도 있다. 즉, 두 화학종이 서로 전자를 잃고, 얻는 자발적인 화학 반응을 통해 전위차를 얻고, 회로를 통해 전자가 흐르게 되는 화학 전지를 꾸밀 수 있다.

전지의 기전력은 농도에 따라 달라지는데, 이 관계는 다음 네른스트 식으로 주어진다. n은 반응에 참여하는 전자의 몰수, E_{cell}은 전지의 기전력이다.

$$E_{cell} = E^{o}_{cell} - (0.0592/n)\ \log Q \qquad \text{(단위 볼트, 25°C 에서)}$$

따라서 기전력을 측정하면 관련된 화학종의 농도비를 구할 수 있고, 잘 녹지 않는 염의 경우에는 용해도곱을 구할 수 있다.

실험 기구 및 시약

실험 1: 건전지, 전선, LED, 설탕, 소금, 귤

실험 2: Cu, Zn, Pb 판, 1.0 M $Zn(NO_3)_2$ 용액, 1.0 M $Pb(NO_3)_2$ 용액, 1.0 M $Cu(NO_3)_2$ 용액

실험 3: 아연판, 구리판, 염다리, 비커, 전압계, 전선, 사포, $Zn(NO_3)_2$ (0.1 M), $Cu(NO_3)_2$ (0.1 M, 0.01 M, 0.001 M), 0.010 M $Ag(NO_3)$, 0.020 M $Zn(NO_3)_2$, KCl

실험 4: 아연판, 은도선, 비커, 염다리, 전압계, 전선, 0.010 M $AgNO_3$, 0.020 M $Zn(NO_3)_2$, KCl

실험 과정

실험 1. 전기 전도도

(1) 건전지에 LED를 연결하고 불이 잘 들어오나 확인한다.

(2) 비커에 들어 있는 증류수를 건전지 회로의 일부분이 되게 연결하고 LED에 불이 들어오나 본다.

(3) 비커에 들어 있는 설탕을 건전지 회로의 일부분이 되게 연결하고 LED에 불이 들어오나 본다.

(4) (3)의 비커에 증류수를 가하고 저은 후 LED에 불이 들어오나 본다.

(5) 비커에 들어 있는 소금을 회로의 일부분이 되게 연결하고 LED에 불이 들어오나 본다.

(6) (5)의 비커에 증류수를 가하고 저은 후 LED에 불이 들어오나 본다.

(7) 회로에 귤을 연결하고 LED에 불이 들어오나 본다.

실험 2. 전기화학적 서열

(1) Cu, Zn, Pb으로 된 얇은 판을 가로와 세로가 각각 0.5 cm 정도 되게 두 개씩 잘라서 양면을 고운 사포로 깨끗하게 닦는다.

(2) 두 개의 비커에 1.0 M $Zn(NO_3)_2$ 용액을 약 10 mL씩 피펫으로 옮긴 후에 각

비커에 구리판과 납을 담근다. 같은 방법으로 1.0 M $Pb(NO_3)_2$ 용액에 구리판과 아연판을 넣고, 1.0 M $Cu(NO_3)_2$ 용액에는 구리판과 아연판을 담근다. 각 비커에서 일어나는 화학 반응을 관찰하여 기록한다.

실험 3. 화학 전지

(1) 얇은 아연판과 구리판을 가로 1 cm, 세로 7 cm로 잘라서 양면을 고운 사포로 잘 닦는다.

(2) 100 mL 비커 두 개를 준비하여, 한 쪽에는 1.0 M $Zn(NO_3)_2$ 용액 80 mL를 넣은 후 아연판을 담그고, 다른 쪽에는 1.0 M $Cu(NO_3)_2$ 용액 80 mL를 넣고 구리판을 넣는다. 금속판이 용액에 5 cm 정도 잠기도록 하고, 두 비커를 염다리로 연결한다.

(3) 아연판과 구리판에 직류 전압계를 연결하여 전지의 전위차를 측정하여 기록한다. 전압계에는 스위치를 장치해서 회로의 연결과 끊음을 쉽게 하는 것이 좋다.

(4) 구리 용액과 구리판 대신에 1.0 M $Pb(NO_3)_2$ 용액 80 mL와 납판을 아연 전극과 연결하여 전위차를 측정한다. 마지막으로 구리 전극과 납 전극을 연결하여 전위차를 측정한다.

(5) $Cu(NO_3)_2$ 용액을 10배씩 묽혀서 0.1 M, 0.01 M, 0.001 M 용액을 만든다. 이 용액을 각각 0.1 M $Zn(NO_3)_2$ 용액과 연결하여 다니엘 전지를 만든 후 전위값을 측정하고 예상한 값과 비교한다. 묽힌 용액으로 전극을 잘 씻어준 다음에 전위를 측정하는 것이 좋다.

실험 4. 잘 녹지 않는 염의 용해도곱 측정

(1) 다음과 같은 다니엘 전지를 만들어보자. 0.010 M $Ag(NO_3)$와 0.020 M $Zn(NO_3)_2$ 용액의 부피는 50 mL로 한다(부피를 정확하게 해야 한다).

$$Zn(s) \mid Zn^{2+}(aq) \parallel Ag^{+}(aq) \mid Ag(s)$$

(2) 만든 전지의 전압을 측정하고 계산값과 비교해 보자.

(3) 오른쪽 반쪽 전지의 $Ag(NO_3)$용액에 $KCl(s)$를 가하면 $AgCl(s)$침전이 생성될 것이다. 최종 $[K^{+}]$가 0.030 M이 되도록 하고 전압을 측정한다(KCl을 첨가해 준 다음에는 용액 내의 은 이온 농도가 고르도록 잘 흔들어 준 다음에 전압을 측정해야 한다).

실험 보고서

학과 ______ 학번 ______ 이름 ______ 일자 ______ 실험조 ______

실험 1. 전기 전도도

(1) 관찰 사실을 토대로 시험해본 각 물질과 용액의 전기 전도도를 설명하라.

(2) 소금의 성분인 소듐과 염소의 전기음성도 차이와 설탕의 성분인 탄소, 수소, 산소의 전기음성도 차이에 대하여 무엇을 말할 수 있는가? 문헌에서 각 원소의 전기음성도를 찾아보고 자신의 생각의 타당성을 확인하라.

(3) 이온 결합은 공유 결합의 극단적인 경우라고 볼 수 있을까?

실험 2. 전기화학적 서열

관찰 결과로부터 Cu, Zn, Pb의 전기화학적 서열(이온화 경향)을 정하라.

실험 3. 화학 전지

각각 경우에 대하여 0.0592 log(농도)를 x축으로, 전위를 y축으로 그래프를 그린 다음 기울기의 역수로부터 관련된 전자의 수를 구하라.

실험 4. 잘 녹지 않는 염의 용해도곱 측정

실험 결과로부터 AgCl의 K_{sp}값을 구하고, 참고 자료 문헌값과 비교하라.

참고 자료 

1. 다니엘 전지

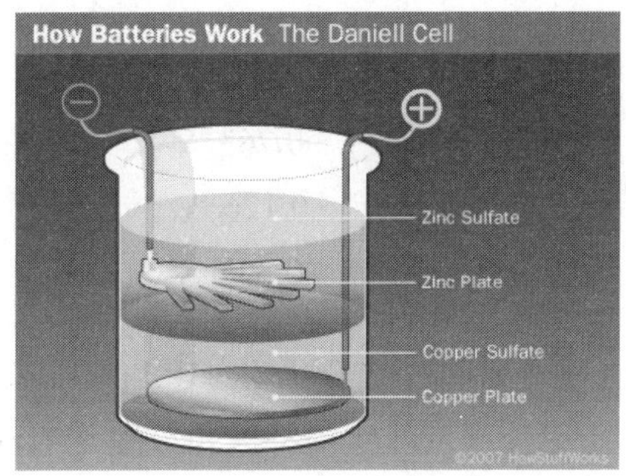

다니엘 전지

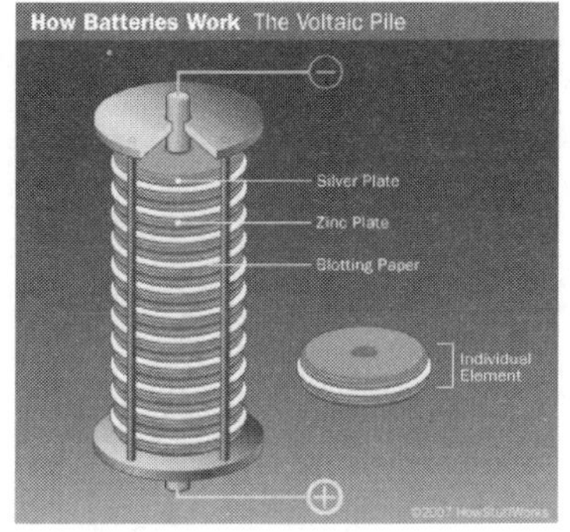

볼타 전지

다니엘 전지는 아연과 아연 용액, 구리와 구리 용액의 두 반쪽 전지가 염다리와 외부 회로로 연결되어 있다. 이때 외부 회로에서 측정되는 전위를 이 전지의 기전력(E_{cell})이라고 하는데, 이는 산화전극의 전위와 환원전극의 전위의 차이가 된다.

$$
\begin{aligned}
E_{cell} &= \text{환원 전위} - \text{산화 전위} \\
&= E_{cathode} - E_{anode}
\end{aligned}
$$

그런데 하나의 전극 전위를 독립적으로 측정하는 것이 불가능하고, 단지 전지의 기전력만 측정할 수 있으므로, 반쪽 전지들을 서로 비교하기 위해서는 기준 전극(reference electrode)이 필요하게 된다. 이는 위치 에너지가 기준에 따라 달라짐을 나타낸다. 규약에 따라 표준 수소 전극을 기준 전극으로 하고, 이 전극의 전위를 0으로 정하였다. 여러 책에서 찾아 볼 수 있는 반쪽 반응의 전위들은 표준 수소 전극을 기준으로 한 표준 환원 전위이다. 그리고, 한 반쪽 전지의 산화 반반응과 환원 반반응은 서로 역반응의 관계에 있으므로, 위에서 나타난 산화 전위의 값은 문헌에 표시된 값에 (−)가 붙게 된다.

예를 들어, 아연의 표준 환원 전위는 다음과 같이 측정된다.

$$Zn(s) \mid Zn^{2+}(aq) \parallel H^{+}(aq) \mid H_2(g) \mid Pt$$

이 전지의 전위차를 전위차계로 측정하면, 0.76V가 얻어질 것이다. 그런데 전지의 기전력은 이미 알고 있듯이 두 반쪽 전지의 합이므로, (환원되는 수소 전극의 전위) = 0에서, 산화되는 아연의 전극 전위는 +0.76V이 된다. 따라서, 아연의 표준 환원 전위는 −0.76V가 될 것이다. 이런 식으로 다른 여러 반반응들의 환원 전위를 측정할 수 있다.

표준 환원 전위

$$Zn^{2+} + 2e^- \rightarrow Zn(s) \quad E_o = -0.763\ V$$
$$Pb^{2+} + 2e^- \rightarrow Pb(s) \quad E_o = -0.126\ V$$
$$Cu^{2+} + 2e^- \rightarrow Cu(s) \quad E_o = +0.337\ V$$

표준 환원 전위가 클수록 자신이 환원되려는 경향이 강함을 나타내고, 그 값이 작을수록 반대로 산화되려는 경향이 강하다(따라서 전자는 자신은 환원되고, 상대방을 산화시키는 산화제로 작용할 것이다).

2. 표준 환원 전위

다니엘 전지에서는 왜 아연과 구리가 사용될까? 4주기 원소들의 표준 환원 전위 값을 살펴보면 Ca(−2.87 V), Ti(−1.63), V(−1.13), Cr(−0.90), Mn(−1.18), Fe(−0.44), Co(−0.27), Ni(−0.26), Cu(0.34), Zn(−0.76) 순서로 전반적으로 증가하는 경향을 나타낸다. 그런데 예외적으로 구리와 아연 사이에는 역전이 나타난다. 다니엘 전지는 이 사실을 이용하는 것이다. 그러면 문제는 왜 아연의 표준 환원 전위가 그렇게 낮은가 하는 점이다. 생각해 볼 수 있는 요인은 $M(s) \rightarrow M(g)$에 관한 승화 자유 에너지, I_1(일차 이온화 에너지), I_2(이차 이온화 에너지), 그리고 수화 자유 에너지($M^{2+}(g) + 2e^-(g) \rightarrow M^{2+}(aq) + 2e^-(g)$)가 있을 것이다. 헤스의 법칙에 따라 위의 과정을 거쳐 얻어진 자유 에너지 변화가 바로 용유 자유 에너지($M(s) \rightarrow M^{2+}(aq) + 2e^-(g)$)이 되고 그에 의하여 표준 환원 전위가 결정된다.

그러면 승화 자유 에너지, I_1, I_2, 그리고 수화 자유 에너지 중에서 어느 요인이 아연의 표준 환원 전위가 특이한 값을 가지는 이유를 제공할까? 힌트: 아연과 같은 족에 상온에서 액체인 수은이 있다.

3. 네르스트 식

표준 환원 전위의 값은 말 그대로 표준 상태에서 측정된 값들이다. 여기서 말하는 표준 상태란 모든 용질과 기체의 활동도(activity)가 1일 때이지만, 여기서는 각 용액의 농도가 1 M, 각 기체의 압력이 1기압, 온도는 보통 25°C일 때를 말한다.

앞에서 나온 전지의 기전력에 관한 식과 표준 환원 전위의 값으로부터 많은 전지의 기전력을 계산할 수 있지만($E^{o}_{cell} = E^{o}_{cathode} - E^{o}_{anode}$), 이들이 표준 상태가 아닐 때에는 네른스트 식이 필요하다.

네른스트 식을 사용해서 다음 전지에서의 기전력을 계산해보자. 이 전지의 표준 기전력은 1.10V이다.

$$Zn(s) \mid Zn^{2+}(1.00 \times 10^{-5}\ M) \parallel Cu^{2+}(0.100\ M) \mid Cu(s)$$

전지 반응: $Zn(s) + Cu^{2+}(aq) \leftrightarrow Zn^{2+}(aq) + Cu(s)$에서, $n = 2$

반응비는 $Q = [Zn^{2+}]/[Cu^{2+}] = 1.00 \times 10^{-4}$

$$\begin{aligned} E_{cell} &= E^{o}_{cell} - (0.0592/n)\ \log Q \\ &= 1.10 - (0.0592/2)\ \log(1.00 \times 10^{-4}) \\ &= 1.10 - (-0.120) \\ &= 1.22\ (V) \end{aligned}$$

4. 잘 녹지 않는 염의 용해도곱 측정

전기화학 기법은 잘 녹지 않는 염의 용해도를 측정하는 데 종종 사용된다. Ag^{+} 이온과 Cl^{-} 이온이 만나면 $AgCl(s)$이 형성되는데, 실험 A와 같은 형태의 다니엘 전지를 만들어서 이 염의 용해도를 측정할 수 있다.

용해도를 나타내는 척도의 하나로 용해도곱이 있다. 용해도곱은 고체염이 해리하여 해당되는 이온으로 나뉘어지는 반응의 평형 상수로 정의된다.

$$AgCl(s) \Leftrightarrow Ag^{+}(aq) + Cl^{-}(aq)$$
$$K_{sp} = [Ag^{+}]\ [Cl^{-}]$$

다음과 같은 다니엘 전지를 만든 다음 오른쪽 반쪽 전지에 Cl^{-} 이온을 첨가하면 $AgCl(s)$이 형성된다.

$$Zn(s) \mid Zn^{2+}(aq) \mid\mid Ag^{+}(aq) \mid Ag(s)$$

따라서 $[Ag^{+}]$가 작아져 전압이 떨어지게 되고, 이때의 전지 전압의 변화를 측정하여 $[Ag^{+}]$를 결정 할 수 있다. 또 $[Cl^{-}]$는 넣어준 $[Cl^{-}]$를 알면 구할 수 있으므로 우리는 K_{sp}값을 결정할 수가 있다.

좀 더 자세하게 살펴보자. 위의 다니엘 전지의 각 반쪽 전지의 반응과 대응되는 네른스트 식은 다음과 같다.

환원전극:

$$Ag^+(aq) + e^- \rightarrow Ag(s)$$

$$E_+(Ag) = E^0(Ag) - 0.05916 \log \frac{1}{[Ag^+]} \qquad E^0(Ag) = 0.80$$

산화전극:

$$Zn^{2+}(aq) + 2e^- \rightarrow Zn(s)$$

$$E_-(Zn) = E^0(Zn) - \frac{0.05916}{2} \log \frac{1}{[Zn^{2+}]} \qquad E^0(Zn) = -0.76$$

0.020 M의 $Zn(NO_3)_2$와 0.010 M $Ag(NO_3)$로 전지를 만들때의 전지 전압을 계산할 수 있을 것이다. 각 반쪽 전지의 네른스트 식으로부터 다음과 같은 식을 유도하여 계산할 수도 있다.

$$E = E_+ - E_- = 1.56 - \frac{0.05916}{2} \log \frac{[Ag^+]^2}{[Zn^{2+}]}$$

이 식으로부터 위의 조건에서 전지의 기전력을 계산해 보자.

이제 오른쪽 반쪽 전지에 KCl(*s*)를 첨가하면 Ag^+는 Cl^-와 반응하여 침전을 형성하게 된다. 50 mL의 $Ag(NO_3)$용액에 KCl(*s*)를 첨가하여 최종 $[K^+]$이 0.030 *M*이 되도록 만들려고 한다. 그렇다면 이때 KCl(*s*)를 몇 g이나 넣어야 할지 계산해 보자.

KCl(*s*)를 첨가한 후의 전압을 측정하였다면, $[Zn^{2+}]$는 알고 있으므로 위의 식을 이용하여 $[Ag^+]$를 계산해 낼 수 있다. 또 넣어준 KCl의 양을 알고 있으므로 Ag^+와 반응하고 남은 Cl^-의 농도를 계산할 수도 있다. 이제 필요한 모든 정보를 얻어내었으니, AgCl 의 K_{sp}를 계산해 낼 수 있다. 이 값을 문헌에서 찾은 AgCl의 K_{sp} 값과 비교하여 보자.

15

일반화학실험

천연 색소의 추출과 무기 안료의 합성

핵심 내용

- 천연 화합물, 용해도, 추출
- 염색, 분자간 상호작용
- 금속 이온, 착물의 색

관련 자료

표준 일반화학실험 제6개정판(대한화학회)

실험 26 "천연 색소의 추출"

실험 31 "무기 안료의 합성"

Principles of Modern Chemistry, 6th Ed.(Oxtoby 외)

Ch 8. Bonding in Transition Metal Compounds and Cordination Complexes

생명의 화학, 삶의 화학(김희준 외)

6장. 화학 결합과 분자 구조

12장. 삶의 화학

Journal of Chemical Education.

'The Chemistry of Plant and Animal Dyes' Vol. 58, No. 4, p 301

'Sir William Henry Perkin, Pioneer in Color' Vol. 58, No. 4, p 305

'Colors to Dye for : Preparation of Natural Dyes' Vol. 76, No. 12, p 1688

실험 목표

오늘날 화학의 발달로 합성 염료를 대량으로 만들 수 있게 되었지만 19세기 중엽까지의 염료는 오직 식물, 동물, 광물질 등의 천연 원료에서만 얻을 수 있었다. 이러한 염료를 사용한 염색의 경우 대개 색이 선명하지도 않고 물에 의해 쉽게 탈색되기도 해서 색깔을 오래 유지하기 위해서 매염제를 사용해야 했다. 매염 단계에서는 섬유에 금속 매염액(일반적으로 알루미늄염, 크로뮴염, 구리염, 철염, 주석염 등)을 처리해주고 염색을 하는데, 이러한 금속 이온들은 섬유와 염료와의 강한 결합을 형성하여 색을 유지시켜 준다.

이 실험에서는 양파 등 식물로부터 색깔을 나타내는 화합물을 추출해 내고, 이것을 이용하여 섬유에 염색을 해본다. 그리고 양파로부터 추출한 염료의 색을 변화시킬 수 있는 방법과 색을 오래 유지시킬 수 있는 방법을 찾아보기로 한다.

또한 전이 금속의 착화합물인 무기 안료를 합성하고, 이들을 우유에서 분리한 카세인과 함께 혼합해서 그림 물감을 만들어 본다. 그리고 우리 주위에서 색을 나타내는 다양한 물질의 특성에 대해 생각해본다.

배경

우리 동요나 가요에는 색깔에 대한 정서가 여러 군데 묻어 있다.
"봄이 오면 산에 들에 진달래 피네"에도 그렇고 "가을이라 가을 바람 솔솔 불어오니 푸른 잎은 붉은 치마 갈아입고서..."에도 그렇다.
봄이 와도 가을이 와도 천지가 그저 그렇게 아무 변화가 없다면 멋이 없는 세상이라 아니할 수 없다.

아름다운 색깔의 낙엽

우리는 화학 반응이 일어났는가를 알 수 있는 중요한 단서로 색의 변화를 들어왔다. 화학 반응에는 전자가 관여하고 전자 에너지의 전이(electronic transition)는 가시광선이나 자외선 파장에 해당하기 때문에 당연한 일이다.

색 ⇦ 화학 반응 ⇦ 전자

색은 인류가 화학 반응과 색의 관계를 이해하기 훨씬 전부터 인류를 매료해왔다. 사하라 지역에서 발견된 돌에 그린 선사 시대의 그림에는 채색한 옷을 입은 사람들의 모습이 보이고, 터키 지방의 벽화에는 염색한 카페트가 나온다. 최초의 염료는 우연히 산딸기 같은 식물의 즙이 옷에 묻으면 색이 남는 데에서 발견되었을 것이다. 염료를 얻기 어려웠던 고대에는 색깔 있는 옷은 권위와 권력의 상징이었다. 고대 중국에서 천자는 황색의 용포를 입었고, 서양에서는 자주색이 특히 중요시되었다.

푸른색은 대청(大靑, woad)이나 남(藍, 쪽빛, indigo)이라는 식물에서, 노란색은 석류나 새프런(saffron), 그리고 빨간색은 꼭두서니나 이집트에서 나오는 헤나(henna)에서 추출되었다. 페니키아인들은 일종의 그 지방 특산 조개류(mollusk)에서 자주색을 얻었는데, 1그램 정도의 염료를 얻으려면 수천 개의 조개가 필요했기 때문에 자주색 염료의 주요 산지인 Tyre에서는 누구나 조개 썩는 냄새를 맡아야 했지만 자주빛 옷은 귀족만이 입을 수 있었고, 비잔틴 제국에서는 황제의 아들로 태어나는 것은 "born in the purple"로 통했다.

인디고와 티르의 자주색을 제외하고는 염색이 오래가지 않았다. 그래서 염료를 옷감에 고정시키는 착색료(mordant)가 중요하게 되었다. 그 중 지금도 봉숭아물을 들이는 데 사용되는 명반(alum, potassium aluminum sulfate)이 가장 중요하다. 명반은 기원전 10세기경부터 사용되었는데, 중세에는 세계 경제에 중대한 변수로 작용했다. 요즘 세상에 유가가 세계 경제를 주름 잡듯이 말이다. 1275년에 제노아(이탈리아)는 비잔틴 제국으로부터 명반 채굴권을 사들여서 1455년까지 매년 8000톤의 명반을 플랜더스(네덜란드)에 팔아 부를 축적했다. 1455년에 터키가 명반 생산 지역을 장악하여 유럽에 명반 기근이 불어 닥쳤는데, 때마침 로마 부근에서 대규모의 명반이 발견되어 르네상스 시대에 로마의 부흥을 가져오는 데 한 몫을 했으나 로마 교황이 이권을 챙기면서 명반 가격이 급등하였다. 유럽 각국에서는 화학자들의 도움으로 황산 알루미늄(aluminum sulfate)을 포함하는 값싼 진흙으로부터 명반을 생산하는 기술이 개발되어 직물 산업이 발전되었다.

19세기 중엽까지의 염료는 오직 식물, 동물, 광물질 등의 천연 원료에서만 얻을 수 있었는데, 이러한 염료를 사용한 염색의 경우 대개 색이 선명하지도 않고 물에 의해 쉽게 탈색되기도 하였다. 게다가 푸른색, 자주색 등 몇 개의 색은 얻기도 어려워서 왕족이나 입을 수 있을 정도로 값이 나갔다. 이러한 염색의 흔적은 아주 오래 전부터 나타났는데, 아마도 그 시작은 열매나 나무 껍질 등에 의해 당시의 사람들이 입고 있던 옷이 착색이 되면서부터 일 것이다. 그러나 오늘날 사람들은 값싼 합성 염료 덕분에 원하는 거의 모든 색의 옷을 입을 수 있게 되었고, 이러한 합성 염료는 섬유의 성질에 관계없이 얼룩이 없는 선명한 색을 나타낼 수 있다.

합성 염료의 이러한 다양한 장점에도 불구하고, 최근에 천연 염색에 관한 관심이 다시 대두되고 있다. 식물의 뿌리, 나무껍질, 꽃, 열매, 흙 등으로 염색을 하는 것은 화학 염색에 비해서 환경 친화적이며 건강 상품으로서 응용할 수 있는 범위가 넓기 때문에 세계적으로 주목받고 있다. 자연의 색을 찾는 천연 염색은 화학 염색에서 나오는 색상과는 달리 다양한 성분이 복합되어 나온 색상이기 때문에 세탁하면서 조금씩 색이 사라지면서 천연 염색 고유의 색을 즐길 수 있고, 세탁하면서 나오는 악성 폐수를 방지할 수 있다. 게다가, 천연 염색 옷은 좀이 쓸지 않는다. 쪽은 독사 및 해충을 쫓아내는 제독성, 방충성이 있어서 독충이 많은 지역의 사람들은 바깥일을 할 때 천연 염색 옷을 즐겨 입는다고 한다. 옛날에는 피부병이 발생하면 천연 염색의 옷을 입었고, 선진국에서는 무좀 및 아토피성 피부병 환자용으로 천연 염색 옷이 개발되어 팔리고 있다. 그러나 식물, 동물, 광물질 등의 천연 염료에 의한 염색은 색이 쉽게 없어지는 성질이 있기 때문에 대부분의 천연 염색은 색깔을 오래 유지하기 위해서 매염제를 사용해야 한다. 매염 단계에서는 섬유에 금속 매염액(일반적으로 알루미늄염, 크로뮴염, 구리염, 철염, 주석염 등)을 처리해주고 염색을 하는데, 이러한 금속 이온들은 섬유와 염료와의 강한 결합을 형성하여 색을 유지시켜 준다.

어떤 물질이 색깔을 띤다고 해서 반드시 염료로 사용될 수 있는 것은 아니다. 예를 들어 블루베리의 경우 안토사이아닌(anthocyanin)이라는 물질에 의해 파란색으로 보인다. 그러나 블루베리의 추출물로 염색한 천은 pH 변화에 따라 색깔이 달라져 염료로서의 사용되지 않는다(그러나 이러한 pH에 따른 색깔의 변화는 산-염기 적정에서 지시약으로 사용될 수 있을 것이다). 다음은 양파의 색깔을 노란색으로 만드는 케르세틴(quercetin)과 블루베리의 색깔을 파란색으로 만드는 안토사이아닌의 구조식이다. 위의 단풍의 색소도 비슷한 구조를 가지고 있을 것이다.

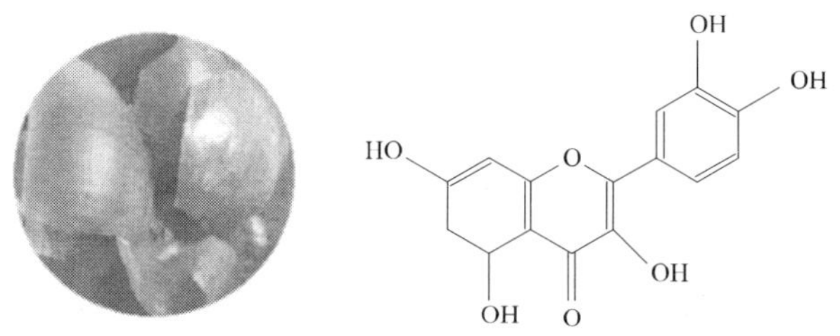

케르세틴은 노란 양파를 노랗게 만드는 물질이다.

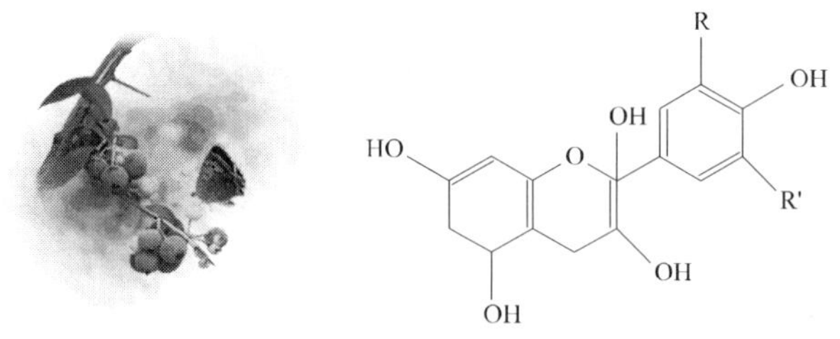

안토사이아닌은 블루베리의 푸른색을 만든다.

반면 그림 물감이나 페인트로 사용하는 무기 안료는 이들과 전혀 다른 계열의 물질이다. 그런데도 비슷한 색을 나타내는 이유는 무엇일까? 안료와 함께 사용되는 결합제는 안료가 재질에 단단히 달라붙도록 해주는 역할 외에도 재질의 부식을 막아주는 역할도 한다. 페인트와 같은 경우에는 재질의 표면에 단단한 필름을 형성하는 고분자 물질을 용매에 녹인 결합제를 사용한다.

안료를 그림 물감 등에 사용할 때에는 우유나 치즈에서 분리한 카세인(casein)을 결합제로 사용하기도 한다. 카세인은 락토알부민과 락토글로불린과 같은 단백질을 포함하고 있는 몇 가지 인단백질(phosphoprotein)의 혼합물로, 우유에서는 방사 모양으로 뭉쳐진 고분자 마이셀(micelle)의 형태로 존재한다. 카세인은 우유에 아세트산과 같은 산을 넣으면 침전으로 분리된다.

실험 기구 및 시약

실험 1. 천연 색소의 추출

100 mL 비커, 열교반기, 핀셋, 약수저, 종이 타월, 백반($KAl(SO_4)_2 \cdot 12H_2O$), $FeCl_2 \cdot nH_2O$, $NaHCO_3$ 용액(0.2 g/10 mL), 아세트산, 치자, 소목

실험 2. 무기 안료의 합성

열교반기, 칭량 종이, 여과지, 뷰흐너 깔때기, 뷰흐너 플라스크, 유리 막대, 카세인, 아래 표의 시약들

반응 물질	침전 물질	침전물 색깔
A : 0.3 g $K_4Fe(CN)_6$ B : 0.2 g $CoCl_2$	$CoFe(CN)_6$	회녹색
A : 0.2 g $NH_4Fe(SO_4)_2 \cdot 3H_2O$ B : 0.2 g Na_2CO_3	$Fe(OH)_3$	갈색
A : 0.2 g $NH_4Fe(SO_4)_2 \cdot 3H_2O$ B : 0.2 g $K_4Fe(CN)_6$	$KFe_2(CN)_6$	파란색
A : 0.2 g $CoCl_2$ B : 1.0 mL Na_2SiO_3	$CoSiO_3$	보라색
A : 0.2 g $CoCl_2$ B : 0.2 g Na_2CO_3	$CoCO_3$	연보라색

실험 과정

실험 1. 천연 색소의 추출

A. 매염 준비

(1) 100 mL 비커 두 개를 준비하고, 각각의 비커에 50 mL씩 물을 채운다.

(2) 1.5 g의 $Al_2(SO_4)_3 \cdot 18H_2O$와 1.5 g의 $FeCl_2 \cdot nH_2O$을 물이 담긴 비커에 따로 넣고, 반드시 표시해둔다.

(3) 각각의 금속염이 담긴 비커를 저어주면서 5분 정도 가열한다.

(4) 준비한 면섬유를 각각의 비커에 두 개씩 넣고 2분 정도 더 가열한다.

(5) 가열을 마치고 비커를 한쪽에 잘 방치해 둔다.

B. 염료 추출하기

(1) 100 mL 비커 두 개를 준비하고, 각 비커에 50 mL씩 물을 채운 후 가열한다.

(2) 한쪽의 비커에는 양파의 겉껍질(노란색)을 넣고, 다른 비커에는 양파의 속(흰색)을 작게 잘라서 넣고 5분 정도 가열한다.

(3) 색이 우려 나오면 건더기를 건져낸다(염색 시 얼룩이 생길 수 있기 때문에).

C. 매염제 없이 염색하기

(1) 준비한 면섬유 두 개를 흐르는 물에 적셔준다.

(2) B 단계에서 추출한 두 염료 추출액 각각에 물에 적신 면섬유 하나씩을 넣고 3분 동안 가열한다.

(3) 가열 후 집게로 건져낸 면섬유를 흐르는 물에 씻고 종이 타월에 올려놓고 꼭 표시한다.

D. 알루미늄 매염제를 이용해서 염색하기

(1) 비커 두 개를 더 준비한다.

(2) C 단계에서 사용한 염액을 각각 반씩 나누어 비커에 담아놓는다(뜨거우니까 조심!). 결국, 같은 색의 염액을 두 개씩 나누어 놓은 것이다(매염제 간의 오염을 방지하기 위해서).

(3) A 단계에서 Al 금속염액에 담가놓은 면섬유 두 개를 집게로 꺼내어 다른 종류의 염액에 하나씩 넣고 3분 동안 가열한다.

(4) 가열 후 집게로 건져낸 면섬유를 흐르는 물에 씻고 종이 타월에 올려놓고 꼭 표시한다.

E. 철 매염제를 사용해서 염색하기

(1) D 단계에서 사용하지 않은 두 개의 염액이 담긴 비커를 준비한다.
(2) A 단계에서 Fe 금속염액에 담가놓은 면섬유 두 개를 집게로 꺼내어 염액이 담긴 비커에 하나씩 넣고 3분 동안 가열한다.
(3) 가열 후 집게로 건져낸 면섬유를 흐르는 물에 씻고 종이 타월에 올려놓고 꼭 표시한다.

F. 탈색이나 변색 유무 확인(산, 염기에 의한)

(1) 표시해둔 여섯 개의 면섬유의 색깔을 확인하여 기록한다.
(2) 각각의 염색된 면섬유 한쪽 모서리에 아세트산 한두 방울을 떨어뜨린다.
(3) 반대편 모서리에는 $NaHCO_3$(0.2 g/10 mL) 수용액을 한두 방울 떨어뜨린다.
(4) 흐르는 물에 씻어준 후 물기를 제거하고 변화가 있는지 살펴본다.

실험 2. 무기 안료의 합성

(1) 두 개의 시험관에 더운 물을 반 정도 채운 뒤 아래 표의 A와 B를 각각 넣어서 녹인 후에 두 용액을 100 mL 비커에 넣어서 섞으면 침전이 만들어진다.
(2) 뷰흐너 깔때기를 이용하여 침전을 걸러서 말린다.
(3) 100 mL 비커에 소량의 카세인을 넣고 물을 넣어서 걸쭉한 반죽을 만든다.
(4) 카세인과 같은 양의 색소를 넣고 잘 저어준다.

주의 사항

실험 1. 천연 색소의 추출

(1) 화학약품을 사용할 때는 반드시 비닐 장갑을 착용한다.
(2) 가열할 때는 화상의 우려가 있으니 조심한다.
(3) 매염제 용기에는 반드시 표기를 하여 방치한다.
(4) 실험실의 환기가 잘되도록 주의한다.
(5) 얼룩 방지를 위해서는 매염 단계나 염색 단계에서 섬유가 물에 완전히 잠기도록 한다.
(6) 이 실험에 사용한 화학약품 대신에 생활에서 구할 있는 백반(매염제), 식초, 베이킹(제빵) 소다를 대신 사용할 수 있다.

실험 2. 무기 안료의 합성

(1) 염화 코발트는 독성이 있으므로 손에 묻지 않도록 한다.

(2) 카세인을 효율적으로 얻기 위해서는 충분히 높은 온도에서 아세트산을 넣어주는 것이 좋다.

실험 보고서

학과 ________ 학번 ________ 이름 ________ 일자 ________ 실험조 ________

실험 1. 천연 색소의 추출

(1) 조건을 달리하여 염색한 여섯 개의 면섬유의 색을 잘 관찰하고, 색의 차이를 비교하라.

	무매염	Al 매염	Fe 매염	산처리	염기 처리
양파 겉껍질					
양파속					

(2) 이 실험에서 $Al_2(SO_4)_3$와 $FeCl_2$는 금속 매염제로 쓰였다. 실험을 통해 매염제의 역할에 대해서 알게된 점을 적으라.

(3) 주변에서 이용할 수 있는 천연 염료의 종류와 색에 대해서 알아보라.

실험 2. 무기 안료의 합성

(1) 안료를 합성할 때 반응 과정과 침전의 모양을 관찰하여 기록하라.

(2) 자기가 만든 그림 물감으로 실제로 그림을 그려라.

(3) 실험에서 사용한 전이 금속인 철과 코발트의 화합물에서 각 화합물이 어떻게 다른 색깔을 띠게 되는지 생각해보라.

참고 자료

1. 합성 염료 산업의 시작

19세기 중반에 유기화학이 급격한 발전을 이루면서 특히 합성 염료와 약품을 중심으로 정밀화학 공업(fine chemical industry)이 시작된다. 최초의 합성 염료는 런던의 Royal College of Chemistry에서 호프만(Hofmann) 교수의 학생으로 있던 18세의 윌리엄 퍼킨(Perkin)에 의해 우연히 만들어졌다. 가난한 목수의 아들로 태어난 퍼킨은 가업을 계승시키려는 아버지의 뜻에도 불구하고 화학에 흥미를 느껴서 집안에 실험실을 차려놓고 실험에 열중했다. 아버지도 하는 수 없이 윌리엄을 대학에 보냈고, 염료 사업을 위해 학업을 중단했던 퍼킨은 36세에 다시 연구 생활로 돌아와서 최초의 향료인 coumarin 합성, Perkin 반응의 발견 등 유기화학에 크게 기여했다. 퍼킨은 랭그뮈어 등과 함께 과학 잡지의 이름으로 등장하는 몇 사람 중의 하나이다.

19세기 초반에 석탄 가스가 보급되면서 많은 양의 콜타르(coal tar)가 쌓여갔다. 독일 기센 대학에서 리비히(Liebig)와 연구할 때 호프만은 콜타르에서 아닐린을 분리했고 런던에 돌아와서는 벤젠의 분리에 성공했다. 알릴 톨루이딘(allyl toluidine)을 산화시켜서 말라리아 치료약인 퀴닌(quinine)을 합성하려던 퍼킨은 우연히 아닐린에 유사한 반응을 시켜보다가 획기적인 염료를 발견했는데 그 당시 상황을 퍼킨의 말을 통해 살펴보자.

> "No quinine was formed, but only a dirty reddish-brown precipitate. Unpromising though this result was, I was interested in the action, and thought it desirable to treat a more simple base in the same manner. Aniline was selected, and its sulfate was treated with potassium dichromate; in this instance a black precipitate was obtained, and, on examination, this material was found to contain the colouring material since so well known as aniline purple or mauve."

퍼킨은 이 물질을 염료 회사에 보냈는데 반응은 대단히 호의적이었다. 18세의 퍼킨은 학업을 중단하고 상당한 자본을 동원해서 염료 회사를 차렸다. 벤처 창업인 셈이다. 이처럼 영국에서 시작된 염료 공업(dye industry)의 주도권은 독일로 넘어간다. 리비히와 뵐러 같은 대 유기화학자들이 우수한 유기화학자들을 계속 배출했고 지적 재산을 곧바로 산업에 연결하는 문화와 제도가 독일에 보다 강하게 뿌리를 내렸기 때문이다. 얼마 안 있어서 설립된 BASF, Bayer 같은 화학 회사는 아직도 화학 제품에서 세계적으로 매출액 1, 2위를 다투는 굴지의 기업으로 남아 있다.

퍼킨
William Perkin
(1838–1907)

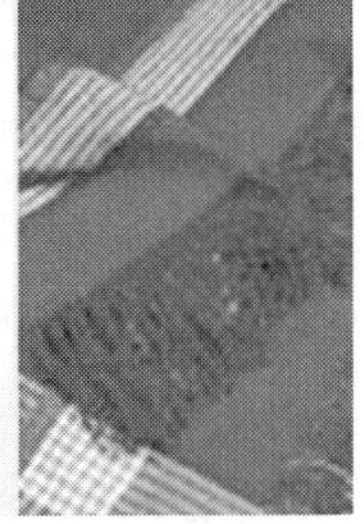

모브로
염색한 천

2. 착물의 색

아름다운 색깔을 내는 물질 중에는 퍼킨이 발견한 유기 화합물과는 달리 무기 물질도 많이 있다. 수정, 루비, 사파이어 등의 보석류는 다 무기 물질이다. 실상 색을 나타내는 것은 미량의 불순물로 들어있는 크로뮴 등의 금속 이온이다. 이들 이온의 전자 에너지가 리간드 결정장(crystal field)의 영향하에서 가시광선을 흡수하는 크기로 갈라지기 때문에 특정한 파장의 빛을 흡수하고 보색의 아름다움을 우리가 즐기는 것이다. 예를 들면, 알루미나에 Cr^{3+} 이온이 들어 있으면 루비가 되고, Fe^{3+}와 Ti^{4+}가 들어 있으면 사파이어가 된다.

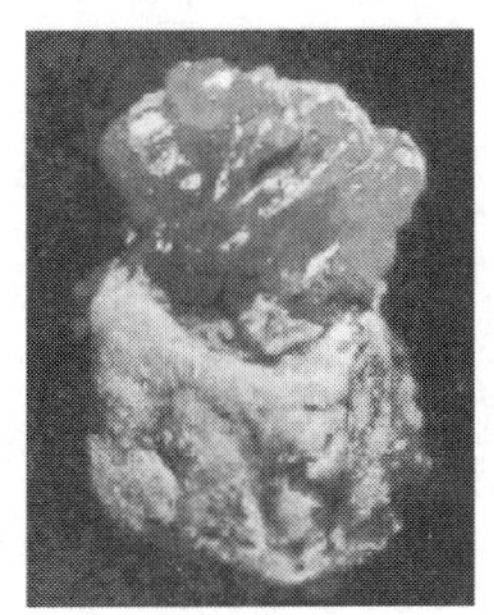

루비

사파이어

색깔이 짙은 무기 화합물은 페인트나 물감의 색깔을 나타내는 무기 안료로 많이 이용된다. 안료는 액체 또는 고체 결합제와 혼합하여 사용함으로써, 안료를 사용하는 재질의 색깔을 바꾸어주거나 보호해주는 역할을 한다. 안료로 사용되는 화합물이 빛을 흡수하면 보색에 해당하는 빛이 나타나게 된다.

안료는 자연에 존재하는 원료를 곱게 갈아서 만든 광물성 안료와 화학적인 처리를 거쳐서 만들어진 화학 안료로 구분하기도 하고, 색깔에 따라서 분류하기도 한다. 주로 금속 원료의 화합물인 무기물이 주로 안료로 사용되어 왔지만, 최근에는 탄소를 포함하는 유기 안료도 다양하게 개발되어 사용되고 있다.

백색 안료로는 탄산 납, 황산 납 또는 산화 납 등의 납 화합물이 많이 사용되었지만, 최근에는 납이 유해성 때문에 산화 아연, 황화 아연 또는 이산화 타이타늄이 많이 이용되고 있다. 검정색 안료로는 주로 카본 블랙이 사용된다.

일반화학실험

16 수소 이야기

핵심 내용

- 원소의 기원, 우주의 원소 분포
- 캐번디시의 수소의 발견 실험 재현, 수상 치환
- 폭명 실험으로 수소의 반응성 확인, 수소와 산소의 전기음성도 차이
- 수소 발생 실험에서 발생한 수소의 양으로부터 금속 원소의 당량 결정
- 수소 선스펙트럼의 관찰, 보어 모델의 중심적 위치 학습

관련 자료

표준 일반화학실험 제6개정판(대한화학회)

실험 39 "원소의 스펙트럼"

Principles of Modern Chemistry, 6th Ed.(Oxtoby 외)

Ch 2. Chemical Formulas, Chemical Equations, and Reaction Yields

Ch 4. Introduction to Quantum Mechanics

생명의 화학, 삶의 화학(김희준 외)

2장. 원소의 기원

3장. 원자론, 분자론

4장. 원자의 전자 구조

실험 목표

수소와 헬륨은 지금부터 약 137억 년 전 빅뱅 우주에서 태어난 가장 오래된 원소이다. 우주의 나이가 3분 정도 되었을 때 수소와 헬륨의 질량 비율은 3 : 1 정도가 되었고, 이 비율은 지금도 거의 유지되고 있다. 이처럼 수소는 우주의 주성분 원

소일 뿐 아니라 지구상에도 가장 풍부한 원소이며, 특히 생체에서 중요한 모든 화합물에 빠짐없이 들어 있는 핵심적인 원소이다. 그러나 지구상에서 수소는 원소 상태로는 거의 존재하지 않는다. 수소는 가볍기 때문에 지구의 탈출 속도(escape velocity)를 넘어서 지구에는 별로 남아있지 않기 때문이다. 지구상의 거의 모든 수소는 물에 잡혀 있다. 이 실험에서는 화합물에 붙잡혀 있던 수소가 어떻게 발견되었는지 재현해 보고, 같은 실험을 통해 금속의 당량을 결정해본다. 또한 폭명 실험으로 수소의 반응성을 확인하고 수소와 산소의 전기음성도 차이의 의미를 체험한다. 아울러 기체 방전관과 간단한 분광기를 사용하여 선스펙트럼을 직접 관찰한다.

배경

1766년 영국의 캐번디시(Cavendish)는 Zn, Fe, Sn 등 금속에 산을 가하면 잘 타는 기체가 발생하는 것과 반응의 결과로 물이 생기는 것을 발견하였다. 수소(水素, hydrogen)는 문자 그대로 물을 만드는 원소로서 처음 인류에게 알려지게 된 것이다. 수소가 만드는 화합물 중에서 물이 가장 중요하고 풍부하다고 볼 수 있는 만큼, 애초부터 수소와 물이 밀접한 관계를 지닌 것은 자연스러운 일이라 하겠다.

캐번디시의 실험: $Zn + 2HCl \rightarrow Zn^{2+} + 2Cl^{-} + H_2\uparrow$

원자량이 다른 몇 가지 금속을 같은 무게로 취하고 과량의 염산을 넣으면 발생하는 수소의 몰수가 다를 것이다. 같은 온도와 압력 조건에서 발생하는 수소를 포집하고 부피를 측정하면 금속의 당량을 결정할 수 있게 된다.

물은 수소가 만드는 화합물 중에서 가장 간단하면서도 가장 중요한 화합물이다. 물은 또한 대단히 안정한 화합물이다. 폭명 실험에서 볼 수 있듯이 수소가 탈 때 많은 열이 나오는 것은 물이 그만큼 안정하기 때문이다. 물은 안정한 만큼 분해가 잘 안 되기 때문에 탈레스 이래 물은 원소로 취급되어 왔다. 볼타에 의해 전지가 발명되면서 물의 전기분해가 이루어져 물은 수소와 산소의 화합물이라는 사실이 확립되었다. 그 후 얼마 후 1806년에 험프리 데이비(Humphrey Davy)는 "화학 결합의 본질은 전기적"이라고 말했는데, 전자가 발견된 것이 1897년이니까 대단한 통찰력이라고 볼 수 있다.

이 실험에서는 조교 시연으로 역사적으로 아주 중요한 물의 전기분해를 재현해 보면서 관련된 원리들을 체득하도록 한다. 액체인 물이 기체인 수소와 산소로 분해되면서 수소와 산소의 원자수 비율인 2 : 1이 눈 앞에 드러난다. 아보가드로의 원리에 따라서 같은 온도와 압력 하에서는 분자수의 비율은 부피비가 되기 때문이다. 또 하나 생각해 볼 중요한 문제는 수소와 산소의 기원이다. 앞에서 이야기한 대로 수소는 약 150억 년 전 빅뱅 우주에서 태어난 가장 오래된 원소이다. 우주 공간에서 수소와 헬륨이 중력으로 모여들어 별을 만들고, 별의 내부에서 핵융합 반응에 의하여 무거운 원소들이 만들어진다. 그러니까 별의 진화 과정에서 산소는 수소보다 수십억 년 후에 생겨난 것이다. 이처럼 다른 역사를 지닌 수소와 산소가 어떤 인연으로 모여 물이 되었다가 전기분해에 의하여 따로 갈라져서 우리 눈앞에 모습을 드러내는 것이다. 물론 색깔이 없는 수소와 산소는 눈에 보이지 않지만 2 : 1의 부피비로부터 우리는 마음의 눈을 가지면 수소와 산소를 볼 수 있다. 아는 만큼 보이는 것이다.

수소의 선스펙트럼을 설명하려는 노력의 결과로 보어 모델이 태어나고 본격적인 양자 역학으로 이어졌다. 수소의 선스펙트럼은 수소가 우주에서 가장 풍부한 원소라는 사실을 알아내는 데도 직접적으로 중요한 역할을 했다.

실험 기구 및 시약

실험 1: 6 N HCl, Zn, 가지달린 플라스크, 고무관, 빨대, 비눗물, 라이터

실험 2: 6 N HCl, Mg, Al, Sc, Zn 등 금속, 100 mL 가지달린 플라스크, 고무호스, 자석 젓개 막대, 자석 젓개, 1 L 비커, 100 mL 메스 실린더(조당 한 개씩), 클램프, 사포, 주사기

실험 3: 1 L 비커, 백금 전극, 페트리 접시, 전선, 전원 공급장치(건전지), 메스실린더(혹은 시험관), 스탠드, 0.1 M H_2SO_4

실험 4: 수소 방전관, 분광기

실험 과정

실험 1. 수소의 발생과 폭명성 시험

(1) 가지달린 플라스크의 가지에 고무관, 빨대를 차례로 연결한다.

(2) 아연 조각을 넣고 6 N 염산을 가한다.

(3) 빨대 끝에 비눗방울이 생기면 빨대를 살짝 흔들어 비눗방울을 공중으로 띄운 후 라이터를 이용하여 불을 붙여본다(비눗방울을 빨대에 매단 채로 불을 붙이

면 플라스크채로 폭발할 수 있으니 반드시 비눗방울을 공중으로 띄운다).

실험 2. 금속 원소의 당량 결정

(1) 비커에 물을 2/3쯤 담고 물이 가득 찬 메스실린더를 뒤집어 넣는다.
(2) 금속의 표면을 사포로 문지르고 약 40 mg을 취하여 가지달린 플라스크에 넣는다.
(3) 금속이 약간 잠길 정도로 주사기로 6 N HCl을 주입(1 ~ 2 mL)한다.
(4) 젓개를 작동시켜 기체를 포집하고 금속이 더 이상 보이지 않으면 메스실린더로 모은 기체의 부피를 측정한다.
(5) 같은 질량의 Mg, Zn, Sc, Al에 대해 실험을 반복한다.

실험 3. 물의 전기분해

(1) 전기분해장치를 조립한다. 전해질로는 0.1 M 황산을 사용한다.
(2) 양극과 음극에서 모인 기체의 부피를 측정하고, 관찰 사실과 각 전극에서의 전극 반응을 적는다.

실험 4. 수소의 선스펙트럼

(1) 표준 일반화학실험 제6개정판(대한화학회) 실험 39 '원소의 스펙트럼'을 참조하여 수소의 선스펙트럼을 직접 눈으로 관찰한다.
(2) 수소 방전관과 분광기를 사용해서 수소 방출선의 파장 또는 진동수를 측정한다.

Hydrogen Absorption Spectrum

Hydrogen Emission Spectrum

수소의 방출(아래) 및 흡수(위) 스펙트럼

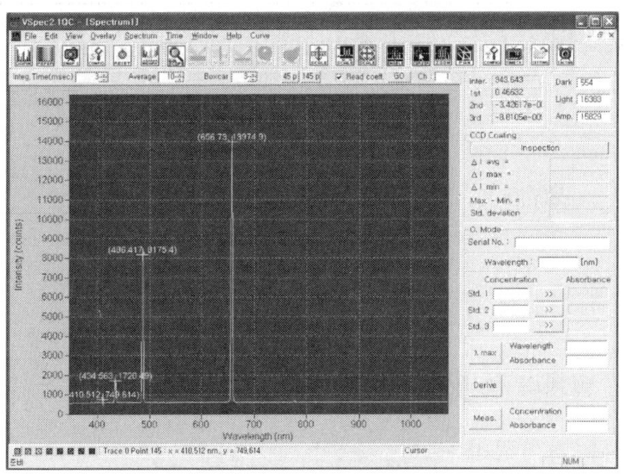

분광기를 사용한 수소 선스펙트럼의 파장 측정

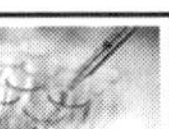

실험 보고서

학과 ______ 학번 ______ 이름 ______ 일자 ______ 실험조 ______

실험 1. 수소의 발생과 폭명성 시험

(1) 관찰 결과를 기록하라.

실험 2. 금속 원소의 당량 결정

(1) 가지달린 플라스크 안에 일어난 반응의 반응식을 안다고 가정하고 각 금속의 원자량을 구하라. 이때 고려해야 할 요인이 무엇인지 생각해보고 계산에 반영하라.

(2) 반응식을 모르고 반응 물질의 원자량을 안다고 가정하였을 때, 반응물에 의한 전자들의 몰수 대 발생한 수소 기체의 몰수 그래프를 그리고, 기울기 및 y 절편을 구하라. 이 그래프가 무엇을 의미하는지 생각해보라.

(3) 원자량과 당량의 개념을 정리하라.

실험 3. 물의 전기분해

(1) 양극과 음극의 기체 부피를 기록하고, 비를 계산하라.

(2) 각각 기체의 종류와 전극 반응을 적으라.

실험 4. 수소의 선스펙트럼

(1) 수소의 선스펙트럼을 색연필 등을 사용해서 그려라.

(2) 측정한 수소 방출선의 파장을 적고 교과서의 값과 비교하라.

참고 자료

1. 우주적 신토불이(身土不二)

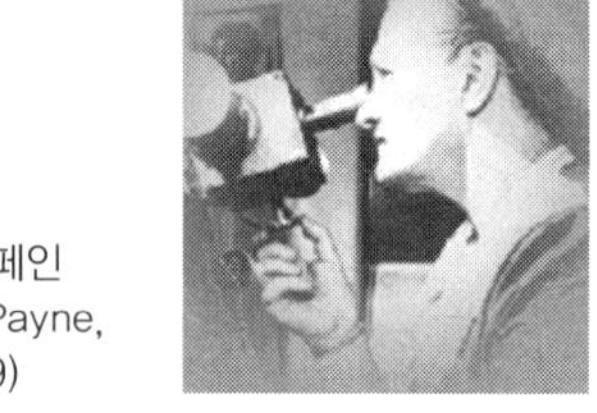

세실리아 페인
(Cecilia Payne, 1900–1979)

지금은 빅뱅 우주에서 만들어진 수소가 우주의 주성분이라는 사실이 잘 알려져 있다. 별의 주성분은 수소이고, 별과 별 사이의 공간에서도 가장 풍부한 원소는 수소이다. 그렇지만 1920년대 초에는 철이 별의 3분의 2 정도를 차지하는 주성분이라고 생각되었다. 우리 주위에도 철이 풍부할 뿐만 아니라 외계에서 날아들어 오는 운석에도 철이 풍부하다 보니 그렇게 생각한 것도 무리는 아니다. 이런 생각을 바꾼 주역은 당시 무명의 젊은 여성이었다.

페인은 자연에 대해 궁금증이 많고 어떻게 해서라도 궁금증을 해결하려는 자세를 가진 영국 여성이었다. 1919년에 케임브리지 대학에 입학한 페인은 러더포드(Rutherford)에게 질문을 퍼부어 골치를 썩이기도 했고, 유명한 천문학자 에딩턴(Eddington)의 별빛이 태양의 중력장에서 휘는 것을 확인한 관측에 대한 강연을 듣고 천문학에 이끌렸다. 그러나 당시 영국에서는 여성이 과학 분야의 박사학위 공부를 할 수 있는 기회가 없었다. 1923년에 미국 하버드 천문대로 유학을 가서 당시 천문대 소장이었던 섀플리(Shapley)의 지도로 연구를 시작한 페인은 독립심을 가지고 태양과 별의 성분을 조사했다.

1814년에 이미 프라운호퍼(Fraunhofer)는 태양의 스펙트럼에 수백 개의 어두운 흡수선(吸收線, absorption line)이 들어 있는 것을 관찰했다. 1859년에 분젠(Bunsen)과 키르히호프(Kirchhoff)가 분광기(分光器, spectrometer)를 발명하면서 여러 가지 다른 원소들은 제각기 여러 선들의 조합으로 이루어진 다른 선스펙트럼(line spectrum)을 나타내는 것이 알려졌다. 그리고 옹스트롬(Angstrom)은 이런 선들의 파장을 정확히 측정했다. 그런데 프라운호퍼선처럼 여러 원소들의 선스펙트럼들이 합쳐진 태양의 스펙트럼은 해석하기가 어렵다. 어떤 선들의 조합은 다른 원소들의 조합으로 설명할 수 있기 때문이다. 그래서 프라운호퍼선도 철이 태양의 주성분 원소라는 선입견을 가지고 보면 그렇게 해석할 수도 있었다. 섀플리, 그리고 그의 보스 격인 당시 가장 영향력 있는 천문학자였던 러셀(Russel)의 반대로 페인은 수소가 태양의 주성분이라는 박사학위 논문의 결론을 상당히 희석하고서야 겨우 심사를 통과할 수 있었다. 후에 태양뿐 아니라 모든 별의 주성분은 수소인 것이 밝혀지자 섀플리와 러셀은 자신들도 이미 그렇게 믿고 있었다는 태도를 취했다. 그래서 페인의 업적은 오래 빛을 보지 못했다. 1925년에 박사학위를 받은 페인은 후일 하버드 최초의 여성 정교수가 되었고, 하버드 천문학과장까지 되었다.

1835년에 프랑스의 유명한 철학자 꽁트(Auguste Comte)는 "우리는 별의 모양, 거리, 크기, 운동은 조사할 수 있을 테지만 별의 화학 조성을 알아낼 가망은 없다"라고 말했는데, 1859년에 키르히호프는 "프라운호퍼선들이 나타나는 것은 태양의 대기에 불꽃 반응에서, 그와 같은 위치에서 밝은 빛을 나타내는, 즉 방출선(放出線, emission line)을 나타내는 물질들이 있기 때문이다"라고 말했다. 무명의 여성 천문학자 페인은 스펙트럼 분석을 통하여 수소가 우주의 주성분 원소라는 사실을 밝히는 데 중요한 첫 단추를 뀄 셈이다.

2. 생명의 원소

우주의 원소 분포에 있어서 가장 많은 처음 다섯 가지 원소는 H, He, O, C, N이다. S와 P는 이들 보다 훨씬 적다. 다음 생체 화합물에 들어 있는 원소에 0표를 하라.

	H	He	O	C	N	S	P
탄수화물 (carbohydrate)							
지방질 (lipid)							
단백질 (protein)							
핵산 (nucleic acid)							
인지질 (phospholipid)							
비타민 C (vitamin C)							
ATP (adenosine triphosphate)							
물 (water)							

이들 화합물에 공통적으로 들어 있는 원소는 (　　)이다. 우주에서 가장 풍부한 분자는 (　　)라고 생각된다. 위의 다섯 가지 원소들 중에서 가장 반응성이 큰 원소는 (　　)이다. 이 원소가 우주에서 가장 풍부한 원소와 만든 화합물은 (　　)이다. 불활성 기체인 헬륨은 건너뛰고 위의 반응성이 큰 원소가 자기 자신과 만든 분자가 (　　)이다. 그 다음으로 풍부한 원소와 만든 화합물은 (　　)이다. 수소와 산소 이외에 생체에서 중요한 기능을 가지는 화합물에 공통적으로 들어 있는 원소

는 (   )이다. 유전 물질이 단백질인지 핵산인지를 알아내는 데 지표로 사용되었을 두 가지 원소는 (,   )일 것이다.

3. 생명 현상에서 수소의 중요성

(1) 수소는 태양의 내부에서 (   ) 반응에 의하여 에너지를 낸다. 식물은 이 에너지를 이용해서 (   )작용으로 탄수화물을 만든다. 이산화 탄소[CO_2]가 탄수화물[$C_6(H_2O)_6$]로 바뀌는 반응은 (산화, 환원) 반응이다. (   )은 직접적으로 또는 간접적으로 식물로부터 탄수화물을 섭취한다. 따라서 수소는 모든 생명체의 에너지원이라고 말할 수 있다.

(2) 대부분의 생화학적 반응은 (   )을 용매(solvent)로 필요로 한다. 화성 탐사선이 생명의 존재 여부를 알기 위하여 우선 (   )의 흔적을 찾는 이유가 바로 여기에 있다. 빅뱅 당시에 만들어진 (   )와 수억 년 후에 별의 내부에서 만들어진 (   )가 만나 화학 결합을 이루어 이 용매를 만들어낸 것은 참 다행이다.

(3) DNA의 이중 나선 구조에서 아데닌과 (   ), 구아닌과 (   )은 수소 결합을 이루고 있다. DNA는 여러 개의 염기쌍을 가지고 있고, 염기쌍마다 수소 결합이 두 개 또는 세 개가 있기 때문에 DNA는 대단히 (안정한, 불안정한) 분자이다. 따라서 모든 세포는 DNA 복사를 (   )개씩 가지고 있다.

수소 결합은 DNA의 염기 서열이 RNA의 염기 서열로 (   )되는 과정이나 RNA의 염기 서열이 단백질의 아미노산 서열로 (   )되는 과정에서도 결정적인 역할을 한다. 뿐만 아니라 수소 결합은 또 하나의 중요한 생체고분자인 (   )의 삼차원적 구조를 이루는 데에도 중요한 역할을 한다.

(4) 세포막은 (친수성, 親水性, hydrophilic; 소수성, 疎水性, hydrophobic)인 세포 내부의 세포질과 (친수성; 소수성)인 세포 외부의 환경을 구분하는 중요한 역할을 한다. 그렇게 하기 위해서 세포막은 인지질(燐脂質, phospholipid)이라고 하는 친수성 부분과 소수성 부분을 함께 지닌 분자의 이중막(bilayer) 구조를 가진다. 인지질에서 인산 부분은 극성이 (높고, 낮고), 지방질 부분은 극성이 (높다, 낮다). 인지질 이중막에서는 인산 부위가 이중막의 (안, 바깥)쪽을 향하고, 지방질은 (안, 바깥)쪽을 향해서 막을 형성한다. 수소가 아니었다면 안정한 세포막 구조가 불가능하고 따라서 생명체의 존재 여부조차 의심스러워진다.

(5) 마지막으로 수소는 태양 에너지와는 다른 의미에서 생물의 에너지원으로 중

요하다. 동면하는 동물이나 사막에서 여행하는 낙타는 몸에 많은 지방질을 지닌다. 지방질은 탄수화물이나 단백질보다 단위 무게당 (　　)배 정도의 에너지를 낸다. 탄수화물이나 단백질과 달리 지방질은 탄소와 수소의 긴 사슬로 되어 있어서 탄수화물이나 단백질에 비해 수소를 많이 포함하고 있는데, 전기음성도(전자를 끌어 당겨서 음전기를 띠는 정도)가 (높은, 낮은) 수소는 산소나 질소에 비해 호흡작용에 의해 (산화, 환원)될 때 (많은, 적은) 에너지를 내기 때문이다.

4. 과학에서 수소 스펙트럼의 중심적 위치

1885년 스위스의 고등학교 교사 발머(Johann Jakob Balmer)는 수소의 가시광선 부분 스펙트럼의 진동수가 대단히 높은 정밀도로 아래와 같은 간단한 공식에 의해 표시될 수 있음을 발견했다.

관찰된 Balmer 계열 스펙트럼의 진동수

$$\nu_3 = 4.569 \times 10^{14}\ s^{-1}$$
$$\nu_4 = 6.168 \times 10^{14}\ s^{-1}$$
$$\nu_5 = 6.908 \times 10^{14}\ s^{-1}$$
$$\nu_6 = 7.310 \times 10^{14}\ s^{-1}$$

$$\nu_m = 3.290 \times 10^{15}\ (1/2^2 - 1/m^2)\ s^{-1}$$

Rydberg 상수: $R = 3.290 \times 10^{15}$ (실험값)

(1) m = 3, 4, 5, 6을 대입하여 Rydberg 상수의 값을 확인하라.

(2) Bohr의 수소 모델에 따르면: $R = m_e e^4 / 8h^3 \varepsilon_o^2$

보어는 이 식에 m_e, e, h 값들을 대입하여 위의 값과 일치하는 Rydberg 상수를 얻었다.

아래의 값들을 대입해서 Rydberg 상수를 직접 계산해 보라(이론값).

$$e = 1.6021773 \times 10^{-19}\ C$$
$$m_e = 9.109390 \times 10^{-31}\ kg$$
$$h = 6.62608 \times 10^{-34}\ J \cdot s$$
$$\varepsilon_o = 8.85 \times 10^{-12}\ C_2/(J \cdot m)$$

(3) 자외선과 적외선 영역에서는 각각 Lyman 계열, Paschen 계열이 관찰된다. 이

들 스펙트럼의 진동수를 예측하여 보라.

발머(Johann Balmer, 1825–1898)

리드베리(Johannes Rydberg, 1854–1919)

보어(Niels Bohr, 1879–1955)

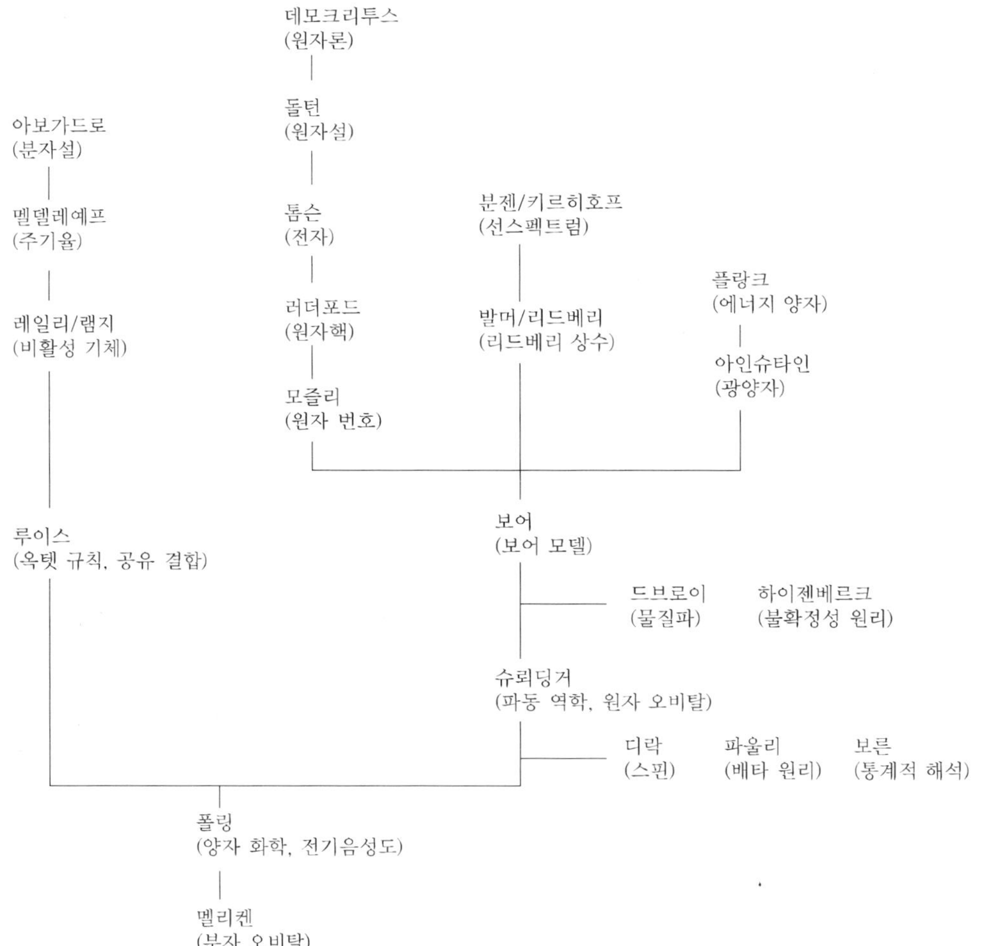

일반화학실험

17 캐털레이스의 반응속도

핵심 내용

- 아미노산, 펩타이드, 단백질
- 반응속도, 촉매, 효소, 미하엘리스-멘텐 식

관련 자료

표준 일반화학실험 제6개정판(대한화학회)
　실험 25 "여러가지 촉매 반응"
Principles of Modern Chemistry, 6th Ed.(Oxtoby 외)
　Ch 18. Chemical Kinetics
생명의 화학, 삶의 화학(김희준 외)
　10장. 화학 반응속도
　11장. 생명의 화학

실험 목표

화학의 특성을 가장 잘 나타내는 키워드를 들라고 할 때 빼놓을 수 없는 단어 중 하나가 촉매(catalyst)이다. 세포 내에서 일어나는 생화학 반응의 촉매를 효소(enzyme)라고 부른다. 효소는 분자량이 수만에 달하는 단백질이다. 효소가 결합하는 기질의 농도와 반응속도에 대한 관계는 다음과 같이 쓸 수 있는데 이를 라인웨버-버크 식(Lineweaver-Burk equation)이라고 하는 이 편리한 식은 화학에서 가장 많이 사용되는 식의 하나이다.

$$1/v = (K_M/V_{max})(1/[S]) + 1/V_{max}$$

이 실험에서는 압력 센서를 사용하여 기질인 과산화수소의 농도를 0.5, 1, 2, 3, 4, 6%로 바꾸어 가면서 감자 즙에 들어 있는 캐털레이스(과산화수소분해효소, catalase)에 의한 반응속도를 측정하여 K_M과 V_{max}를 구하고, 미하엘리스-멘텐 반응속도론(Michaelis-Menten kinetcis)의 의미를 학습한다.

배경

화학은 물질의 변화를 다루는 과학이다. DNA 복제도, 식물이 잎에서 받아들인 공기 중의 이산화 탄소와 뿌리에서 흡수한 물과 무기 물질들을 사용해서 광합성을 하고 장미의 향기와 아름다운 색깔을 만들어내는 것도 변화이고, 우리가 식물이나 식물을 먹고 자란 동물을 먹고 살아가는 데에도 수많은 변화들이 들어 있다. 그런데 변화에는 변화의 결과도 중요하지만 변화가 얼마나 빠르게 또는 느리게 일어나는가, 즉 변화의 속도도 중요하다. 우리 몸에서 일어나는 DNA 복제, 기타 효소 작용 등 하나하나 화학 변화의 속도는 우리가 태어나서 자라고 늙어가는 속도, 달리는 속도, 생각하는 속도 등 겉으로 드러나는 모든 속도를 결정한다.

화학 반응에서 자신은 바뀌지 않으면서 반응을 빠르게 하거나 느리게 하는 물질을 촉매(觸媒, catalyst)라고 한다. 모든 촉매가 다 중요하지만 세포 내에서 생명 활동에 필요한 반응들을 촉진시키는 촉매는 특히 흥미롭다. 이러한 촉매를 효소(酵素, enzyme)라 부른다. 우리 몸에서도 매 순간 수천 가지의 효소 촉매가 생화학 반응을 체온에서 일어나도록 해주고 있다.

효소는 대부분 단백질이라는 고분자이다. 단백질은 20가지의 아미노산이 펩타이드 결합을 통해 축합된 생체고분자이다. 아미노산은 중심 탄소 원자에 산성인 카복실기(carboxyl group)와 염기성인 아미노기(amino group)가 같이 들어 있는 분자량이 80 ~ 200 정도인 화합물인데, 단백질은 한 아미노산의 카복실기와 다른 아미노산의 아미노기로부터 물이 빠지면서 펩타이드 결합을 이룬 폴리펩타이드로 보통 100개 내지 1000개 정도의 아미노산으로 이루어진다.

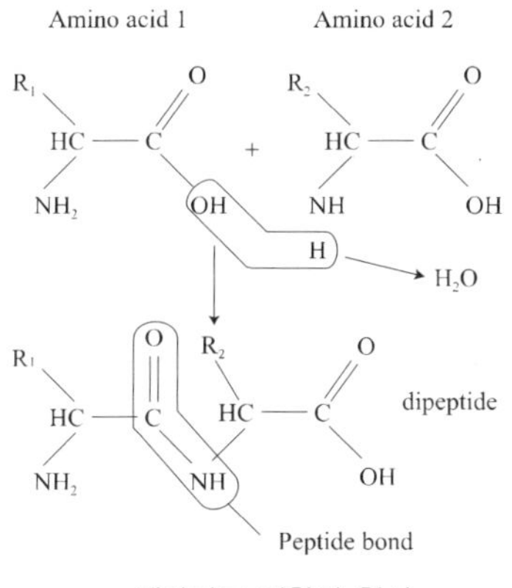

펩타이드 결합의 형성

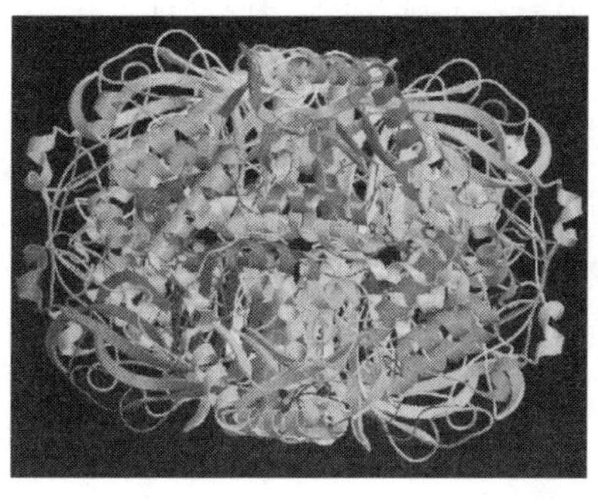
X-선 결정학으로 밝혀낸 캐털레이스 구조

우리 몸에서 중요한 역할을 하는 단백질 중에는 캐털레이스라는 효소가 있다. 현재 지구 환경은 상당히 산화성이다. 우리도 음식을 소화시키고 산화해서 에너지를 얻기 때문에 산화작용의 부산물인 활성 산소(活性 酸素, reactive oxygen species)에 노출되고 있다. 그리고 이런 활성 산소는 노화와 여러 가지 질병의 원인이 되기도 한다. 그래서 세포는 활성 산소를 제거하기 위하여 캐털레이스를 가지고 있다. 캐털레이스는 과산화수소를 물과 산소로 분해하는 중요한 효소로서 반응 속도가 가장 빠른 효소 중의 하나로 알려졌다. 캐털레이스 한 분자는 1초당 약 4천만 분자의 과산화수소를 분해한다. 아래 사진은 X선 결정학으로 밝혀낸 대장균의 캐털레이스 구조를 보여준다.

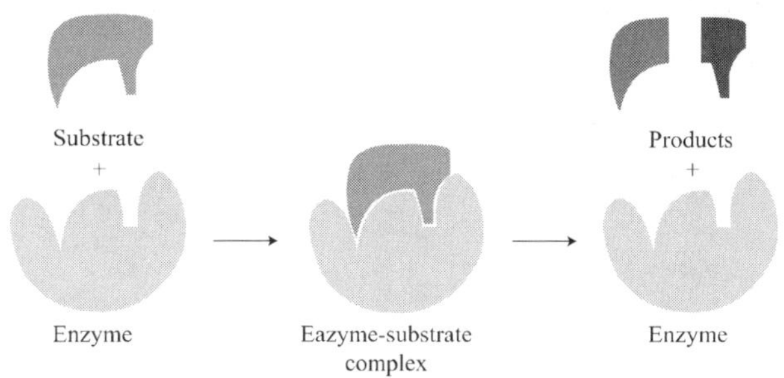

캐털레이스 같은 효소의 작용을 그림과 같이 일반화해서 이해할 수 있다. 효소에는 기질이 결합할 수 있는 특정한 삼차원적 구조를 가진 결합 부위(結合 部位, binding site)가 있다. 효소의 특징은 특정한 반응에 대해서만 촉매작용을 하는 특이성(特異性, specificity)에 있다. 예를 들면, 녹말을 가수분해하는 아밀레이스(amylase)는 셀룰로스를 가수분해하지 못한다. 그래서 사람은 풀을 먹고 살 수 없는 것이다. 이런 특이성을 피셔(Emil Fisher, 1852 ~ 1919, 1902년 노벨 화학상)

는 결합 부위에서 열쇠(key)와 자물쇠(lock)의 관계로 설명했다. 캐털레이스는 과산화수소에 대한 결합 부위를 가지고 있어서 효율적으로 과산화수소를 분해하는 것이다. 이러한 분해 속도는 미하엘리스-멘텐 반응속도론으로 해석할 수 있다.

실험 기구 및 시약

압력계, 250 mL 삼각 플라스크 일곱 개, 30% H_2O_2, 감자, 비커, 강판, 피펫, 열교반기, 얼음

실험 과정

(1) 30% 과산화수소를 증류수로 묽혀서 0.5, 1, 2, 3, 4, 6% 용액을 만든다(6% 용액은 두 개를 준비한다).

(2) 감자 즙을 원심분리(contrifugation)하거나 천으로 짜서 추출액을 얻는다. 추출액이 들어 있는 시험관을 ice bath에 보관한다.

(3) 과산화수소 용액 30 mL에 추출액 2 mL를 넣고 잘 흔들면서 5 ~ 10초 간격으로 압력 변화를 기록한다. 낮은 과산화수소 농도에서는 10초, 높은 농도에서는 5초가 적절할 것이다. 추출액을 넣기 전 압력을 0으로 맞추면 발생한 산소에 의한 압력을 측정할 수 있다(압력이 200 hPa를 넘지 않을 때까지 측정한다).

(4) 나은 추출액을 끓는 물에 가열하여 단백질을 변성시켜 측정한 결과를 control로 사용한다.

(5) 발생한 산소가 차지하는 부피와 온도를 측정한다.

실험 보고서

학과 ____________ 학번 ____________ 이름 ____________ 일자 ____________ 실험조 ____________

라인웨버-버크 plot을 사용하여 K_M과 V_{max}를 구하라.

[S](%)	[S](M)	1/[S](1/M)	ν (mol/sec)	1/ν (sec/mol)
0.5%				
1%				
2%				
3%				
4%				
6%				

참고 자료

1. 효소의 발견

인류는 수천 년 전부터 포도주를 만들고 효모(酵母, yeast)를 사용해서 알코홀 발효를 일으켜 맥주, 막걸리 등 술을 빚어왔다. 포도주를 만들 때는 포도 껍질에 있는 곰팡이의 효소작용을 이용한다. 이처럼 곡식이나 과일이 술로 바뀌는 과정에는 효모나 곰팡이같은 생명체가 필요한 것처럼 보였다. 1878년에 퀸(Kuhne)은 이런 작용을 설명하기 위하여 "효모 안에 들어 있는"이라는 의미에서 enzyme이라는 말을 처음 사용했다. 그런데 독일의 뷰흐너(Buchner, 1860 ~ 1917, 1907년 노벨 생리의학상)는 효모를 파괴하고 내용물을 추출하여 얻은 추출물이 플라스크 안에서 발효를 일으키는 것을 증명했다. 필요한 것은 생명체의 생명력이 아니라 효모에 들어 있는 어떤 물질이었던 것이다.

뷰흐너는 뮤니히 대학의 바이에르(Baeyer, 인디고 등 염료 합성으로 1905년 노벨 화학상 수상) 밑에서 수학했는데 효모에 의한 발효 연구는 그 때 시작된 것이었다. 그는 효모를 유리와 함께 갈아서 세포를 분쇄하고 추출물을 눌러 짜서 얻은 즙(汁, press juice)도 공기가 있건 없건 상관없이 알코올 발효를 일으키는 것을 보여주었다. 현미경으로 이 즙을 조사해도 효모 균은 보이지 않았다. 뷰흐너의 발견을 통해 생명체에서 일어나는 반응이나 무생물에서 일어나는 반응이나 근본적으로 같은 화학 반응이라는 점이 확실해졌다.

뷰흐너(Eduard Buchner, 1860-1917) 1907년 노벨 화학상

2. 미하엘리스-멘텐 식

1913년에 미하엘리스(Michaelis)와 멘텐(Menten)은 효소 반응의 속도를 다루는 데 가장 보편적으로 사용되는 미하엘리스-멘텐(Michaelis-Menten) 식을 유도했다.

$$E + S \underset{k_{-1}}{\overset{k_1}{\rightleftarrows}} ES \xrightarrow{k_2} E + P$$

효소(E)는 기질(S)과 k_1의 속도 상수를 가지고 결합하여 효소-기질 복합체(酵素-基質 複合體, enzyme-substrate complex, ES)를 만든다. 역반응은 k_{-1}의 속도 상수를 가지고 일어나 효소,

Leonor Michaeiis 1875-1949

Maud Menten 1879-1960

기질, 복합체 사이의 평형이 이루어진다. 효소 상의 결합 부위와 기질 사이의 결합은 공유 결합보다는 약한 수소 결합, 정전기적 상호작용(靜電氣的 相互作用, electrostatic interaction), 소수성 상호작용(疏水性 相互作用, hydrophobic interaction) 등에 의해 일어나기 때문에 기질은 효소에 붙었다 떨어졌다를 쉽게 반복하는 것이다. 기질은 효소와 결합한 상태에서 화학 반응을 일으켜 생성물 P로 바뀌어 k_2의 속도 상수를 가지고 효소로부터 떨어져 나간다. 그런데 구조가 바뀐 P는 이제는 효소의 결합 부위에 다시 결합하지 못한다.

이 때 반응의 중간 물질인 ES는 일정한 농도를 유지한다고 볼 수 있다. S가 많아 ES가 형성되는 속도가 크면 ES의 분해도 빨라지고, S가 소모되어 ES가 형성되는 속도가 느려지면 ES의 분해도 느려지기 때문이다. 이러한 상황을 정류 상태(停流 狀態, steady state)라고 한다. 호수로 흘러들어오는 물의 양과 호수에서 흘러나가는 물의 양이 같으면 호수의 수위가 일정하게 유지되는 것과 마찬가지다. 겉보기 농도의 변화가 없다는 점에서 정류 상태는 평형 상태와 유사하지만, 반응이 압도적으로 한쪽 방향으로만 진행한다는 점에서는 평형 상태와 다르다.

기질과 결합하지 않은 효소의 농도 [E]는 효소의 전체 농도 $[ES]_o$와 결합체의 농도 [ES]의 차이이다.

$$[E] = [ES]_o - [ES]$$

[ES]의 생성 속도는

$$d[ES]/dt = k_1([E]_o - [ES])[S] \quad (1)$$

[ES]의 분해 속도는

$$-d[ES]/dt = k_{-1}[ES] + k_2[ES] \quad (2)$$

(1), (2)를 같게 놓고 정리하면

$$[S]([E]_o - [ES])/[ES] = (k_{-1} + k_2)/k_1 = K_M \quad (3)$$

K_M을 미하엘리스-멘텐 상수(Michaelis-Menten constant)라고 부른다. k_1이 크고 k_{-1}과 k_2가 작을수록, 즉 K_M이 작을수록 효소와 기질의 결합이 강한 것을 알 수 있다.

(3)을 [ES]에 대하여 풀면

$$[ES] = [E]_o[S]/(K_M + [S]) \tag{4}$$

효소 반응의 초기 속도를 v라 하면

$$v = k_2[ES] \tag{5}$$

기질의 농도가 효소에 비해 아주 높아서 모든 효소가 ES로 존재한다면 그때 속도는 최대값, v_{max}를 가지게 될 것이다.

$$v_{max} = k_2[E] \tag{6}$$

이들 관계로부터 다음 미하엘리스-멘텐 식을 얻을 수 있다.

$$v = v_{max}[S]/(K_M + [S]) \tag{7}$$

K_M은 속도 v가 v_{max}의 절반일 때 ($v = v_{max}/2$) [S]의 값이다. 즉 기질의 농도를 증가시키면서 초기 속도와 속도의 최대값을 측정하면 K_M을 구할 수 있다. v를 [S]에 대해 나타낸 그래프에서 v_{max}를 정확하게 구하는 것은 어렵다. 그런데 (7)에서 양변의 역수를 취하면 다음 식이 얻어진다.

$$1/v = (K_M/v_{max})(1/[S]) + 1/v_{max} \tag{8}$$

$1/v$를 $1/[S]$에 대해 도식하면 직선이 얻어지고, y축 절편으로부터 $1/v_{max}$를, x축 절편으로부터 K_M을 구할 수 있다. 라인웨버-버크 식이라고 하는 이 편리한 식은 수많은 효소에 대하여 적용된, 화학에서 가장 많이 사용되는 식의 하나이다.

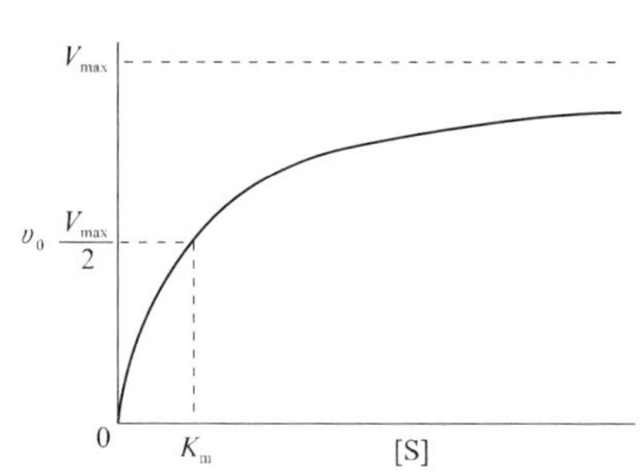

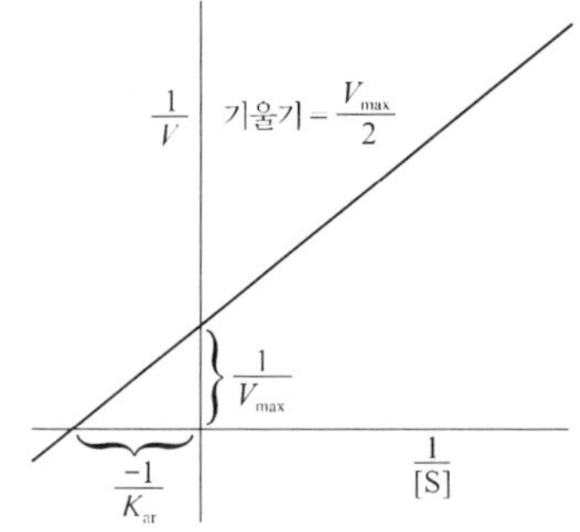

18 MALDI-TOF 펩타이드 질량 분석

핵심 내용

- 아미노산, 펩타이드, 단백질, 단백체학
- MALDI-TOF 질량 분석, 펩타이드 지도, 단백질 동정

관련 자료

생명의 화학, 삶의 화학(김희준 외)

11장. 생명의 화학

실험 목표

요즘 유전체학(genomics)에 이어 화학과 생명과학의 경계에서 각광받는 단백체학(proteomics)에서는 일단 단백질을 동정(identify)하는 것이 중요하다. 이 실험에서는 주어진 단백질을 트립신으로 가수분해하고 얻어진 펩타이드들의 질량을 측정하여 자기 조가 받은 단백질이 세 가지 후보인 lysozyme, bovine serum albumin (BSA), ovalbumin 중에서 어느 것인지 알아내는 실험을 통하여 펩타이드 질량으로부터 단백질을 동정하는 방법, 그리고 단백질이나 펩타이드 분자량 측정에 사용되는 MALDI-TOF MS 방법의 원리와 기기 사용법을 배운다.

lysozyme

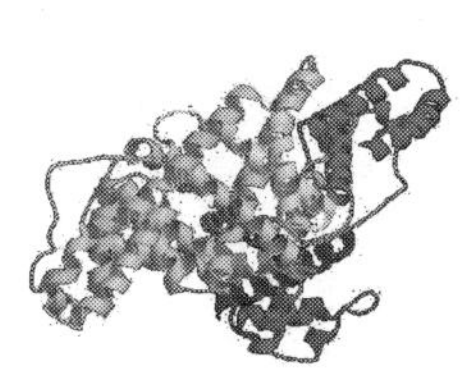
BSA

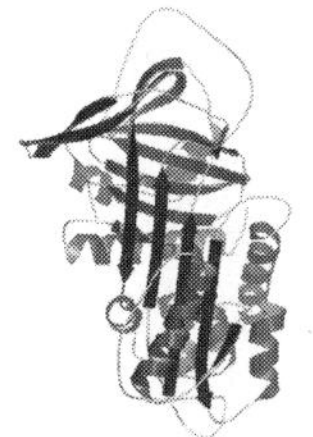
ovalbumin

배경

단백체학

우리가 생명을 유지하고 대물림을 하기 위해 꼭 해야 하는 일을 몇 가지만 든다고 하면 먹은 음식의 소화, 산소의 운송, ATP의 생산, DNA의 복제, 근육세포의 생산, 세포막을 통한 물질의 이동, 활성 산소의 분해 등 우선 순위를 가리기 힘든 중요한 일이 한두 가지가 아니다. 그 중 많은 부분이 체온에서 생체 활동이 가능하도록 반응속도를 증가시켜 주는 촉매작용을 통해 일어난다. 생명에 핵심적인 화합물에는 물, 포도당, ATP, 지방산, 아미노산 같은 비교적 분자량이 작은 화합물들과 아울러 녹말, DNA, 단백질 같은 고분자도 있는데, 그 중에서 생체의 촉매는 단백질이라는 고분자 화합물이다. 이처럼 단백질은 생명에 대단히 중요한(primary) 물질이다. 그래서 19세기 스웨덴의 화학자 베르셀리우스(Berzelius)는 이 물질을 protein이라고 이름지었다. 원자 내부에서 핵심적 위치를 차지하는 양성자를 proton이라고 부르는 것과 일맥상통한다. 사실 DNA의 유전 정보는 단백질을 만들기 위한 정보라고 볼 수 있다.

어느 시점에 어느 세포에서 발현되는 단백질의 총체, 즉 단백체(proteome)의 프로파일을 얻는 새로운 연구 분야를 단백체학(proteomics)이라고 한다. Human Genome Project의 완결로 유전체학이 성숙 단계에 이르면서 새롭게 각광을 받고 있는 단백체학은 지금까지 알려지지 않은 생물학적 문제들의 근본적인 이해와 아울러 질병 메커니즘의 파악을 통하여 질병의 진단과 치료의 새로운 길을 열어줄 것으로 기대되고 있다.

단백체학에는 특정 세포에 들어 있는 단백질의 종류를 조사하는 프로파일 단백체학(profile proteomics), 관심있는 단백질의 기능을 연구하는 기능 단백체학(functional proteomics), 단백질의 기능을 구조와 관련지어 연구하는 구조 단백체학(structural proteomics)의 세 가지 요소가 있는데, 현재 초기 단계에 있는 단백체학 연구의 첫 번째 과제는 세포의 분화, 성장, 노화, 암세포로의 전이 등 어느 특수한 환경에서 발현되는 단백체의 프로파일을 얻는 일이 우선이다. 이처럼 단백질의 총체를 조사하여 어떤 단백질의 발현량이 증가하는지 감소하는지를 알아내면 그 다음에는 그 이유를 그 단백질의 구조와 기능과 관련지어서 이해하는 것이 중요해진다. 물론 궁극적 목표는 질병의 진단, 치료, 나아가서는 예방에 있다고 하겠다.

단백질의 구조

지구상의 모든 생명체는 20가지 공통적인 아미노산(amino acid)을 사용한다. 모든 단백질은 이 20가지 아미노산이 펩타이드 결합을 통해 축합(condense)된 생체고분자(biopolymer)이다. 동식물에도 암수한몸(자웅동체)이 있듯이 모든 아미노산은 중심 탄소에 염기성인 아미노기(amino group, $-NH_2$)와 산성인 카복실기(carboxyl group, $-COOH$)가 결합된 양성 분자이다. 중심 탄소의 나머지 두 결합 부위 중에서 하나는 모든 아미노산에서 수소이고, 나머지 곁가지(side chain)에 따라 20가지 다른 아미노산이 된다. 생체의 pH에서 카복실기는 산해리해서 $-COO^-$ 음이온으로, 아미노기는 수소 이온과 결합해서 $-NH_3^+$ 양이온으로 존재하기 때문에 아미노산은 한 분자 내에 양이온과 음이온이 같이 들어 있는 쯔비터이온(zwitterion)이다.

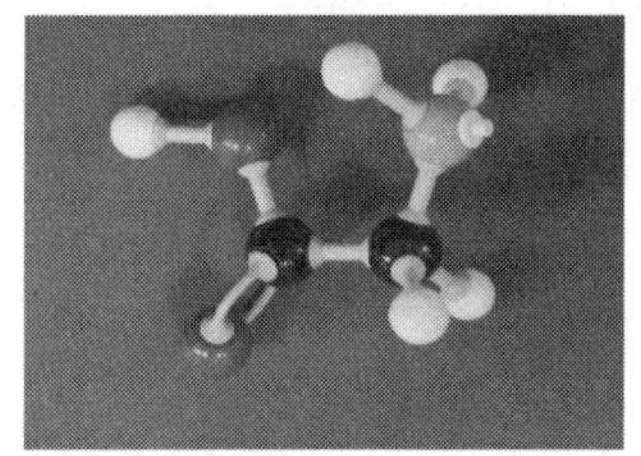

아미노산의 쯔비터이온

아미노산의 아미노기와 다른 아미노산의 카복실기가 결합하면 한 분자의 물이 빠져나오면서 아마이드 결합(amide bond)을 형성한다. 이렇게 만들어진 펩타이드(peptide)는 양쪽의 아미노기와 카복실기에 또 다른 아미노산을 같은 방식으로 계속 결합시켜 나가면서 길다란 아미노산 사슬인 펩타이드를 형성하며, 이어진 펩타이드의 아미노기 쪽을 N-말단(N-terminal), 그리고 카복실기 쪽을 C-말단(C-terminal)이라고 부른다. 펩타이드나 단백질에서 아미노산 서열(amino acid sequence)을 일차 구조(primary structure)라고 한다.

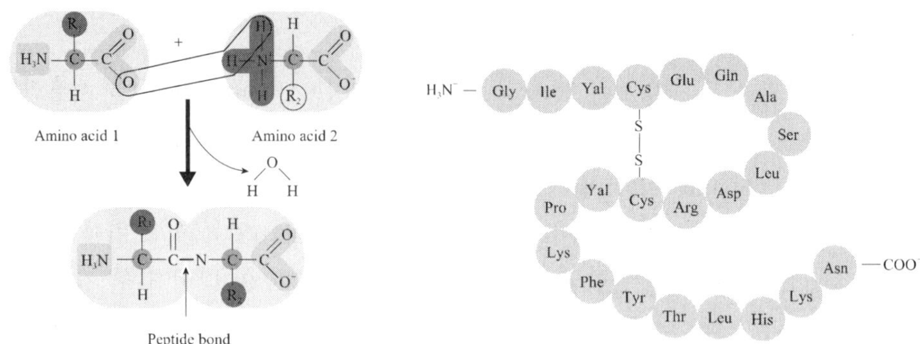

펩타이드의 일차 구조

펩타이드 사슬이 충분히 길어지면 사슬은 특정한 모양으로 구부러지는데, 이는 결합되어 있는 아미노산의 종류나 그 일차 구조에 따라 다르게 나타나며, 주로 특정 거리에 있는 아미노산 간의 수소 결합에 의해 나선(helix) 모양이나 얇은 판(sheet) 모양 같은 이차 구조(secondary structure)를 이룬다.

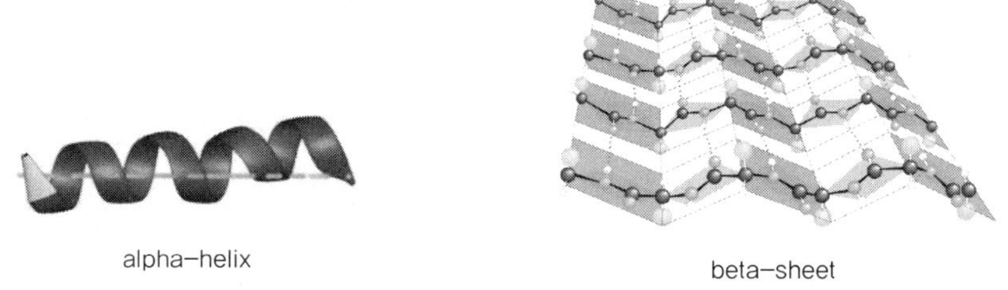

alpha-helix

beta-sheet

더 많은 수의 아미노산들이 이어진 펩타이드의 경우, 서로 멀리 떨어져 있는 아미노산 혹은 위의 이차 구조 간의 상호작용을 통해 먼 거리의 아미노산들이 가까이 모이는 삼차원적인 구조를 취하게 되는데, 이를 단백질의 삼차 구조(tertiary sructure)라고 한다. 위의 그림은 세 가지 중요한 단백질의 삼차 구조를 보여 준다. 삼차 구조를 가진 단백질들도 다시 서로 결합될 수 있는데, 같은 종류의 삼차 구조가 결합된 이합체 형태($\alpha\alpha$형) 혹은 서로 다른 종류의 삼차 구조가 두 개씩 사합체의 형태($\alpha\alpha\beta\beta$형)으로 존재하는 등 각기 특정한 방식의 결합체를 이루며, 이것은 단백질의 사차 구조(quarternary structure)가 된다.

펩타이드 질량 지문

세포 내에서는 항상 수백, 수천 가지 이상의 다른 단백질들이 다른 양으로 발현되고 있어서 그들의 종류와 양을 결정하는 것은 상당히 어려운 일이다. 일단 관심

있는 단백질을 순수하게 분리했다고 하자. 그런데 세포 내에는 분자량이 비슷한 단백질이 여러 종류가 있기 때문에 단백질 자체의 분자량을 측정하는 것만으로는 그 단백질의 종류를 정확히 알아내기 어렵다. 한편 어떤 단백질을 특정한 부위를 가수분해하는 효소로 자르고 얻어진 펩타이드 조각들의 분자량을 측정하면 정보의 양이 크게 증가하고, 데이터베이스로부터 원래 단백질을 동정할 수 있는 길이 열린다.

어떤 단백질의 가수분해로 얻어진 펩타이드 조각들의 질량 분포를 조사하는 것을 펩타이드 질량 지문법(peptide mass fingerprinting) 또는 펩타이드 질량 지도법(peptide mass mapping)이라고 한다. 선스펙트럼이 원소의 지문인 것과 마찬가지로 펩타이드 조각들의 질량은 해당 단백질의 지문이 되는 것이다. 이때 가수분해로 얻어진 펩타이드들의 분자량을 모두 측정할 필요도 없고, 몇 개 펩타이드의 분자량을 정확히 측정하는 것으로 충분하다. 두 가지 다른 단백질로부터 분자량이 정확하게 같은 펩타이드가 얻어질 확률이 아주 낮기 때문이다.

트립신(trypsin)이라는 효소는 N-말단부터 보았을 때 아르지닌(arginine, R)과 라이신(lysine, K) 잔기 다음의 펩타이드 결합을 선택적으로 자른다. 때로는 트립신이 R과 K 잔기 다음을 놓치기도 하는데, 이를 miscleavage라고 한다. 펩타이드 질량 지도(peptide mass map)가 단백질마다 다른 이유는 단백질들은 20가지 아미노산의 조성이 다른데, 모든 아미노산은 루신(leucine)과 아이소루신(isoleucine)을 제외하면 분자량이 모두 다르기 때문이다. 즉 분자량이 다른 아미노산들이 다르게 조합된 펩타이드들이 같은 질량을 가질 확률은 아주 작은 것이다.

20가지 아미노산의 약자와 분자량은 다음과 같다. 이들 중 몇 개를 취하여 만들어진 펩타이드의 분자량을 계산해 보고, 다른 아미노산들의 조합으로 똑같은 분자량이 얻어질 수 있는지 테스트해보자. 두 개의 아미노산이 결합할 때는 물 한 분자가 빠져나간다는 것을 잊지 말자.

글리신(glycine, G)	75.00	알라닌(alanine, A)	89.04
세린(serine, S)	105.03	프롤린(proline, P)	115.05
발린(valine, V)	117.07	트레오닌(threonine, T)	119.05
시스테인(cysteine, C)	121.01	루신(leucine, L)	131.08
아이소루신(isoleucine, I)	131.08	아스파라진(asparagine, N)	132.04
아스파트산(aspartic acid, D)	133.03	글루타민(glutamine, Q)	146.06
라이신(lysine, K)	146.09	글루탐산(glutamic acid, E)	147.04
메싸이오닌(methionine, M)	149.04	히스티딘(histidine, H)	155.06

페닐알라닌(phenylalanine, F)	165.07	아르지닌(arginine, R)	174.10
타이로신(tyrosine, Y)	181.06	트립토판(tryptophan, W)	204.08

펩타이드의 질량 분석

단백질을 가수분해해서 특정한 분자량을 가진 펩타이드들의 혼합물을 얻었다면 그 다음에 해야 할 일은 각각 펩타이드의 분자량을 정확히 측정하는 것이다.

분자량이 작고 극성이 낮아서 기화하기 쉬운 탄화수소, 알코올, 에스터 등의 화합물은 기체 크로마토그래피-질량 분석(gas chromatography-mass spectrometry, GC-MS)으로 분석이 용이하다. 반면 아미노산, 핵산의 염기 등 물에 잘 녹는 대신 기화하기 어려운 화합물은 액체 크로마토그래피(liquid chromatography, LC)로 분리하고 흡광도를 이용하거나 질량 분석으로 분석할 수 있다. HPLC 실험에서 분리 분석한 아데닌과 카페인은 GC 대신 LC로 분석하는 화합물의 좋은 예이다.

분자량이 1,000 정도인 펩타이드나 수만에 달하는 단백질의 분자량을 정확히 측정하는 것은 쉽지 않다. 그러나 1980년대 후반에 개발된 MALDI-TOF 질량 분석 방법을 사용하면 펩타이드나 단백질의 분자량을 0.01% 이내의 오차 범위에서 측정할 수 있다. 펩타이드의 혼합물에서 펩타이드 하나하나의 분자량을 측정하는 방법을 생각해보자.

우선 고체 상태의 펩타이드 혼합물에 자외선(UV) 파장의 레이저 펄스를 쪼여 주어서 순간적으로 펩타이드들을 기화시킨다. 그런데 직접 레이저 에너지를 받으면 펩타이드 결합이 깨어져서 분자량 정보를 잃어버린다. 그래서 에너지를 받아서 펩타이드에 전달해 주는 매트릭스(matrix)라는 물질을 과량으로 넣어주고 펩타이드와 함께 결정을 만든다. 아래의 예에서 볼 수 있듯이 이들은 벤젠 구조를 가지고 있어서 자외선을 잘 흡수해서 전달하고, 또 약산이기 때문에 기화된 펩타이드에 양성자를 제공해 $[M+H]^+$ 타입 이온의 형성을 도와준다. 이 과정을 매트릭스 보조 탈착 이온화(matrix-assisted laser desorption/ionization, MALDI)라고 한다.

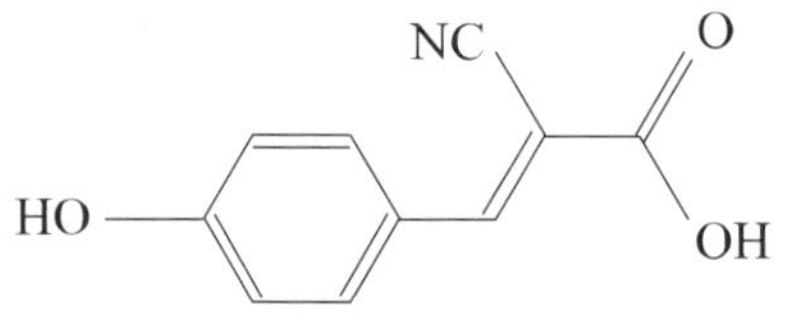

NC
O
HO
OH

alpha-cyano-4-hydroxycinnamic acid (CHCA)

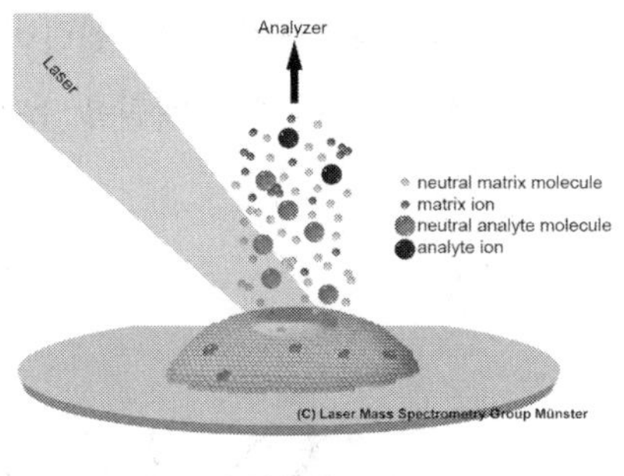

MALDI

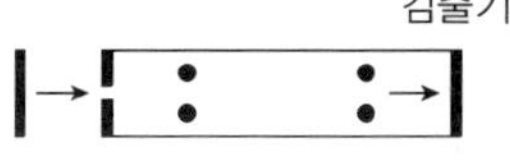

time-of-flight detection

일단 +1가의 펩타이드 양이온이 기체 상태로 존재하게 되면 20.00 kV의 전기적 에너지로 가속시킨다. 이때 펩타이드 이온들은 분자량에 관계없이(1.602 × 10^{-19} coulomb)(2.000 × 10^4V) = 3.204 × 10^{-15} joule의 에너지를 가지게 된다. 이처럼 순간적으로 탈착/이온화/가속된 이온들을 진공하에서 1미터 거리의 비행 튜브(flight tube)를 비행하게 하고 튜브 끝에 있는 이온 검출기에 도달하는 데 걸리는 비행 시간(time-of-flight)을 측정하면 $[M+H]^+$ 이온의 질량을 구할 수 있다. 위의 전기적 에너지가 모두 운동 에너지($mv^2/2$)로 바뀌는데, 1미터 거리의 비행 시간을 알면 속도를 알 수 있고, 그러면 운동 에너지와 속도로부터 질량을 계산할 수 있는 것이다. 펩타이드의 분자량을 구하려면 수소의 원자량을 빼주어야 한다.

2002년에 일본 시마즈 기기회사의 연구원이던 타나카(Tanaka)는 이처럼 매트릭스를 사용해서 단백질 같은 고분자의 분자량을 측정하는 매트릭스 보조 레이저 탈착/이온화 질량 분석(matrix-assisted laser desorption/ionization time-of- flight mass spectrometry, MALDI-TOF MS) 방법을 개발한 업적으로 노벨 화학상을 수상했다.

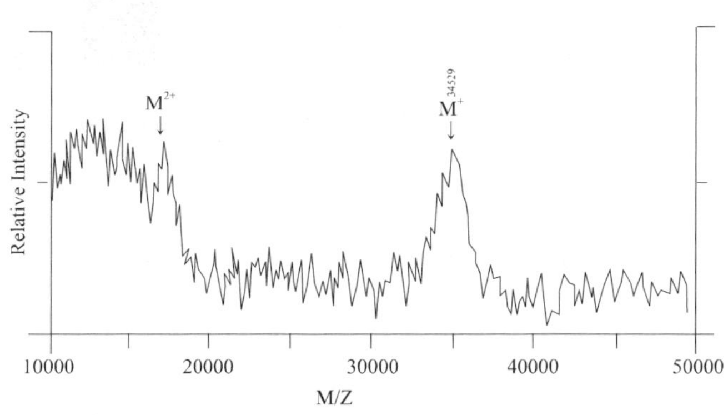

타나카가 1987년에 발표한 단백질 스펙트럼

노벨 화학상을 수상하는 타나카

이렇게 해서 주어진 단백질의 트립신 가수분해로부터 얻은 펩타이드들을 질량 분석하고, 그 결과를 가지고 데이터베이스 서치를 하면 단백질을 동정할 수 있게 된다.

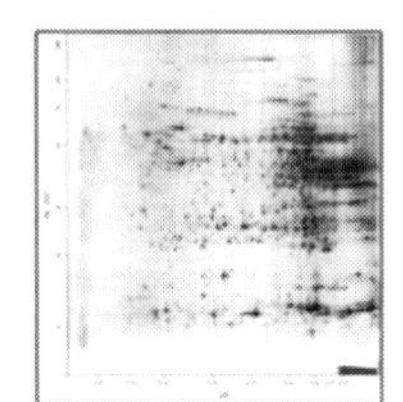

젤에 의한 단백질 분리

단백질의 가수분해

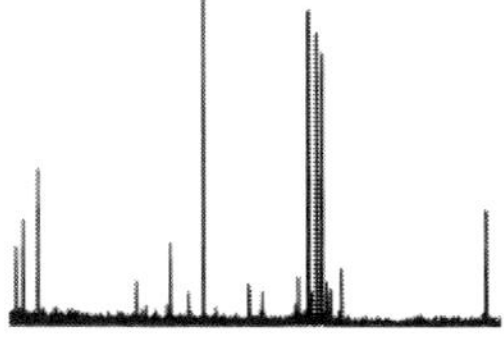

펩타이드 질량 분석

데이터 베이스 서치

실험 기구 및 시약

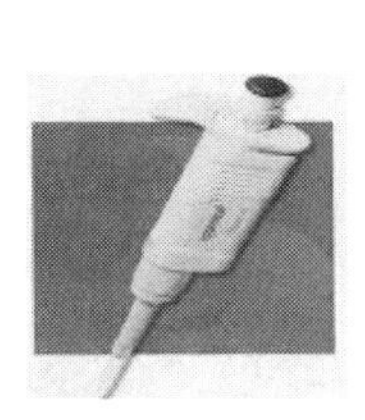

마이크로 피펫

가열 블록

시료판

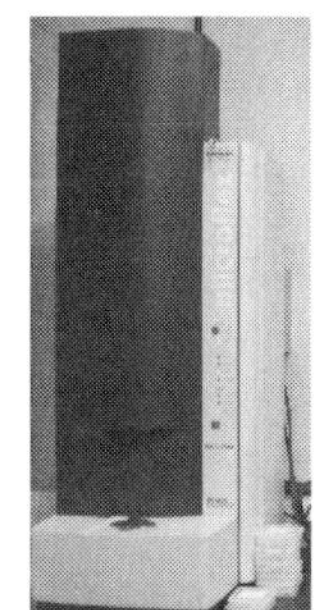

MALDI-TOF 질량 분석기

트립신, CHCA matrix, lysozyme, BSA, ovalbumin

실험 과정

(1) 마이크로 피펫으로 1 mg/mL 단백질 용액 50 μL를 취하여 90°C 가열 블록(heating block)에서 10분간 열처리하여 단백질의 가수분해가 잘 되도록 변성(denature)한다.

(2) 열처리한 단백질 용액에 트립신 용액(트립신 0.1 mg/10 mM 탄산수소 암모늄 1 mL) 50 μL를 가하고, 37°C 가열 블록에서 10분 정도 가수분해한다.

(3) 위의 단백질을 트립신으로 가수분해한 펩타이드 용액 (tryptic digest) 10 μL에 매트릭스 용액 (CHCA 10 mg/0.1% trifluoroacetic acid in 1mL of ACN: H_2O = 6 : 4) 10 μL를 가하고 섞어 준다.

(4) 이 혼합 용액 1 μL를 시료판의 특정한 위치에 로딩한다.

(5) 모든 조의 로딩이 끝나면 조교가 각 조의 시료를 질량 분석한다. 자기 시료를 분석하는 조는 조교가 질량 분석기를 사용하는 것을 지켜보면서 원리와 과정을 익히고, 나머지 조는 위의 세 가지 단백질에서 얻어질 것으로 기대되는 대표적인 펩타이드의 분자량을 계산해 본다.

(6) 얻어진 펩타이드 질량 지문법으로부터 주어진 단백질이 어느 것인지 결정한다.

펩타이드 질량 분석 결과를 사용하여 단백질을 동정한다.

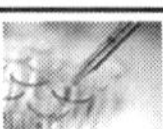

실험 보고서

학과 ____________ 학번 ____________ 이름 ____________ 일자 ____________ 실험조 ____________

(1) 세 가지 후보 단백질에 대해서 아미노산 서열로부터 트립신 처리 후 얻어질 것으로 예상되는 대표적인 펩타이드의 분자량과 비행 시간을 계산하라.

(2) 얻어진 펩타이드 질량 지문법과 위의 계산 결과를 비교 분석하여 어떤 단백질인지 확인하라.

(3) 확인된 단백질에 대하여 miscleavage에 의한 펩타이드 피크가 있는지 살펴보라.

(4) 검출된 모든 피크로부터 동정된 단백질 아미노산 서열 중 커버되는 퍼센트를 계산하라.

연습 문제

exercise **1** 300개의 아미노산 잔기로 이루어진 어떤 단백질에는 20가지 아미노산이 골고루 들어 있다고 하자. 이 단백질을 트립신으로 처리하면 몇 개의 펩타이드 조각이 얻어질 것으로 예상되는가? 그리고 이들 펩타이드 조각의 평균 분자량은 대략 얼마일까? 20가지 아미노산의 평균 분자량은 120이라고 하자.

풀이

트립신은 20가지 아미노산 중 두 가지 아미노산 잔기에서 펩타이드 결합을 가수분해 하니까 평균적으로 10개의 아미노산마다 한번씩 자르는 셈이고, 하나의 펩타이드에는 10개의 아미노산이 들어 있는 셈이다. 따라서 300개의 아미노산 잔기로 이루어진 단백질로부터는 30개의 펩타이드 조각이 얻어질 것이다.

10개의 아미노산이 들어 있는 펩타이드에는 9개의 펩타이드 결합이 있고, 9 분자의 물이 빠진다. 따라서 펩타이드 조각의 평균 분자량은 $(120 \times 10) - (18 \times 9) =$ 약 1000

exercise **2** 이온의 비행 시간으로부터 분자량을 구하는 방법을 생각해보자.

(1) 25°C에서 공기의 대부분을 차지하는 질소의 제곱평균근(root-mean-square) 속력과 고진공 상태에서 1미터 거리를 날아가는 데 걸리는 시간을 구하라.

(2) 기체 분자의 평균 운동 에너지(KE)는 3kT/2로 주어지는데 분자량에 무관하고 온도에만 의존하는 것을 알 수 있다. 25°C에서 질소의 운동 에너지를 eV 단위로 구하라(볼츠만 상수, $k = 1.36 \times 10^{-23}$ J/K, 1 eV = 1.60×10^{-19} J).

(3) 분자량이 약 14,700 Da인 라이소자임(lysozyme) 분자를 M으로 표시한다. 라이소자임 분자에서 하나의 아민기의 비공유 전자쌍에 수소 이온이 결합하면 $(M+H)^{+1}$ 양이온이 얻어진다. 이 이온은 질량은 전자 질량의 2600만 배 정도지만 전하의 절대값는 전자 전하의 절대값과 같다. 이 이온을 25 kV의 전위차에서 가속시키면 25000 eV의 에너지를 얻는다. 이 에너지는 25°C에서 질소의 운동 에너지의 몇 배 정도인가?

(4) 만일 25°C에서 질소가 25000 eV의 운동 에너지를 가지고 있다면 속력을 구하라.

(5) (4)에서 구한 값을 사용해서 25000 eV의 운동 에너지를 가진 $(M+H)^+$ 이온의 속력과 1미터 거리를 날아가는 데 걸리는 시간을 구하라.

(6) 운동 에너지 = $(1/2)mv^2$ 식을 사용해서 25000 eV의 운동 에너지를 가진 $(M+H)^+$ 이온의 속력을 직접 구하라.

(7) 미지의 펩타이드의 $(M+H)^+$ 이온을 25 kV로 가속했을 때 1미터 거리를 날아가는데 비행 시간이 0.0162 밀리초였다. 이 펩타이드의 분자량을 구하라.

풀이

(1) 25°C에서 질소의 속력, $u_{rms} = (3RT/M)^{1/2}$

$= [(3 \times 8.3145\ J/mol\ K \times 298K)/(28 \times 10^{-3}\ kg/mol)]^{1/2}$

$= 515\ m/s$

1미터 비행 시간 = (1 m)/(515 m/s) = 0.00194 s = 1.94밀리초

(2) 25°C에서 질소의 KE

$= (3 \times 1.36 \times 10^{-23}\ J/K \times 298\ K)/2 = 6.08 \times 10^{-21}\ J$

$= (6.08 \times 10^{-21}\ J)/(1.60 \times 10^{-19}\ J/eV) = 3.8 \times 10^{-2}\ eV$

(3) $25000\ eV/3.8 \times 10^{-2}\ eV = 6.58 \times 10^5$

(4) KE = $(1/2)$(질량)(속력)^2, 따라서 속력은 KE의 제곱근에 비례한다.

질소의 KE가 6.58×10^5배가 되면 속력은 $(6.58 \times 10^5)^{1/2} = 810$배가 된다.

질소의 속력 = $515\ m/s \times 810 = 4.17 \times 10^5\ m/s$

(5) 속력은 분자량의 제곱근에 반비례한다.

$(M+H)^+$ 이온의 속력

= (질소의 속력)(질소의 분자량/라이소자임 이온의 몰질량)$^{1/2}$

$= (4.17 \times 10^5\ m/s)(28.0/14,700)^{1/2}$

$= 1.82 \times 10^4\ m/s$

1미터 비행 시간 = $(1\ m)/(1.82 \times 10^4\ m/s) = 0.055$밀리초

(6) $(M+H)^+$ 이온의 KE = $(25000\ eV)(1.60 \times 10^{-19}\ J/eV) = 4.00 \times 10^{-15}\ J$

$(M+H)^+$ 이온의 질량 = $14.7\ kg/6.02 \times 10^{23} = 2.44 \times 10^{-23}\ kg$

(질량의 SI 단위는 kg)

$(M+H)^+$ 이온의 속력 = (KE × 2/질량)$^{1/2}$

$= [(4.00 \times 10^{-15}\ J \times 2)/(2.44 \times 10^{-23}\ kg)]^{1/2}$

$= 1.81 \times 10^4\ m/s$

(7) $(M+H)^+$ 이온의 속력 = $(1\ m)/(1.62 \times 10^{-5}\ s) = 6.17 \times 10^4\ m/s$

$(M+H)^+$ 이온의 질량 = (KE × 2/($v^{1/2}$)
= (4.00 × 10^{-15} J × 2)/[(6.17 × 10^4 m/s)^2]
= 2.10 × 10^{-24} kg

$(M+H)^+$ 이온의 몰질량 = (2.10 × 10^{-24} kg)(6.02 × 10^{23}) = 1.26 kg

펩타이드의 분자량 = 1260 Da

exercise 3 20 keV의 운동 에너지를 가진 펩타이드 이온이 1미터를 비행하는 데 100 마이크로초가 걸렸다면 이 펩타이드의 분자량은 얼마인가? SI 단위에서 시간, 질량, 길이의 단위는 각각 초, 킬로그램, 미터인 것을 잊지 말자.

참고 자료 

ESI 질량 분석

역시 2002년 노벨 화학상을 펜(Fenn)에게 안겨준 전기분무 이온화(electrospray ionization, ESI) 방법에서는 우선 펩타이드나 단백질의 용액을 분무(spray)하여 미세한 안개 방울로 만든다. 이때 외부에 강한 양전압이 걸리면 안개 방울 표면에서 전자들이 끌려나가서 표면은 양전하로 뒤덮이게 된다. 그러면 양전하 사이의 반발에 의해 안개 방울이 보다 작은 입자로 갈라진다. 한편 고온의 질소 기체를 흘려주어 안개 입자로부터 용매를 증발시키면 입자는 더욱 작아지고 급기야는 모든 용매가 날아가고 양전하를 띤 단백질 이온이 남는다. 이 단백질 이온을 사중극자(quadrupole) 등으로 분석하면 질량 스펙트럼이 얻어진다.

생각해보면 질량 분석의 역사는 톰슨에 의한 전자 발견으로 거슬러 올라간다 (4장). 톰슨은 음극에서 튀어나온 전자를 전기장과 자기장에 의해 휘고 그 휘는 정도로부터 전자의 전하와 질량의 비(e/m)를 구하였다. 그 다음 단계로 톰슨과 그의 제자 애스턴(Aston, 1922년 노벨 화학상)은 전자보다 수만 배나 무거운 원자 이온의 e/m을 구하였고, 1950년대 이후에는 쉽게 기화되는 분자량이 작은 화합물을 기체 크로마토그래피-질량 분석(gas chromatography-mass spectrometry, GC-MS) 방법으로 분석하였다. 1960년대 이후에 생명과학이 급속히 발전하면서 펩타이드, DNA 조각 등 극성이 높은 화합물의 질량 분석이 요구되었으나 휘발성이 낮은 이러한 화합물을 기화하고 이온화하는 것은 어려운 문제로 남아 있었다. 1980년 데 후반에 ESI와 MALDI 방법이 개발되면서 단백체학(proteomics)이라고 하는 단백질 연구에 획기적인 발전이 이루어지게 되었다.

아미노산 이름의 유래

아르지닌(arginine)	은(*argentum*)의 염을 만든다. 아르헨티나에서는 은이 많이 산출된다.
아스파라진(asparagine)	아스파라거스(asparagus)에서 발견되었다.
아스파트산(aspartic acid)	아스파라진과 관련된 산이다.
시스틴(cystine)	방광(*kystis*) 결석에서 처음 분리되었다.
시스테인(cysteine)	시스틴(cystine)을 환원시켜 얻는다.
글리신(glycine)	단맛(*glykys*)을 낸다.
히스티딘(histidine)	조직(*histion*)에서 발견되었다.

루신(leucine)	흰색(*leukos*) 판모양 결정으로 얻어진다.
아이소루신(isoleucine)	루신의 이성질체이다.
라이신(lysine)	카제인의 가수 분해(*lysis*) 산물에서 발견되었다.
메싸이오닌(methionine)	메틸기와 황(*theion*)을 포함한다.
프롤린(proline)	피롤리딘(pyrrolidine) 고리를 가진다.
세린(serine)	비단(silk, *sericum*)에서 처음 분리되었다.
트레오닌(threonine)	D-threose의 구조와 관련되었다.
트립토판(tryptophan)	단백질을 pancreatic(tryptic) 가수분해해서 얻었다. (*phanein*, 나타나다).
타이로신(tyrosine)	치즈(*tyros*)에서 발견되었다.
발린(valine)	아이소발레르산(isovaleric acid)과 같은 탄소 골격을 가지고 있다.

일반화학실험

19 아스피린의 합성

핵심 내용

- 유기 화합물, 작용기, 유기 합성, 의약품
- 녹는점 측정을 통한 순도 확인

관련 자료

표준 일반화학실험 제6개정판(대한화학회)

실험 35 "아스피린 이야기"

Principles of Modern Chemistry, 6th Ed.(Oxtoby 외)

Ch 7. Bonding in Organic Molecules

생명의 화학, 삶의 화학(김희준 외)

11장. 생명의 화학

12장. 삶의 화학

실험 목표

합성 의약품 중에서 가장 성공적인 것으로 알려진 아스피린(aspirin)은 아세틸살리실산(acetylsalicylic acid)이라는 화합물로 방향족 벤젠 분자에 카복실기와 에스터기가 결합된 비교적 간단한 구조로 되어 있다. 아스피린은 유기산의 일종으로 값이 싼 화합물인 살리실산(salicylic acid)에 들어 있는 알코올기를 무수아세트산(acetanhydride)을 사용하는 에스터화 반응(esterification)으로 변환시켜서 다음 그림처럼 합성할 수 있다. 카복실산과 알코올이 반응하여 에스터가 생성되는 이 반응은 산성 용액에서 매우 빠르게 일어나기 때문에 아스피린 합성은 일반화학실험에도 많이 사용된다.

OH O OAc O

Ac_2O, cat. H_3PO_4

OH OH

아스피린

이 실험에서 합성한 아스피린은 불순물을 포함하기 때문에 그대로 의약품으로 사용할 수 없고 재결정의 방법으로 정제해야 한다. 순수한 아스피린은 녹는점이 135°C이다. 이 실험을 통해 유기 합성을 체험하고 의약품의 순도의 의미를 이해하도록 한다.

배경

우리 주위에는 아스피린부터 아스팔트까지 매우 다양한 유기 화합물들이 존재한다. 사실 주변에 보이는 사물들 중에서 유기물이 아닌 것을 찾는 것이 더 어려울 정도이다. 자동차 부품으로부터 다양한 사무용품, 의복 소재까지를 망라하는 모든 종류의 플라스틱, 수많은 종류의 식품들, 질병 치료에 쓰이는 신약들, 이런 것들이 다 유기 화합물이다. 유기(有機)에서 기(機)는 방적기, 비행기, 기계 등에서 볼 수 있듯이 움직이면서 무언가 일을 하는 물체라는 의미를 가지고 있다. 수천 년을 꿈쩍하지 않고 제 자리에 버티고 있는 북한산의 바위와 달리 생명체는 생장하고 운동하는 특징이 있다. 본래 'organic'이란 생체 조직(organ)에서 얻어진 물질이라는 의미이니 원래 유기 화합물은 천연의 생체 화합물과 같은 의미로 쓰였다고 생각된다. 그런데 생체 화합물은 모두 탄소 화합물이다. 그러다 보니 이제는 섬유나 플라스틱 등 합성 물질도 탄소를 포함하면 유기 화합물이라 부른다. 하기는 대부분 합성유기 물질의 원료인 석유도 오래 전에 살았던 생명체로부터 유래된 물질이다.

그렇다면 왜 탄소 화합물이 생명체를 이루는 기본 단위가 된 것일까? 사실 지구상에서 탄소가 차지하는 비율은 그다지 높지 않다. 지구 내부의 핵과 맨틀에 철, 마그네슘, 니켈 등 다양한 원소들이 존재하는 것과는 달리 탄소는 금속에 비해 밀도가 낮아서 지각 부분에만 존재하는데, 지각을 이루는 8대 원소에도 탄소는 포함되지 않는다.

한편 무게로 인체에서 탄소는 18%를 차지한다. 산소, 탄소, 수소, 질소의 네 가지 원소는 무게로 인체의 96%를 차지하고, 칼슘, 인, 포타슘, 황, 소듐, 염소, 마그네슘의 일곱 가지가 나머지 3.5%를 이룬다. 이들 11가지 원소가 인체의 99.5%를 차지하는 것이다. 나머지 0.5%에는 미량 원소라고 부르는 철, 아이오딘, 구리, 아연, 니켈, 코발트, 망가니즈, 리튬, 붕소, 셀레늄 등 10가지 정도의 원소가 있다. 그리고 보면 생명의 자모도 한글이나 영어처럼 20여 가지가 있는 셈이다.

물을 제외하면 인체를 구성하는 원소 몰수의 90% 정도를 수소와 탄소가 차지한다. 긴 탄소 고리에서는 탄소 하나 당 두 개의 수소가 결합할 수 있는 것을 생각하면 탄소 분율이 특히 높은 것을 알 수 있다. 이처럼 탄소에게 생명의 핵심 원소의 위치가 주어진 것은 탄소가 다양한 구조를 쉽게 만들 수 있다는 성질에 기인한다. 탄소는 자신들끼리 결합하여 길고 다양한 구조를 이룰 수 있는 유일한 원소이며, 결합되는 탄소의 수가 증가 할수록 사슬 모양, 가지 모양, 고리 모양 등의 다양한 모양을 만들 수 있다. 또한 탄소는 네 개의 외곽 전자를 이용하여 수소나 질소, 산소, 황 등의 원소와 안정한 공유 결합을 이루는 것도 가능한데, 이것은 탄소를 기본으로 한 화합물이 무한한 종류의 구조를 가질 수 있다는 사실을 말해준다.

아무튼 모든 유기 화합물은 탄소를 포함하고 있으며, 탄소가 화합물의 뼈대를 이루는 중심 원자가 되어 그 분자의 크기나 성질의 결정에 중요한 역할을 한다. 유기물이 생명체에서 유래된 물질이라는 사실을 생각해보면 유기 화합물, 즉 탄소 화합물은 생명체를 구성하여 생명 활동에 핵심적인 역할을 할 뿐 아니라 건강한 삶을 살아가는 데도 직접 관여할 것이라 예상할 수 있다.

마시는 물의 소독과 몸의 청결 유지를 통해 인간 수명이 크게 늘어났지만 아직도 인류는 여러 가지 질병과 싸우고 있다. 병의 예방, 진단, 치료에는 다양한 화학물질이 사용된다. 아래의 마취제, 항생제 등의 경우에서 볼 수 있듯이 대부분의 경우에 일단 약효가 알려진 천연물이 오래 사용되다가 보다 뛰어난 효능을 가진 유도체가 개발되어 사용되게 마련이다. 그리고 보면 19세기까지만 해도 동식물에서 추출한 천연물을 의약품으로 사용하는 경우가 대부분이었다. 그러나 지금은 유기 합성법의 발전으로 원하는 구조의 유기 화합물을 만들 수 있는 기반이 마련되어 한방을 제외하고는 요즘 사용되는 의약품은 거의 모두가 합성 화합물이다.

지금까지 세계적으로 가장 많이 생산되고 사용된 약은 진통제, 해열제로 알려진 아스피린이다. 요즘은 아스피린이 피에서 혈판이 엉기는 것을 방지하는 효과를 나타내는 것이 알려져 심장병 위험이 있는 사람들이 장기적으로 매일 소량의 아스피린을 복용하는 것을 권장하고 있다. 최근 세계 연간 생산량은 5만 톤에 달하고, 하루에 1억 알 정도 소비된다. 아스피린 알약 한 개에는 아세틸살리실산이 0.3 g 들어 있으며 강력 아스피린에는 0.5 g이 들어 있다. 아스피린은 우리가 아픔을 느끼거나 열이 나거나 염증이 커지면 나타나는 프로스타글란딘이라는 화학 물질이 우리몸에서 생기는 것을 막아 진통 해열 능력을 발휘한다고 한다.

18세기 중반부터 살리실산이 많이 들어 있는 버드나무(willow)의 추출액이 열, 통증, 염증을 해소하는 것이 알려졌고, 19세기에 들어서서는 이 추출액의 유효 성분인 살리실산의 여러 가지 유도체(誘導體, derivative)들이 약으로 사용되기 시작했다. 여러 유도체 중 하나인 아세틸살리실산은 1853년에 프랑스에서 처음 합성되었는데, 1899년부터 독일 회사 바이에르는 아세틸살리실산을 아스피린이라는 이름으로 전세계적으로 판매하기 시작했다. 아스피린은 아세틸(acetyl)과 버드나무의 학명인 Spiraea의 합성어이다. 1917년에 미국에서 바이에르의 특허가 만료되고, 1918년에 스페인 독감이 퍼지면서 아스피린은 크게 인기를 얻었고 여러 회사가 경쟁적으로 생산하게 되었다. 1956년에는 타일레놀로 알려진 아세트아미노펜(acetaminophen)이, 1969년에는 이부프로펜(ibuprofen)이 아스피린의 대용으로 등장하면서 아스피린의 사용은 잠시 주춤했지만 심장마비 예방 효과 덕분에 사용량이 회복되고 있다.

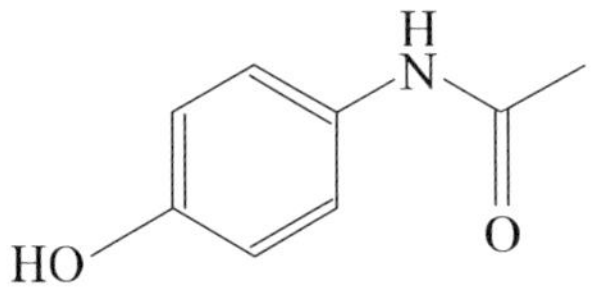

HO, H N, O

acetamnophen

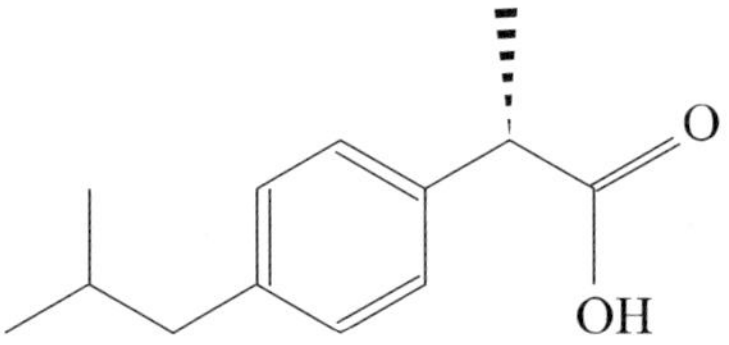

O, OH

ibuprofen

실험 기구 및 시약

물중탕, 살리실산(salicylic acid), 가열기, 아세트산 무수물(acetic anhydride), 저울, 85% 인산(phosphoric acid), 삼각 플라스크(50 mL), 석유 에테(petroleum ether), 비커, 얼음, 유리 막대, 에틸 에터, 스탠드, 클램프, 눈금 실린더, 감압 거름 장치(뷰흐너 깔때기, 감압 플라스크), 녹는점 측정 장치, 온도계(0~150°C), 거름종이

실험 과정

(1) 물중탕 장치를 준비 후 미리 물을 데운다.

(2) 살리실산 2.5 g과 아세트산 무수물 3 mL을 50 mL 건조된 삼각 플라스크에

넣으면서 용기벽에 묻은 살리실산을 모두 씻어내고 스탠드와 클램프를 이용하여 물중탕에서 가열한다.

(3) 가열하면서 85% 인산 3 ~ 4방울을 촉매로 넣고 용액이 맑아질 때까지 70 ~ 80°C로 15분 정도 유지한다.

(4) 증류수 2 mL을 천천히 넣어서 남아 있는 아세트산 무수물을 분해시킨다.

(5) 아세트산 증기가 더 이상 발생하지 않으면 플라스크를 물중탕에서 꺼내 증류수 20 mL를 넣어주고 실온까지 냉각한다. 이때 플라스크 표면이 뜨거우니 반드시 목장갑을 착용한다.

(6) 침전이 생기지 않을 경우 플라스크를 얼음으로 냉각시키고 유리 막대로 플라스크 안쪽을 긁어준다.

(7) 미리 오븐에 넣어 건조된 거름종이의 무게를 측정하고 생성된 침전을 감압 여과기(건조된 거름종이 사용)로 걸러낸 후 5 mL의 차가운 물로 씻어낸다.

(8) 여과된 아스피린을 120°C 오븐에 넣어서 약 5분간 건조시키고, 오븐에서 꺼내어 무게를 측정한다.

(9) 약 1 g을 측정하여 기록하고 삼각 플라스크에 담는다.

(10) 15 mL 정도의 다이에틸 에터를 넣어서 50°C 물중탕으로 가열하여 녹이고, 녹지 않는 물질이 있으면 다이에틸 에터를 더 넣어서 완전히 녹인다.

(11) 석유 에터 15 mL를 가한 후 용액을 젓지 말고 얼음물에 담가둔다.

(12) 시간이 지나면 하얀 바늘 형태의 결정이 생기는데, 이것을 거르고 소량의 석유 에터로 씻은 후 건조한다.

(13) 수득률을 계산하고 결정의 녹는점을 측정한다.

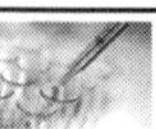

실험 보고서

학과 ____________ 학번 ____________ 이름 ____________ 일자 ____________ 실험조 ____________

(1) 반응물인 살리실산의 무게와 생성물인 아스피린의 무게로부터 수득률을 계산하라.

(2) 측정할 아스피린의 녹는점을 문헌값과 비교하라.

참고 자료

1. 탄소 화합물의 특징

옥텟 규칙만 고려한다면 탄소의 다이아몬드 구조와 마찬가지로 산소도 −O−O−O−O− 식으로 긴 사슬형 분자를 만들 수 있을 듯하다. 다음의 결합 에너지 값들로부터 탄소가 산소와 질소와 달리 유독 생명체에서 많이 발견되는 사슬이나 고리형 분자를 잘 만드는 이유를 생각해보자.

결합 에너지(kJ/mol)

C−C	348	C−H	412	C=C	612	C≡C	837
C−O	360	C−N	305	C=O	743		
C−F	484	C−Cl	338				
Si−Si	230	Si−O	360				
O−O	157	O−H	463	O=O	498		
N−N	163	N−H	388	N=N	409	N≡N	946

산소 단일 결합의 에너지 157 kJ/mol은 이중 결합의 에너지 498 kJ/mol의 절반에 못 미친다. 즉 단일 결합 두 개보다 이중 결합 한 개를 만드는 편이 유리한 것이다. 그래서 산소는 O=O로 존재한다. 한편 O−H 결합(463 kJ/mol)은 C−F 결합(484 kJ/mol)에 이어 두 번째로 강한 단일 결합이다. 따라서 수소와 산소가 반응하면 그림과 같이 여러 개의 O−O 단일 결합을 가진 긴 사슬 대신 물을 만든다.

질소도 단일 결합보다 이중 결합이 유리하고, 이중 결합보다 삼중 결합이 유리하다. 공기에 질소가 풍부하고 하버법에 의한 암모니아 합성에서 삼중 결합을 깨는 촉매의 역할이 중요한 것도 그 때문이다. 그런데 N−H 결합(388 kJ/mol)은 상당히 강하기 때문에 N−N 단일 결합보다 쉽게 만들어지고 더 이상 사슬이 길어지지 않는다.

반면 탄소의 단일 결합 에너지(348 kJ/mol)는 이중 결합 에너지(612 kJ/mol)의 절반보다 크기 때문에 쉽게 C−C 결합이 이루어진다. 탄소의 삼중 결합은 더욱 불리하다. 이 때문에 탄소의 이중 결합과 삼중 결합은 높은 반응성을 가진다. C−H 결합(412 kJ/mol)도 상당히 강하기 때문에 다양한 탄화수소 화합물들이 존재한다. 그런데 다행히 탄소의 네 개의 공유 결합(tetravalent)을 만들 수 있기 때문에 어떤 탄소 원자에 1, 2, 또는 3 개의 수소가 결합했다고 하더라도 다른 탄소와 결합할 여지가 있어서 쉽게 긴 사슬이나 고리 화합물을 만들 수 있다.

뿐만 아니라 탄소는 C−O, C=O, C−N, C−F, C−Cl 등 여러 가지 안정한 결합을 만들고 이들의 조합으로부터 거의 무한한 다양성을 나타낼 수 있다. 또 C−C 결합(348 kJ/mol)과 C−O 결합(360 kJ/mol)의 세기가 비슷한 데 반해, Si−Si 결합(230 kJ/mol)은 Si−O 결합(360 kJ/mol)에 비해 크게 약하다. 따라서 자연에서 실리콘은 대부분 산화물로 존재하고, 반도체에 사용하기 위해서는 특수한 정제 과정이 필요하다. 탄소 대신 실리콘을 사용하는 생명체가 가능할지 의문을 가지게 한다.

2. 아스피린 합성 반응에서 볼 수 있는 작용기

(1) 알코올(−OH)

C−O 결합(360 kJ/mol)과 O−H 결합(463 kJ/mol)의 세기로부터 산소가 탄화수소의 탄소와 수소 사이에 끼어들어간 구조가 예상된다. 탄화수소 사슬의 말단이나 중간 부분의 C−H 결합 사이에 산소가 들어가면 C−O−H 구조가 생긴다. 이때 −OH 작용기를 하이드록실기(hydroxyl group)라 하고, 하이드록실기를 가진 탄소 화합물을 알코올(alcohol)이라 부른다. 중요한 알코올에는 폼알데하이드를 거쳐 많은 화학 제품의 원료로 사용되는 메탄올(methanol, 木精), 술의 주성분인 에탄올(ethanol, 酒精), 아세톤과 함께 용매로 널리 사용되는 아이소프로판올(isopropanol), 자동차의 부동액으로 사용되는 에틸렌글리콜(ethylene glycol), 화장품에 보습제(moisturizer)로 사용되는 글리세롤(glycerol) 등이 있다.

에탄올

(2) 카복실산(−COOH)

탄화수소 사슬의 말단 탄소에 C=O 이중 결합과 C−O 단일 결합이 동시에 도입되면 아주 흥미롭고 중요한 변화가 일어난다. 카복실기라는 이 작용기를 편의상 −COOH로 흔히 쓰지만 두 개의 산소 원자는 직접 결합된 것은 아니라는 사실을 잊어서는 안 된다. 카복실기에서 볼 수 있는 C=O, C−O, O−H는 모두 결합 에너지가 높기 때문에 카복실기가 유기 화합물에서 많이 등장하리라는 것을 예상할 수 있다.

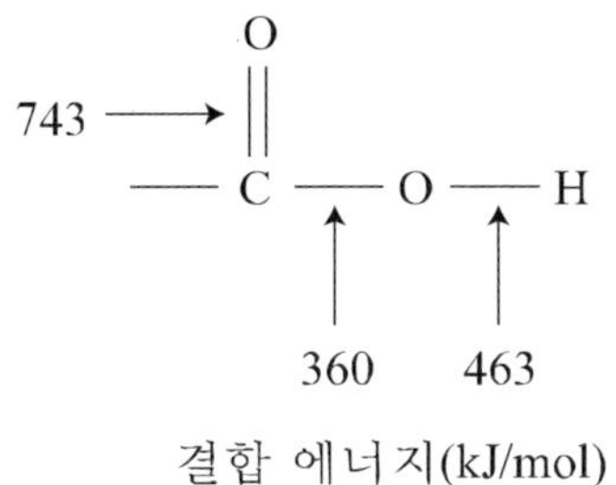

결합 에너지(kJ/mol)

카보닐기를 도입해서 얻어진 카복실기는 산으로 작용한다. 카복실기를 가진 유기산(有機酸, organic acid)을 카복실산(carboxylic acid)이라 한다. 단백질의 단량체인 20가지 아미노산이 모두 말단에 카복실기를 가지고 있는 것으로부터 알 수 있듯이 생명 현상에서 카복실산의 역할은 대단히 중요하다.

탄소가 한 개인 카복실산은 폼산(formic acid, 개미산, H−COOH)으로 폼알데하이드가 산화되어 탄소와 수소 사이에 산소가 끼어들어간 구조이다. 탄소가 두 개인 아세트산은 에탄올이 아세트알데하이드를 거쳐 두 번 산화된 화합물로 식초의 주성분이다. 포도주에는 에탄올뿐만 아니라 다양한 향과 맛을 내는 알데하이드가 여러 종류 들어 있다. 포도주가 오래 되면 알코올과 알데하이드들이 산화되어 시어진다.

$$C_2H_5OH + 1/2\ O_2 \rightarrow CH_3COOH + H_2O$$

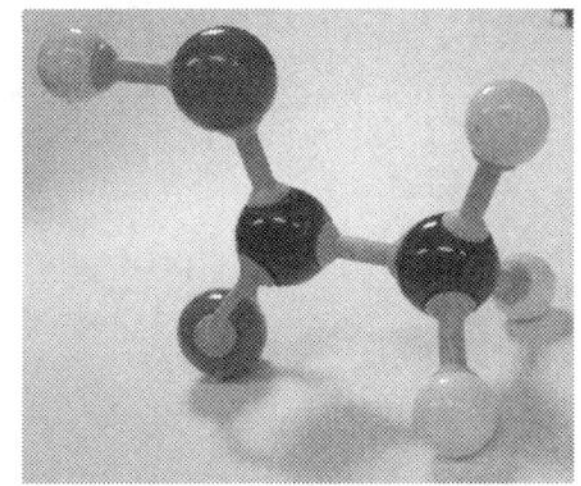
아세트산

그런데 카복실기는 왜 산성을 나타낼까? 카복실기에서 수소와 결합한 산소는 전자를 수소에서 얻을 수도 있고 반대 쪽의 탄소에서 얻을 수도 있다. 알코올에서와 같이 산소와 결합한 탄소가 알킬기의 탄소라면 그 쪽에서 전자를 얻겠지만, 카보

닐기에서 이중 결합을 이룬 산소에게 전자를 상당히 내놓은 탄소는 -OH의 산소에게 내줄 전자가 부족한 상황이다. 따라서 -OH의 산소는 자신과 결합한 수소로부터 전자를 빼앗게 되고 결과적으로 그 수소는 해리하여 산성을 나타낸다.

$$H-O-C(=O)-CH_3 \longrightarrow {}^{-}O-C(=O)-CH_3 + H^+$$

(3) 에스터

위의 카복실산의 구조에서 수소 원자 대신 알킬기가 자리잡은 작용기를 에스터기(ester group)라 부른다. 에스터기를 가진 화합물은 흔히 에스터라고 부르는데, 에스터는 카복실산과 알코올에서 물이 빠지며 축합(縮合, condense)되어 생기는 화합물이다. 과일향의 주성분 중에는 에스터가 많으며, 때문에 과일향 우유, 아이스크림, 과자 등에는 에스터 화합물이 많이 사용된다. 카복실산 대신 인산이 사용되면 인에스터(phosphoester)라고 한다. DNA의 당-인산 골격에서는 인산과 두 개의 데옥시라이보스 사이에 만들어진 포스포다이에스터(phosphodiester)가 중요한 역할을 한다.

메틸 알코올과 프로피온산(propionic acid) 사이의 에스터

일반화학실험

20 계산 화학 실습 I, II

핵심 내용

- 파동 함수, 양자 화학, 계산 화학
- 분자 구조, 분자 진동

관련 자료

Principles of Modern Chemistry, 6th Ed.(Oxtoby 외)

Ch 4. Introduction to Quantum Mechanics

Ch 6. Quantum Mechanics and Molecular Structure

생명의 화학, 삶의 화학(김희준 외)

4장. 원자의 전자 구조

6장. 화학 결합과 분자 구조

실험 목표

계산 화학 실습에서는 계산 화학이란 무엇이며, 어떠한 과정을 거쳐 진행되는지에 대한 이해를 목표로 한다. 계산 화학은 컴퓨터의 계산 능력을 빌려 복잡한(실제에 가까운) 계를 기술하고자 하는 화학 분야를 말하며 여러 분야로 나뉜다. 그 중 가장 큰 수요가 있는 분야는 분자 동력학(molecular dynamics) 분야와 양자 화학(quantum chemistry)이다. 분자 동력학에서는 주로 뉴턴 역학을 기반으로 하여 얻어진 운동 방정식의 해를 얻어내는데, 궤적으로부터 단백질 등의 큰 계가 움직이는 양상이나 열역학 정보 등을 구한다. 양자 화학 분야에서는 안정한 분자나 반응 중간체, 전이 상태 등의 구조를 알아내거나, 계산을 통해 얻어진 파동 함수(wave function)로부터 여러 정보를 알아낸다. 여기에서는 "양자 화학 분야"를 중심으로 실습하게 될 것이다.

배경

우리 주위의 세계는 분자의 세계이다. 나무는 계절을 따라 꽃을 피우고 열매를 맺는다. 지구 상 어디에서나 식물은 동일한 엽록소(葉綠素, chlorophyll)를 사용해서 광합성(光合成, photosynthesis)을 하지만 날씨가 쌀쌀해지면 나뭇잎은 제각기 다른 아름다운 색깔을 나타낸다. 엽록소도 단풍의 색소도 모두 원자들이 화학 결합을 이루어 만들어낸 화합물이고 각각 특정한 구조에 따라 제 각기 특별한 기능을 나타낸다. 우리는 식물을 통해 간접적으로 태양 에너지를 사용하여 육체적, 정신적 활동을 한다. 이러한 모든 생명 활동은 화합물들을 기반으로 해서 일어난다. 대지, 강물, 공기 역시 원자들 사이의 화학 결합을 통해서 이루어진다. 우주에 존재하는 100가지 정도의 화학 원소들이 일정한 규칙이 없이 제멋대로 결합하고 분리되고 한다면 우리가 아는 규칙적인 구조에 입각한 질서있는 세상은 불가능할 것이다.

우리 주위에는 다양한 구조물(構造物, structure)들이 있다. 고대의 피라미드, 우리나라 전통 가옥, 또는 현대식 고층 건물이나 다리에도 구조가 있고 자동차 엔진이나 비행기 날개에도 특별한 기능을 위해 고안된 구조가 있다. 자연에도 곤충의 눈이라든지 새의 날개나 사람의 등뼈처럼 구조와 기능이 밀접하게 연결된 경우를 많이 찾아볼 수 있다. 분자 수준에서는 DNA 이중 나선과 단백질의 삼차원 구조를 대표적인 생체분자(生體分子, biomolecule) 구조의 예로 들 수 있고, 아주 간단하면서도 중요한 구조로는 물을 들 수 있다.

화학 결합을 통해 만들어진 분자 구조의 이해는 생명 현상 자체뿐만 아니라 생명의 행성(行星, planet)인 지구의 특수한 환경을 파악하는 데도 중요하다. 금성이나 화성 또는 목성, 토성과는 달리 지각, 해양, 대기를 갖춘 지구의 특수한 환경은 물, 산소, 이산화 탄소, 산화 실리콘 등 분자의 삼차원 구조에 기인한다. 이 실험에서는 양자 역학에 기초한 계산 화학이 분자 구조를 결정하는 데 어떻게 활용될 수 있는지, 직접 컴퓨터 프로그램을 사용해서 체험해본다.

실험 기구 및 시약

컴퓨터 계산 프로그램

실험 과정

매뉴얼에 따라 다음 과제를 수행한다.

1. H_2O와 H_2S 구조의 최적화

이 과제의 주 목적은 분자가 왜 그러한 구조를 갖추게 되었는지를 분석하는 것이다(VSEPR 등이 도움이 될 것이다).

2. 벤젠(C_6H_6)의 구조를 최적화한 뒤 벤젠의 vibrational mode 관찰

이 과제에서는 벤젠의 분자 구조에 대해 미리 알고 있어야 한다. 어느 정도 비슷한 구조에서 구조 최적화를 시작해야 올바른 구조를 얻을 수 있기 때문이다.

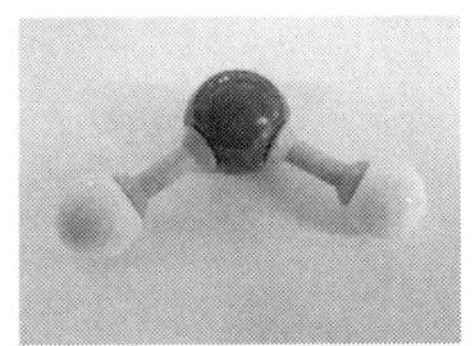

물

벤젠

실험 보고서

학과 ______ 학번 ______ 이름 ______ 일자 ______ 실험조 ______

(1) 컴퓨터를 사용해서 최적화한 H_2O와 H_2S의 구조를 그리고, 결합 길이와 각도 등 결과를 보고하라. 이때 사용한 계산 프로그램을 기록하라. 얻은 결과를 VSEPR 이론으로 예측한 구조와 비교하라.

(2) 계산으로 최적화한 벤젠의 구조를 그리고, 화면에서 관찰한 벤젠의 vibrational mode를 설명하라. 이에 사용한 프로그램을 기록하라.

참고 자료

양자화학, 계산화학 분야에서 노벨상을 수상한 과학자들에 관한 참고 자료는 인터넷에서 쉽게 찾아볼 수 있다. 이들의 수상 연도와 업적에 대해 조사해보자.

음이온 / 양이온	Cl^-	$C_2O_4^{2-}$	CO_3^{2-}	CrO_4^{2-}	OH	PO_4^{3-}	S^{2-}	SO_4^{2-}
Ag^+	암모니아	산 암모니아	산 암모니아	산 암모니아	산 암모니아	산 암모니아	질산	암모니아
Al^{3+}	S	산	산	S	산	산	S	S
Ba^{2+}	S	산	산	산	S	산	S	Ss C-H_2SO_4
Co^{2+}	S	산 암모니아	산	산 암모니아	산	산 암모니아	산	S
Cr^{3+}	S	산 NaOH	산 NaOH	산 NaOH	산 NaOH	산 NaOH	질산	S
Cu^{2+}	S	산 암모니아	산 암모니아	산	산 암모니아	산 암모니아	질산	S
Fe^{3+}	S	산	산	산	산	산	산	S
Hg^{2+}	S	SS 질산	산	산	산	산	Na_2S 왕수	산
Mg^{2+}	S	S	산	S	산	산	산	S
Mn^{2+}	S	산	산	불안정	산	산	산	S
Na^+	S	S	S	S	S	S	S	S
Ni^{2+}	S	산	산	S	산	산	질산	S
Pb^{2+}	염산 NaOH	산 NaOH	산 NaOH	산 NaOH	산 NaOH	산 NaOH	HNO_3	SS C-H_2SO_4
Zn^{2+}	S	산 NaOH	산 NaOH 암모니아	산 NaOH 암모니아	산 NaOH 암모니아	산 NaOH 암모니아	산	S

부록 II 용해도 곱상수

물　질	화학식	K_{sp}
Aluminum hydroxide	$Al(OH)_3$	2×10^{-32}
Barium carbonate	$BaCO_3$	5.1×10^{-9}
Barium chromate	$BaCrO_4$	1.2×10^{-10}
Barium iodate	$Ba(IO_3)_2$	1.57×10^{-9}
Barium manganate	$BaMnO_4$	2.5×10^{-10}
Barium oxalate	BaC_2O_4	2.3×10^{-8}
Barium sulfate	$BaSO_4$	1.3×10^{-10}
Bismuth oxide chloride	BiOCl	7×10^{-9}
Bismuth oxide hydroxide	BiOOH	4×10^{-10}
Cadmium carbonate	$CdCO_3$	2.5×10^{-14}
Cadmium hydroxide	$Cd(OH)_2$	5.9×10^{-15}
Cadmium oxalate	CdC_2O_4	9×10^{-8}
Cadmium sulfide	CdS	2×10^{-28}
Calcium carbonate	$CaCO_3$	4.8×10^{-9}
Calcium fluoride	CaF_2	4.9×10^{-11}
Calcium oxalate	CaC_2O_4	2.3×10^{-9}
Calcium sulfate	$CaSO_4$	1.2×10^{-6}
Copper(Ⅰ) bromide	CuBr	5.2×10^{-9}
Copper(Ⅰ) chloride	CuCl	1.2×10^{-6}
Copper(Ⅰ) iodide	Cul	1.1×10^{-12}
Copper(Ⅰ) thiocyaniate	CuSCN	4.8×10^{-15}
Copper(Ⅱ) hydroxide	$Cu(OH)_2$	1.6×10^{-19}
Copper(Ⅱ) sulfide	CuS	6×10^{-36}
Iron(Ⅱ) hydroxide	$FE(OH)_2$	8×10^{-16}
Iron(Ⅱ) sulfide	FeS	6×10^{-18}
Iron(Ⅲ) hydroxide	$Fe(OH)_3$	4×10^{-38}
Lanthanum iodate	$La(IO_3)_3$	6.2×10^{-12}
Lead carbonate	$PbCO_3$	3.3×10^{-14}
Lead chloride	$PbCl_2$	1.6×10^{-5}
Lead chromate	$PbCrO_4$	1.8×10^{-14}
Lead hydroxide	$Pb(OH)_2$	2.5×10^{-16}

물　질	화학식	K_{sp}
Lead iodide	PbI_2	7.1×10^{-9}
Lead oxalate	PbC_2O_4	4.8×10^{-10}
Lead sulfate	$PbSO_4$	1.6×10^{-8}
Lead sulfide	PbS	7×10^{-28}
Magnesium ammonium phosphate	$MgNH_4PO_4$	3×10^{-13}
Magnesium carbonate	$MgCO_3$	1×10^{-5}
Magnesium hydroxide	$Mg(OH)_2$	1.8×10^{-11}
Magnesium oxalate	MgC_2O_4	8.6×10^{-5}
Manganess(Ⅱ) hydroxide	$Mn(OH)_2$	1.9×10^{-13}
Manganess(Ⅱ) sulfide	MnS	3×10^{-13}
Mercury(Ⅰ) bromide	Hg_2Br_2	5.8×10^{-23}
Mercury(Ⅰ) chloride	Hg_2Cl_2	1.3×10^{-18}
Mercury(Ⅰ) iodide	Hg_2I_2	4.5×10^{-29}
Mercuric sulfide	HgS	1×10^{-54}
Nickel sulfide	NiS	1.8×10^{-21}
Silver arsenate	Ag_3AsO_4	1×10^{-22}
Silver bromide	$AgBr$	5.2×10^{-13}
Silver carbonate	Ag_2CO_3	8.1×10^{-12}
Silver chloride	$AgCl$	1.82×10^{-10}
Silver chromate	Ag_2CrO_4	1.1×10^{-12}
Silver cyanide	$AgCN$	7.2×10^{-11}
Silver iodate	$AgIO_3$	3.0×10^{-8}
Silver iodide	AgI	8.3×10^{-17}
Silver oxalate	$Ag_2C_2O_4$	3.5×10^{-11}
Silver sulfide	Ag_2S	6×10^{-50}
Silver thiocyanate	$AgSCN$	1.1×10^{-12}
Strontium carbonate	$SrCO_3$	1.6×10^{-9}
Stannous carbonate	$SnCO_3$	1.0×10^{-9}
Strontium oxalate	SrC_2O_4	5.6×10^{-8}
Strontium sulfate	$SrSO_4$	3.2×10^{-7}
Thallium(Ⅰ) chloride	$TlCl$	1.7×10^{-4}
Thallium(Ⅰ) sulfide	Tl_2S	1×10^{-22}
Zine hydroxide	$Zn(OH)_3$	1.2×10^{-17}
Zine oxalate	ZnC_2O_4	7.5×10^{-9}
Zine sulfide	ZnS	4.5×10^{-24}

부록 III 염의 용해도

(단위: g/100 mL)

염의 종류	25℃	100℃	고체의 밀도
NH_4Cl	35	75.8	
$(NH_4)_2SO_4$	136	103.8	1.77
$(NH_4)_2Fe(SO_4)_2 \cdot 6H_2O$	27	73(at 80°)	
$(NH_4)CuCl_4 \cdot 2H_2O$	40	99(at 80°)	
$CuCl_2 \cdot 2H_2O$	75	107.9	
$CuSO_4 \cdot 5H_2O$	40	203	2.29
$NiSO_4 \cdot 6H_2O$	70	340.7	
K_2CrO_4		75.6	2.73
$K_2Cr_2O_7$	10	102	2.69
KNO_3	20	247	
K_2SO_4	12	24.1	2.66
$KAl(SO_4)_2 \cdot 12H_2O$	12	Infinite	
$K_2Ni(SO_4)_2 \cdot 6H_2O$	10	70	
$MnSO_4 \cdot 4H_2O$	136(16°)	169(50°)	
$NaB_4O_7 \cdot 10H_3O$	5	201	
$NaC_2H_3O_3$	125	170	
Na_2CO_3	10	45.5	
$NaHCO_3$	8	16.4	
$NaCl$	36	39.1	2.16
$NaClO_3$	90	230	
$Na_2C_2O_4$	4	6.33	
$Na_2S_2O_3 \cdot 5H_2O$	90	291.1	

부록 Ⅳ 흔히 사용되는 산과 염기의 농도

시 약	분자식	포말농도	밀도	%(용질)
빙초산	CH_3COOH	17F	1.05g/ml	99.5
묽은 아세트산		6	1.04	34
진한 염산	HCl	12	1.18	37
묽은 염산		6	1.10	20
진한 질산	HNO_3	16	1.42	72
묽은 질산		6	1.19	32
진한 황산	H_2SO_4	18	1.84	96
묽은 황산		3	1.18	25
진한 수산화 암모늄	NH_4OH	15	0.90	58
묽은 수산화 암모늄		6	0.96	23
묽은 수산화 소듐	NaOH	6	1.22	20

부록 V 산의 상대적 세기

산	세 기	반 응
과염소산	매우 세다	$HClO_4 \rightarrow H^+ + ClO_4^-$
아이오딘화 수소산	|	$HI \rightarrow H^+ + I^-$
브로민화 수소산	|	$HBr \rightarrow H^+ + Br^-$
염산	|	$HCl \rightarrow H^+ + Cl^-$
질산	↓	$HNO_3 \rightarrow H^+ + NO_3^-$
황산	매우 세다	$H_2SO_4 \rightarrow H^+ + HSO_4^-$
옥살산	|	$HOOCCOOH \rightarrow H^+ + HOOCCOO^-$
아황산($SO_2 + H_2O$)	↓	$H_2SO_3 \rightarrow H^+ + HSO_3^-$
황산수소 이온	세 다	$HSO_4^- \rightarrow H^+ + SO_4^{-2}$
인산	|	$H_3PO_4 \rightarrow H^+ + H_2PO_4^-$
철(Ⅲ)이온 (제2철 이온)	|	$Fe(H_2O)_6^{+3} \rightarrow H^+ + Fe(H_2O)_5(OH)^{+2}$
텔루륨화 수소산	↓	$H_2Te \rightarrow H^+ + HTe^-$
플루오린화 수소산	약하다	$HF \rightarrow H^+ + F^-$
아질산	|	$HNO_2 \rightarrow H^+ + NO_2^-$
셀레늄화 수소	|	$H_2Se \rightarrow H^+ + HSe^-$
크로뮴(Ⅲ) 이온	|	$Cr(H_2O)_6^{+3} \rightarrow H^+ + Cr(H_2O)_5(OH)^{+2}$
벤조산	↓	$C_6H_5COOH \rightarrow H^+ + C_6H_5COO^-$
옥살산수소 이온	약하다	$HOOCCOO \rightarrow H^+ + OOCCOO^{-2}$
아세트산	|	$CH_3COOH \rightarrow H^+ + CH_3COO^-$
알루미늄 이온	|	$Al(H_2O)^{+3}{}_6 \rightarrow H^+ + Al(H_2O)_5(OH)^{+2}$
탄산($CO_2 + H_2O$)	↓	$H_2CO_3 \rightarrow H^+ + HCO_3^-$
황화 수소	약하다	$H_2S \rightarrow H^+ + HS^-$
인산이수소 이온	|	$H_2PO_4^- \rightarrow H^+ + HPO_4^{-2}$
아황산수소 이온	↓	$HSO_3^- \rightarrow H^+ + SO_3^{-2}$
암모늄 이온	약하다	$NH_4^+ \rightarrow H^+ + NH_3$
탄산수소 이온	|	$HCO_3^- \rightarrow H^+ + CO_3^{-2}$
텔루륨화 수소 이온	↓	$HTe^- \rightarrow H^+ + Te^{-2}$
과산화 수소	매우 약하다	$H_2O_2 \rightarrow H^+ + HO_2^-$
일산일수소 이온	|	$HPO_4^{-2} \rightarrow H^+ + PO_4^{-3}$
황화수소 이온	|	$HS^- \rightarrow H^+ + S^{-2}$
물	|	$H_2O \rightarrow H^+ + S^{-2}$
수산화 이온	↓	$OH^- \rightarrow H^+ + O^{-2}$
암모니아	매우 약하다	$NH_3 \rightarrow H^+ + NH_2^-$

부록 Ⅵ 산의 이온화 상수

이 름	화학식	이온화 상수		
		K_1	K_2	K_3
Acdtic	CH_3COOH	1.75×10^{-5}		
arsenic	H_3AsO_4	6.0×10^{-3}	1.05×10^{-12}	3.0×10^{-12}
arsenious	H_3AsO_3	6.0×10^{-10}	3.0×10^{-14}	
Benzoic	C_6H_5COOH	6.14×10^{-5}		
Boric	H_3BO_3	5.83×10^{-10}		
1-Butanoic	$CH_3CH_2CH_2COOH$	1.51×10^{-5}		
Carbonic	H_2CO_3	4.45×10^{-7}	4.7×10^{-11}	
Chloroace+ic	$ClCH_2COOH$	3.36×10^{-3}		
Citric	$HOOC(OH)C(CH_2COOH)_2$	7.45×10^{-4}	1.73×10^{-5}	4.02×10^{-7}
Ethylene-diamine-tetraacetic	H_4Y	1.0×10^{-2}	2.1×10^{-2}	6.9×10^{-7}
			$K_4 = 5.5\times10^{-11}$	
Formic	$HCOOH$			
Fumaric	*trans*-$HOOCCH = CHCOOH$	1.77×10^{-4}	4.1×10^{-5}	
Glycolic	$HOCH_2COOH$	9.6×10^{-4}		
Hydrazoic	HN_3	1.48×10^{-4}		
Hydrogen	HCN	1.9×10^{-5}		
cyanide		2.1×10^{-9}		
Hydrogen fluoride	HF	7.2×10^{-4}		
Hydrogen peroxide	H_2O_2	2.7×10^{-12}		
Hydrogen sulfide	H_2S	5.7×10^{-8}	1.2×10^{-15}	
Hypochlorous	$HOCl$			
Iodic	HIO_3	3.0×10^{-8}		
Latic	$CH_3CHOHCOOH$	1.7×10^{-1}		
Maleic	*cis*-$HOOCCH = CHCOOH$	1.37×10^{-4}	5.96×10^{-7}	
Malic	$HOOCCHOHCH_2COOH$	1.20×10^{-2}	8.9×10^{-6}	
Malonic	$HOOCCH_2COOH$	4.0×10^{-4}	2.01×10^{-6}	
Mandelic	$C_6H_5CHOHCOOH$	1.40×10^{-3}		

이 름	화학식	이온화 상수		
		K_1	K_2	K_3
Nitrous	HNO_2	5.1×10^{-4}		
Oxalic	HOOCCOOH	5.36×10^{-4}	5.42×10^{-5}	
Periodic	H_5IO_6	2.4×10^{-2}	5.0×10^{-9}	
Phenol	C_6H_5OH	1.00×10^{-10}		
Phosphoric	H_3PO_4	7.11×10^{-3}	6.34×10^{-8}	4.2×10^{-13}
Phosphorous	H_3PO_3	1.00×10^{-2}	2.6×10^{-7}	
o-Phthalic	$C_6H_4(COOH)_2$	1.12×10^{-3}	3.91×10^{-6}	
Picric	$(NO_2)_3C_6H_2OH$	5.1×10^{-1}		
Propanoic	CH_3CH_2COOH	1.34×10^{-5}		
Pyruvic	$CH_3COCOOH$	3.24×10^{-3}		
Salicylic	$C_6H_4(OH)COOH$	1.05×10^{-3}		
Sulfamic	H_2NSO_3H	1.03×10^{-1}		
Sulfuric	H_2SO_4		1.20×10^{-2}	
Sulfurous	H_2SO_3	1.72×10^{-2}	6.43×10^{-8}	
Succinic	$HOOCCH_2CO_2COOH$	6.21×10^{-5}	2.32×10^{-6}	
Trichloroacetic acid	Cl_3CCOOH	9.20×10^{-4}	4.31×10^{-5}	
Tartaric acid	$HOOC(CHOH)_2COOH$	1.29×10^{-1}		

부록 Ⅶ 염기의 이온화 상수

이름	화학식	이온화 상수
		K, 25℃
Ammonia	NH_3	1.76×10^{-5}
Aniline	$C_6H_5NH_2$	3.94×10^{-10}
1-Butylamine	$CH_3(CH)_2CH_2NH_2$	4.0×10^{-4}
Dimethylamine	$(CH_3)_2NH$	5.9×10^{-4}
Ethanolamine	$HOC_2H_4NH_2$	3.18×10^{-5}
Ethyamine	$CH_3CH_2NH_2$	4.28×10^{-4}
Ethylenediamine	$NH_2C_2H_4NH_2$	$K_1 = 8.5\times10^{-5}$ $K_2 = 7.1\times10^{-8}$
Hydrazine	H_2NNH_2	1.3×10^{-6}
Hydroxylamine	$HONH_2$	1.07×10^{-8}
Methylamine	CH_3NH_2	4.8×10^{-4}
Piperidine	$C_5H_{11}N$	1.3×10^{-3}
Pyridine	C_5H_5N	1.7×10^{-9}
Trimethylamine	$(CH_3)_3N$	6.25×10^{-5}

부록 Ⅷ 산 및 암모니아의 밀도(20℃)

wt, %	밀도, g/ml					
	CH_3COOH	HCl	HNO_3	H_3PO_4	H_2SO_4	NH_3
5	1.0055	1.023	1.026	1.025	1.032	0.977
10	1.0125	1.047	1.054	1.053	1.066	0.958
15	1.0195	1.073	1.084	1.082	1.102	0.940
20	1.026	1.098	1.115	1.113	1.139	0.923
25	1.033	1.124	1.147	1.146	1.178	0.907
30	1.038	1.149	1.180	1.181	1.219	0.892
35	1.044	1.174	1.214	1.216	1.260	
40	1.049	1.198	1.246	1.254	1.303	
45	1.053		1.278	1.293	1.348	
50	1.058		1.310	1.335	1.395	
55	1.061		1.339	1.379	1.445	
60	1.064		1.367	1.426	1.498	
65	1.067		1.391	1.475	1.553	
70	1.069		1.413	1.526	1.611	
75	1.070		1.434	1.579	1.669	
80	1.070		1.452	1.633	1.727	
85	1.069		1.469	1.689	1.779	
90	1.066		1.483	1.746	1.814	
95	1.061		1.493	1.807	1.834	
100	1.050		1.513	1.870	1.831	

부록 IX 주요한 지시약의 변색과 pH 범위

지시약	pH 범위, 변색	용 액
Methylviolet	황, 청 0.2 ~ 0.3 보라	H_2O
Thymolblue	적 1.2 ~ 2.8 황	H_2O(+NaOH)
Benzopurpurin 4B	보라 1.2 ~ 4.0 적	20% Alcohol
Methylorange	적 3.1 ~ 4.4 노랑	H_2O
Bromphenolblue	황 3.0 ~ 4.6 청자	H_2O(+NaOH)
Congored	청 3.0 ~ 5.0 적	70% Alcohol
Bromcresolgreen	노랑 3.8 ~ 5.4 청	H_2O(+NaOH)
Methylred	적 4.4 ~ 6.2 황	H_2O(+NaOH)
Chlorphenolred	황 4.8 ~ 6.8 적	H_2O(+NaOH)
Bromcresolpurple	황 5.2 ~ 6.8 적자	H_2O(+NaOH)
Litmus	적 4.5 ~ 8.3 청	H_2O
Bromthymolblue	황 6.0 ~ 7.6 청	H_2O(+NaOH)
Phenolred	황 6.8 ~ 8.2 적	H_2O(+NaOH)
Thymolbule	황 8.0 ~ 9.6 청	H_2O(+NaOH)
Phenolphthalein	무 8.3 ~ 10.0 분홍	70% Alcohol
Thymolphthalein	황 9.3 ~ 10.5 청	70% Alcohol
Alizarin yellow R	황 10.0 ~ 12.0 적	95% Alcohol
Indigo carmine	청 11.4 ~ 13.0 황	50% Alcohol
Trinitrobenzene	무 12.0 ~ 14.0 등	70% Alcohol

부록 X 표준 전극 전위 및 포말 전극 전위

반반응	*E*, V	포말 전극 전위
$F_2(g) + 2H^+ + 2e \rightleftharpoons 2HF(aq)$	3.06	
$O_3(g) + 2H^+ + 2e \rightleftharpoons O_2(g) + H_2O$	2.07	
$S_2O_8^{2-} + 2e \rightleftharpoons 2SO_4^{2-}$	2.01	
$Co^{3+} + e \rightleftharpoons Co^{2+}$	1.842	
$H_2O_2 + 2H^+ + 2e \rightleftharpoons 2H_2O$	1.776	
$MnO_4^- + 4H^+ + 3e \rightleftharpoons MnO_2(s) + 2H_2O$	1.695	
$Ce^{4+} + e \rightleftharpoons Ce^{3+}$		1.70, 1-*F* $HClO_4$; 1.61, 1-*F* HNO_3 ; 1.44, 1-*F* H_2SO_4
$HClO + H^+ + e \rightleftharpoons \frac{1}{2} Cl_2(g) + H_2O$	1.63	
$H_5IO_6 + H^+ + 2e \rightleftharpoons IO_3^- + 3H_2O$	1.60	
$BrO_3^- + 6H^+ + 5e \rightleftharpoons \frac{1}{2} Br_2(l) + 3H_2O$	1.52	
$MnO_4^- + 8H^+ + 5e \rightleftharpoons Mn^{2+} + 4H_2O$	1.51	
$Mn^{3+} + e \rightleftharpoons Mn^{2+}$		1.51, 7.5-*F* H_2SO_4
$ClO^+ + 6H^+ + 5e \rightleftharpoons \frac{1}{2} Cl_2(g) + 3H_2O$	1.47	
$PbO_2(s) + 4H^+ + 2e \rightleftharpoons Pb^{2+} + 2H_2O$	1.455	
$Cl_2(g) + 2e \rightleftharpoons 2Cl^-$	1.359	
$Cr_2O_7^{2-} + 14H^+ + 6e \rightleftharpoons 2Cr^{3+} + 7H_2O$	1.33	
$Tl^{3+} + 2e \rightleftharpoons Tl^+$	1.25	0.77, 1-*F* HCl
$IO_3^- + 2Cl + 6H^+ + 4e \rightleftharpoons ICl_2^- + 3H_2O$	1.24	
$MnO_2(s) + 4H^+ + 2e \rightleftharpoons Mn^{2+} + 2H_2O$	1.23	1.24 1-*F* $HClO_4$
$O_2(g) + 4H^+ + 4e \rightleftharpoons 2H_2O$	1.229	
$IO_3^- + 6H^+ + 5e \rightleftharpoons \frac{1}{2} I_2(s) + 3H_2O$	1.195	
$IO_3^- + 6H^+ + 5e \rightleftharpoons \frac{1}{2} I_2(aq) + 3H_2O$	1.178	
$SeO_4^{2-} + 4H^+ + 2e \rightleftharpoons H_2SeO_3 + H_2O$	1.15	
$Br_2(l) + 2e \rightleftharpoons 2Br^-$	1.065	1.05, 4-*F* HCl
$Br_2(aq) + 2e \rightleftharpoons 2Br^-$	1.087	
$ICl_2^- + e \rightleftharpoons \frac{1}{2} I_2(s) + 2Cl^-$	1.06	
$V(OH)_4^+ + 2H^+ + e \rightleftharpoons VO^{2+} + 3H_2O$	1.00	1.02, 1-*F* HCl, $HClO_4$
$HNO_2 + H^+ + e \rightleftharpoons NO(g) + H_2O$	1.00	
$Pd^{2+} + 2e \rightleftharpoons Pd(s)$	0.987	
$No_3^- + 3H^+ + 2e \rightleftharpoons HNO_2 + H_2O$	0.94	0.92, 1-*F* HNO_3

반반응	*E*, V	포말 전극 전위
$2Hg^{2+} + 2e \rightleftarrows Hg_2^{2+}$	0.920	0.907, 1-*F* $HClO_4$
$HO_2^- + H_2O + 2e \rightleftarrows 3OH^-$	0.88	
$Cu^{2+} + I^- + e \rightleftarrows CuI(s)$	0.86	
$Hg^{2+} + 2e \rightleftarrows Hg(l)$	0.854	
$Ag^{2+} + 2e \rightleftarrows Ag(s)$	0.799	0.228, 1-*F* HCl ; 0.792, 1-*F* $HClO_4$; 0.77, 1-*F* H_2SO_4
$Hg_2^{2+} + 2e \rightleftarrows 2Hg(l)$	0.789	0.274, 1-*F* HCl ; 0.776 1-*F* $HClO_4$; 0.674, 1-*F* H_2SO_4
$Fe^{3+} + e \rightleftarrows Fe^{2+}$	0.771	0.700, 1-*F* HCl ; 0.732, 1-*F* $HClO_4$; 0.68, 1-*F* H_2SO_4
$H_2SeO_3 + 4H^+ + 4e \rightleftarrows Se(s) + 3H_2O$	0.740	
$PtCl_4^{2-} + 2e \rightleftarrows Pt(s) + 4Cl^-$	0.73	
$C_6H_4O_2$(quinone) $+ 2H^+ + 2e \rightleftarrows C_6H_4(OH)_2$	0.699	0.696, 1-*F* HCl, H_2SO_4, $HClO_4$
$O_2(g) + 2H^+ + 2e \rightleftarrows H_2O_2$	0.682	
$PtCl_6^{2-} + 2e \rightleftarrows PtCl_4^{2-} + 2Cl^-$	0.68	
$Hg_2SO_4(s) + 2e \rightleftarrows 2Hg(l) + SO_4^{2-}$	0.615	
$Sb_2O_5(s) + 6H^+ + 4e \rightleftarrows 2SbO^+ + 3H_2O$	0.581	
$MnO_4^- + e \rightleftarrows MnO_4^{2-}$	0.564	
$H_3AsO_4 + 2H^+ + 2e \rightleftarrows H_3AsO_3 + H_2O$	0.559	0.577, 1-*F* HCl, $HClO_4$
$I_3^- + 2e \rightleftarrows 3I^-$	0.536	
$I_2(s) + 2e \rightleftarrows 2I^-$	0.5355	
$I_2(aq) + 2e \rightleftarrows 2I^-$	0.620	
$Cu^+ + e \rightleftarrows Cu(s)$	0.521	
$H_2SO_3 + 4H^+ + 4e \rightleftarrows S(s) + 3H_2O$	0.45	
$Ag_2CrO_4(s) + 2e \rightleftarrows 2Ag(s) + CrO_4^{2-}$	0.446	
$VO^{2+} + 2H^+ + e \rightleftarrows V^{3+} + H_2O$	0.361	
$Fe(CN)_6^{3-} + e \rightleftarrows Fe(CN)_6^{4-}$	0.36	0.71, 1-*F* HCl ; 0.72, 1-*F* $HClO_4$, H_2SO_4
$Cu^{2+} + 2e \rightleftarrows Cu(s)$	0.337	
$UO_2^{2+} + 4H^+ + 2e \rightleftarrows U^{4+} + 2H_2O$	0.334	
$BiO^+ + 2H^+ + 3e \rightleftarrows Bi(s) + H_2O$	0.32	
$Hg_2Cl_2(s) + 2e \rightleftarrows 2Hg(l) + 2Cl^-$	0.268	0.242, 포화KCl ; 0.282, 1-*F* KCl
$AgCl(s) + 2e \rightleftarrows Ag(s) + Cl^-$	0.222	0.228, 1-*F* KCl
$SO_4^{2-} + 4H^+ + 2e \rightleftarrows H_2SO_3 + H_2O$	0.17	
$BiCl_4^- + 3e \rightleftarrows Bi(s) + 4Cl^-$	0.16	

반반응	E, V	포말 전극 전위
$Sn^{4+} + 2e \rightleftharpoons Sn^{2+}$	0.154	0.14, 1-F HCl
$Cu^{2+} + e \rightleftharpoons Cu^{+}$	0.153	
$S(s) + 2H^{+} + 2e \rightleftharpoons H_2S(g)$	0.141	
$TiO^{2+} + 2H^{+} + e \rightleftharpoons Tl^{3+} + H_2O$	0.1	0.04, 1-F H_2SO_4
$AgBr(s) + e \rightleftharpoons Ag(s) + Br^{-}$	0.095	
$S_4O_6{}^{2-} + 2e \rightleftharpoons S_2O_2{}^{2-}$	0.08	
$Ag(S_2O_3)_2{}^{3-} + e \rightleftharpoons Ag(s) + 2S_2O_3{}^{3-}$	0.01	
$2H^{+} + 2e \rightleftharpoons H_2(g)$	0.000	-0.005, 1-F HCl, $HClO_4$
$Pb^{2+} + 2e \rightleftharpoons Pb(s)$	−0.126	-0.14, 1-F $HClO_4$, -0.29, 1-F H_2SO_4
$Sn^{2+} + 2e \rightleftharpoons Sn(s)$	−0.136	
$Agl(s) + e \rightleftharpoons Ag(s) + I^{-}$	−0.151	
$Cul(s) + e \rightleftharpoons Cu(s) + I^{-}$	−0.185	
$N_2(g) + 5H^{-} + 4e \rightleftharpoons N_2H_5{}^{+}$	−0.23	
$Ni^{2+} + 2e \rightleftharpoons Ni(s)$	−0.250	
$V^{3+} + e \rightleftharpoons V^{2+}$	−0.255	-0.21, 1-F $HClO_4$
$Co^{2+} + 2e \rightleftharpoons Co(s)$	−0.277	
$Ag(CN)_2{}^{-} + e \rightleftharpoons Ag(s) + 2CN^{-}$	−0.31	
$Tl^{+} + e \rightleftharpoons Tl(s)$	−0.336	-0.551, 1-F HCl ; -0.33, 1-F $HClO_4$, H_2SO_4
$PbSO_4(s) + 2e \rightleftharpoons Pb(s) + SO_4{}^{2-}$	−0.356	
$Ti^{3+} + e \rightleftharpoons Ti^{2+}$	−0.37	
$Cd^{2+} + 2e \rightleftharpoons Cd(s)$	−0.403	
$Cr^{3+} + e \rightleftharpoons Cr^{2+}$	−0.41	
$Fe^{2+} + 2e \rightleftharpoons Fe(s)$	−0.440	
$2CO_2(g) + 2H^{+} + 2e \rightleftharpoons H_2C_2O_4$	−0.49	
$Cr^{3+} + 3e \rightleftharpoons CR(s)$	−0.74	
$Zn^{2+} + 2e \rightleftharpoons An(s)$	−0.763	
$Mn^{2+} + 2e \rightleftharpoons Mn(s)$	−1.18	
$Al^{3+} + 3e \rightleftharpoons Al(s)$	−1.66	
$Mg^{2+} + 2e \rightleftharpoons Mg(s)$	−2.37	
$Na^{+} + e \rightleftharpoons Na(s)$	−2.714	
$Ca^{2+} + 2e \rightleftharpoons Ca(s)$	−2.87	
$Ba^{2+} + 2e \rightleftharpoons Ba(s)$	−2.90	
$K^{+} + e \rightleftharpoons K(s)$	−2.925	
$Li^{+} + e \rightleftharpoons Li(s)$	−3.045	

| 저자 소개 |

김 희 준
서울대학교 화학과 졸업
시카고대학교 이학박사(물리화학 전공)
MIT 생물학과, 하버드의대 연구원
미육군네이틱연구소 책임연구원
2006년 국제화학올림피아드 학술위원장
현: 광주과학기술원 석좌교수
서울대학교 화학부 명예교수

일반화학실험

| 저 자 | 김 희 준
| 발 행 인 | 김 지 영
| 발 행 처 | 자유아카데미
| 주 소 | 경기도 파주시 회동길 37-42 파주출판도시
| 전 화 | 031-955-1321
| 팩 스 | 031-955-1322
| 홈페이지 | www.freeaca.com
| 전자우편 | main@freeaca.com(대표)
editor@freeaca.com(편집)
crm@freeaca.com(영업)
| 등 록 | 제406-2003-017호, 1980. 7. 12
| 제1판1쇄 | 2010년 8월 1일 발행
| 제1판10쇄 | 2022년 6월 25일 발행
| 정 가 | 15,000원

저자와의 협의하에 인지생략

ISBN 978-89-7338-837-0 93430

측정 단위

물리 상수

상수	기호	값
원자 질량 단위	amu	1.6606×10^{-27} kg
아보가드로 수	N	6.022×10^{23} particles/mol
기체 상수	R (at STP)	0.08205 L atm/K mol
전자 질량	m_e	9.109×10^{-28} kg
		5.486×10^{-4} amu
중성자 질량	m_n	1.675×10^{-27} kg
		1.00866 amu
양성자 질량	m_p	1.673×10^{-27} kg
		1.00728 amu
광속	c	2.997925×10^{8} m/s
플랑크 상수	h	6.62608×10^{-34} J·s

SI 단위 및 환산

길이		질량	
SI 단위: meter(m)		SI 단위: kilogram (kg)	
1 meter	= 1.0936 yards	1 kilogram	= 1000 grams
	= 100 centimeters		= 2.20 pounds
	= 1000 millimeters	1 gram	= 1000 milligrams
1 centimeter	= 0.3937 inch	1 pound	= 453.59 grams
1 inch	= 2.54 centimeters (exactly)		= 0.45359 kilogram
			= 16 ounces
1 kilometer	= 0.62137 mile	1 ton	= 2000 pounds
1 mile	= 5280 feet		= 907.185 kilograms
	= 1.609 kilometers	1 ounce	= 28.3 g
1 angstrom	= 10^{-10} meter	1 atomic mass unit	= 1.6606×10^{-27} kilogram

부피		온도
SI 단위: cubic meter (m^3)		SI 단위: kelvin (K)
1 liter	= 10^{-3} m^3	0 K = −273.15°C
	= 1 dm^3	= −459.67°F
	= 1.0567 quarts	K = °C + 273.15
	= 1000 milliliters	
1 gallon	= 4 quarts	$°C = \frac{°F - 32}{1.8}$
	= 8 pints	
	= 3.785 liters	°F = 1.8(°C) + 32
1 quart	= 32 fluid ounces	
	= 0.946 liter	$°C = \frac{5}{9}(°F - 32)$
1 fluid ounce	= 29.6 milliliters	

에너지		압력	
SI 단위: joule(J)		SI 단위: pascal (Pa)	
1 joule	= 1 kg m^2/s^2	1 pascal	= 1 kg/m s^2
	= 0.23901 calorie	1 atmosphere	= 101.325 kilopascals
1 calorie	= 4.184 joules		= 760 torr (mm Hg)
			= 14.70 pounds per square inch (psi)